本书由
国家社科基金重大项目"人工认知对自然认知挑战的哲学研究"（21&ZD061）
山西省"1331工程"重点学科建设计划
资助出版

认知哲学译丛

魏屹东／主编

认知多元主义

Cognitive Pluralism

〔美〕史蒂文·霍斯特（Steven Horst）／著

谢建华／译

魏屹东／审校

科学出版社

北京

图字号：01-2020-0492

内 容 简 介

在具身认知科学快速发展以及认知概念多元化的背景下，本书提出一种内容领域的心理模型，认为理解不在于单词大小的概念、句子大小的意向状态或论证大小的推理，而在于理想化模型和领域大小的组块；指出许多思维形式依赖领域大小的组块，模块化过程适合跟踪世界的特定方面，心理模型应该放弃单词-句子-推理的思维模型。这些观点为心智和认知科学的哲学研究开辟了新的可能性，对心理模型的关注也许会改变我们对认识论、伦理学和语义学的思考方式。

本书适合哲学、认知科学、心理学、语言学、计算机科学和人工智能领域的专家学者和本科生及以上的学生阅读。

©2016 Massachusetts Institute of Technology
All rights reserved.
No part of this book may be reproduced in any form by any electronic or mechanical means, including photocopying, recording, or information storage and retrieval without permission in writing from the publisher.
Translation Copyright©2025 by China Science Publishing & Media Ltd.
This authorized Chinese translation edition is published by China Science Publishing & Media Ltd.

图书在版编目（CIP）数据

认知多元主义 /（美）史蒂文·霍斯特（Steven Horst）著；谢建华译. -- 北京：科学出版社，2025.2. --（认知哲学译丛 / 魏屹东主编）. -- ISBN 978-7-03-081197-4

Ⅰ. B842.1

中国国家版本馆 CIP 数据核字第 20255LW218 号

责任编辑：任俊红　高雅琪 / 责任校对：贾伟娟
责任印制：赵　博 / 封面设计：有道文化

科学出版社 出版
北京东黄城根北街16号
邮政编码：100717
http://www.sciencep.com

北京中石油彩色印刷有限责任公司印刷
科学出版社发行　各地新华书店经销

*

2025年2月第 一 版　开本：720×1000　1/16
2025年9月第二次印刷　印张：19 1/2
字数：382 000
定价：148.00元
（如有印装质量问题，我社负责调换）

译 者 简 介

谢建华，男，1987 年生，山西侯马人，哲学博士，硕士生导师，太原师范学院副教授，山西省哲学学会理事，研究方向为认知哲学、超人类主义，发表"Analyzing the Rationality of the Gaia Hypothesis"（SSCI 收录、EI 收录）、"An Explanation of the Relationship between Artificial Intelligence and Human Beings from the Perspective of Consciousness"以及《意识研究的方法论外在主义》《生态位构建对扩展表现型的修正》《超人类主义视域下的意识问题探析》《人工智能道德地位的意识论解释》等多篇论文；承担山西省高等学校哲学社会科学研究项目多项，著有《超人类主义视域下的意识问题研究》，2022 年起任 SSCI 期刊匿名审稿人。

丛 书 序

与传统哲学相比，认知哲学（philosophy of cognition）是一个全新的哲学研究领域，它的兴起与认知科学的迅速发展密切相关。认知科学是20世纪70年代中期兴起的一门前沿性、交叉性和综合性学科。它是在心理科学、计算机科学、神经科学、语言学、文化人类学、哲学以及社会科学的交界面上涌现出来的，旨在研究人类认知和智力本质及规律，具体包括知觉、注意、记忆、动作、语言、推理、思维、意识乃至情感动机在内的各个层次的认知和智力活动。十几年以来，这一领域的研究异常活跃，成果异常丰富，自产生之日起就向世人展示了强大的生命力，也为认知哲学的兴起提供了新的研究领域和契机。

认知科学的迅速发展使得科学哲学发生了"认知转向"，它试图从认知心理学和人工智能角度出发研究科学的发展，使得心灵哲学从形而上学的思辨演变为具体科学或认识论的研究，使得分析哲学从纯粹的语言和逻辑分析转向认知语言和认知逻辑的结构分析、符号操作及模型推理，极大促进了心理学哲学中实证主义和物理主义的流行。各种实证主义和物理主义理论的背后都能找到认知科学的支持。例如，认知心理学支持行为主义，人工智能支持功能主义，神经科学支持心脑同一论和取消论。心灵哲学的重大问题，如心身问题、感受性、附随性、意识现象、思想语言和心理表征、意向性与心理内容的研究，无一例外都受到来自认知科学的巨大影响与挑战。这些研究取向已经蕴含认知哲学的端倪，因为众多认知科学家、哲学家、心理学家、语言学家和人工智能专家的论著论及认知的哲学内容。

尽管迄今国内外的相关文献极少单独出现认知哲学这个概念，精确的界定和深入系统的研究也极少，但研究趋向已经非常明显。鉴于此，这里有必要对认知哲学的几个问题做出澄清。这些问题是：什么是认知？什么是认知哲学？认知哲学与相关学科是什么关系？认知哲学研究哪些问题？

第一个问题需要从词源学谈起。认知这个词最初来自拉丁文"*cognoscere*"，意思是"与……相识""对……了解"。它由 *co+gnoscere* 构成，意思是"开始知道"。从信息论的观点看，"认知"本质上是通过提供缺失的信息获得新信息和新知识的过程，那些缺失的信息对于减少不确定性是必需的。

然而，认知在不同学科中意义相近，但不尽相同。

在心理学中，认知是指个体的心理功能的信息加工观点，即它被用于指个体的心理过程，与"心智有内在心理状态"观点相关。有的心理学家认为，认知是思维的显现或结果，它是以问题解决为导向的思维过程，直接与思维、问题解决相关。在认知心理学中，认知被看做心灵的表征和过程，它不仅包括思维，而且包括语言运用、符号操作和行为控制。

在认知科学中，认知是在更一般意义上使用的，目的是确定独立于执行认知任务的主体（人、动物或机器）的认知过程的主要特征。或者说，认知是指信息的规范提取、知识的获得与改进、环境的建构与模型的改进。从熵的观点看来，认知就是减少不确定性的能力，它通过改进环境的模型，通过提取新信息、产生新信息和改进知识并反映自身的活动和能力，来支持主体对环境的适应性。逻辑、心理学、哲学、语言学、人工智能、脑科学是研究认知的重要手段。《MIT认知科学百科全书》将认知与老化（aging）并列，旨在说明认知是老化过程中的现象。在这个意义上，认知被分为两类：动态认知和具化认知。前者指包括各种推理（归纳、演绎、因果等）、记忆、空间表现的测度能力，在评估时被用于反映处理的效果；后者指对词的意义、信息和知识的测度的评价能力，它倾向于反映过去执行过程中积累的结果。这两种认知能力在老化过程中表现不同。这是认知发展意义上的定义。

在哲学中，认知与认识论密切相关。认识论把认知看作产生新信息和改进知识的能力来研究。其核心论题是：在环境中信息发现如何影响知识的发展。在科学哲学中就是科学发现问题。科学发现过程就是一个复杂的认知过程，它旨在阐明未知事物，具体表现在三方面：①揭示以前存在但未被发现的客体或事件；②发现已知事物的新性质；③发现与创造理想客体。尼古拉斯·布宁和余纪元编著的《西方哲学英汉对照辞典》（2001年）对认知的解释是：认知源于拉丁文"*cognition*"，意指知道或形成某物的观念，通常译作"知识"，也作"*scientia*"（知识）。笛卡儿将认知与知识区分开来，认为认知是过程，知识是认知的结果。斯宾诺莎将认知分为三个等级：第一等的认知是由第二手的意见、想象和从变幻不定的经验中得来的认知构成，这种认知承认虚假；第二等的认知是理性，它寻找现象的根本理由或原因，发现必然真理；第三等即最高等的认知，是直觉认识，它是从有关属性本质的恰当观念发展而来的，达到对事物本质的恰当认识。按照一般的哲学用法，认知包括通往知识的那些状态和过程，与感觉、感情、意志相区别。

在人工智能研究中，认知与发展智能系统相关。具有认知能力的智能系统就是认知系统。它理解认知的方式主要有认知主义、涌现和混合三种。认知主义试图创造一个包括学习、问题解决和决策等认知问题的统一理论，涉及心理学、认知科学、脑科学、语言学等学科。涌现方式是一个非常不同的认知观，主张认知是一个自组织过程。其中，认知系统在真实时间中不断地重新建构自己，通过多系统-环境相互作用的自我控制保持其操作的同一性。这是系统科学的研究进路。混合方式是将认知主义和涌现相结合。这些方式提出了认知过程模拟的不同观点，研究认知过程的工具主要是计算建模，计算模型提供了详细的、基于加工的表征、机制和过程的理解，并通过计算机算法和程序表征认知，从而揭示认知的本质和功能。

概言之，这些对认知的不同理解体现在三方面：①提取新信息及其关系；②对所提取信息的可能来源实验、系统观察和对实验、观察结果的理论化；③通过对初始数据的分析、假设提出、假设检验，以及对假设的接受或拒绝来实现认知。从哲学角度对这三方面进行反思，将是认知哲学的重大任务。

针对认知的研究，根据我的梳理主要有 11 个方面：

（1）认知的科学研究，包括认知科学、认知神经科学、动物认知、感知控制论、认知协同学等，文献相当丰富。其中，与哲学最密切的是认知科学。

（2）认知的技术研究，包括计算机科学、人工智能、认知工程学（运用涉及技术、组织和学习环境研究工作场所中的认知）、机器人技术，文献相当丰富。其中，模拟人类大脑功能的人工智能与哲学最密切。

（3）认知的心理学研究，包括认知心理学、认知理论、认知发展、行为科学、认知性格学（研究动物在其自然环境中的心理体验）等，文献异常丰富，与哲学密切的是认知心理学和认知理论。

（4）认知的语言学研究，包括认知语言学、认知语用学、认知语义学、认知词典学、认知隐喻学等，这些研究领域与语言哲学密切相关。

（5）认知的逻辑学研究，主要是认知逻辑、认知推理和认知模型。

（6）认知的人类学研究，包括文化人类学、认知人类学和认知考古学（研究过去社会中人们的思想和符号行为）。

（7）认知的宗教学研究，典型的是宗教认知科学（cognitive science of religion），它寻求解释人们心灵如何借助日常认知能力的途径习得、产生和传播宗教文化基因。

（8）认知的历史研究，包括认知历史思想、认知科学的历史。一般的认知科学导论性著作都涉及历史，但不系统。

（9）认知的生态学研究，主要是认知生态学和认知进化的研究。

（10）认知的社会学研究，主要是社会表征、社会认知和社会认识论的研究。

（11）认知的哲学研究，包括认知科学哲学、人工智能哲学、心灵哲学、心理学哲学、现象学、存在主义、语境论、科学哲学等。

以上各个方面虽然蕴含认知哲学的内容，但还不是认知哲学本身。这就涉及第二个问题。

第二个问题需要从哲学立场谈起。

在我看来，认知哲学是一门旨在对认知这种极其复杂的现象进行多学科、多视角、多维度整合研究的新兴哲学研究领域，其研究对象包括认知科学（认知心理学、计算机科学、脑科学）、人工智能、心灵哲学、认知逻辑、认知语言学、认知现象学、认知神经心理学、进化心理学、认知动力学、认知生态学等涉及认知现象的各个学科中的哲学问题，它涵盖和融合了自然科学和人文科学的不同分支学科。说它具有整合性，名副其实。对认知现象进行哲学探讨，将是当代哲学研究者的重任。科学哲学、科学社会学与科学知识社会学的"认知转向"充分说明了这一点。

尽管认知哲学具有交叉性、融合性、整合性、综合性，但它既不是认知科学，也不是认知科学哲学、心理学哲学、心灵哲学和人工智能哲学的简单叠加，它是在梳理、分析和整合各种以认知为研究对象的学科的基础上，立足于哲学反思、审视和探究认知的各种哲学问题的研究领域。它不是直接与认知现象发生联系，而是通过研究认知现象的各个学科与之发生联系，也即它以认知本身为研究对象，如同科学哲学是以科学为对象而不是以自然为对象，因此它是一种"元研究"。在这种意义上，认知哲学既要吸收各个相关学科的优点，又要克服它们的缺点，既要分析与整合，也要解构与建构。一句话，认知哲学是一个具有自己的研究对象和方法、基于综合创新的原始性创新研究领域。

认知哲学的核心主张是：本体论上，主张认知是物理现象和精神现象的统一体，二者通过中介如语言、文化等相互作用产生客观知识；认识论上，主张认知是积极、持续、变化的客观实在，语境是事件或行动整合的基底，理解是人际认知互动；方法论上，主张对研究对象进行层次分析、语境分析、行为分析、任务分析、逻辑分析、概念分析和文化网络分析，通过纲领计划、启示法和洞见提高研究的创造性；价值论上，主张认知是负载意义和判断的，负载文化和价值的。

认知哲学研究的目的：一是在哲学层次建立一个整合性范式，揭示认知现象的本质及运作机制；二是把哲学探究与认知科学研究相结合，使得认知研究将抽象概括与具体操作衔接，一方面避免陷入纯粹思辨的窠臼，另一方面避免陷入琐碎细节的陷阱；三是澄清先前理论中的错误，为以后的研究提供经验、教训；四是提炼认知研究的思想和方法，为认知科学提供科学的、可行的认识论和方法论。

认知哲学的研究意义在于：①提出认知哲学的概念并给出定义及研究的范围，在认知哲学框架下，整合不同学科、不同认知科学家的观点，试图建立统一的研究范式。②运用认知历史分析、语境分析等方法挖掘著名认知科学家的认知思想及哲学意蕴，并进行客观、合理的评析，澄清存在的问题。③从认知科学及其哲学的核心主题——认知发展、认知模型和认知表征三个相互关联和渗透的方面，深入研究信念形成、概念获得、知识产生、心理表征、模型表征、心身问题、智能机的意识化等重要问题，得出合理可靠的结论。④选取的认知科学家具有典型性和代表性，对这些人物的思想和方法的研究将会对认知科学、人工智能、心灵哲学、科学哲学等学科的研究者具有重要的启示与借鉴作用。⑤认知哲学研究是对迄今为止认知研究领域内的主要研究成果的梳理与概括，在一定程度上总结并整合了其中的主要思想与方法。

第三个问题是，认知哲学与相关学科或领域究竟是什么关系？

我通过"超循环结构"来给予说明。所谓"超循环结构"，就是小循环环环相套，构成一个大循环。认知科学哲学、心理学哲学、心灵哲学、人工智能哲学、认知语言学是小循环，它们环环相套，构成认知哲学这个大循环。也就是说，这些相关学科相互交叉、重叠，形成了整合性的认知哲学。同时，认知哲学这个大循环有自己独特的研究域，它不包括其他小循环的内容，如认知的本原、认知的预设、认知的分类、认知的形而上学问题等。

第四个问题是，认知哲学研究哪些问题？如果说认知就是研究人们如何思维，那么认知哲学就是研究人们思维过程中产生的各种哲学问题，具体要研究10个基本问题：

（1）什么是认知，其预设是什么？认知的本原是什么？认知的分类有哪些？认知的认识论和方法论是什么？认知的统一基底是什么？是否有无生命的认知？

（2）认知科学产生之前，哲学家是如何看待认知现象和思维的？他们的看法是合理的吗？认知科学的基本理论与当代心灵哲学范式是冲突，还是融合？能否建立一个囊括不同学科的统一的认知理论？

（3）认知是纯粹心理表征，还是心智与外部世界相互作用的结果？无身的认知能否实现？或者说，离身的认知是否可能？

（4）认知表征是如何形成的？其本质是什么？是否有无表征的认知？

（5）意识是如何产生的？其本质和形成机制是什么？它是实在的还是非实在的？是否有无意识的表征？

（6）人工智能机器是否能够像人一样思维？判断的标准是什么？如何在计算理论层次、脑的知识表征层次和计算机层次上联合实现？

（7）认知概念如思维、注意、记忆、意象的形成的机制和本质是什么？其哲学预设是什么？它们之间是否存在相互作用？心身之间、心脑之间、心物之间、心语之间、心世之间是否存在相互作用？它们相互作用的机制是什么？

（8）语言的形成与认知能力的发展是什么关系？是否有无语言的认知？

（9）知识获得与智能发展是什么关系？知识是否能够促进智能的发展？

（10）人机交互的界面是什么？脑机交互实现的机制是什么？仿生脑能否实现？

以上问题形成了认知哲学的问题域，也就是它的研究对象和研究范围。

"认知哲学译丛"所选的著作，内容基本涵盖了认知哲学的以上10个基本问题。这是一个庞大的翻译工程，希望"认知哲学译丛"的出版能够为认知哲学的发展提供一个坚实的学科基础，希望它的逐步面世能够为我国认知哲学的研究提供知识源和思想库。

"认知哲学译丛"从2008年开始策划至今，我们为之付出了不懈的努力和艰辛。在它即将付梓之际，作为"认知哲学译丛"的组织者和实施者，我有许多肺腑之言。一要感谢每本书的原作者，在翻译过程中，他们中的不少人提供了许多帮助；二要感谢每位译者，在翻译过程中，他们对遇到的核心概念和一些难以理解的句子都要反复讨论和斟酌，他们的认真负责和严谨的态度令我感动；三要感谢科学出版社编辑郭勇斌，他作为总策划者，为"认知哲学译丛"的编辑和出版付出了大量心血；四要感谢每本译著的责任编辑，正是他们的无私工作，才使得每本书最大限度地减少了翻译中的错误；五要特别感谢山西大学科学技术哲学研究中心、哲学社会学学院的大力支持，没有它们作后盾，实施和完成"认知哲学译丛"是不可想象的。

魏屹东

2013年5月30日

译/审序

在《认知多元主义》一书中，作者史蒂文·霍斯特给出了拒绝将心智整齐地分为模块和中枢型假设的理由，并要求放弃思想主要依赖单词和句子大小的假设。首先，作者认为，许多思维形式依赖领域比例模型，而这些模型（如模块化过程）只适合跟踪世界的特定方面（第二至第五章）。其次，作者考察了心理模型的性质，认为我们要脱离单词-句子-推理的单一思维模型。这为心智哲学和认知科学哲学开辟了新的可能性（第六至第十一章）。最后，作者认为，对心理模型的关注可以改变我们对认识论、不统一性和语义学的思考方式（第十二至第十六章）。这是认知多元主义的必然结论。

从内容来看，本书涵盖了许多领域，霍斯特在对这些领域的简短回顾中声称，他没有办法公平地处理和论述全部这些内容。本书发人深省的地方在于：我们可以从认知多元主义获益，即认为认知不是单一的，而是多元的，如自然认知和人工认知，自然认知又包括动物认知和人类认知，人工认知又涉及人工意识、人工心智和人工智能。本书旨在提出我们通过不同内容领域的心理模型来理解世界的论点，并探索这一论点的哲学含义。

从传统哲学来看，哲学家认为知识和理解的基本单元是概念、信念和论证推理，而霍斯特提出另一种单元——一种内容领域的心理模型——是理解的基本单元。在他看来，理解不在于单词大小的概念、句子大小的意向状态或论证大小的推理，而在于理想化模型和领域大小的组块。他进一步指出，"认知多元主义"这一理念，即我们通过不同内容领域的模型了解世界，揭示了如下一些深刻的哲学问题。

第一，霍斯特提出了主流的认识论、语义学、真理理论和推理理论所假定的认知结构的"标准观点"——对思想、理解和推理的描述，只需要假设这三种类型的单元：单词大小的概念、句子大小的意向状态和论证大小的推理。

第二，他解释了心理模型作为内部代理（surrogate）的概念，这一概念反映了其目标领域的特点，并将其置于心理学、科学哲学、人工智能和理论认知科学等思想背景下进行分析。

第三，霍斯特认为，认知多元主义的观点不仅有助于解释困扰人们的知识不统一问题，而且还使人们对试图"统一"科学的可行性产生怀疑。

第四，认知多元主义倾向于可靠性认识论和"分子主义"语义学。总的来说，霍斯特认为，认知多元主义不是要我们将对立的认识论和语义理论视为非直接的竞争者，而是作为互补的说明。

概言之，"认知多元主义"这一概念不仅通过不同内容领域的模型了解世界，揭示了一些哲学问题，而且将其运用于相关的应用学科当中进行分析。认知多元主义分析知识的非统一性是模型理解的结果。事实上，认知多元主义认为，具有差异性的理论都是不同维度的理想模型。认知多元主义为人们提供了一种更加全面、动态和灵活的方式来理解和解释世界。它鼓励人们在认知过程中保持开放和批判性思维，不断探索新的模型和理论，以更好地适应和理解这个复杂多变的世界。

魏屹东　谢建华
2024 年 7 月 8 日

前　言

　　根据我的回忆，认知多元主义是在1993年罗格斯大学举办的关于意义的NEH夏令营研讨会上提出的。对这一理论的一些初步探索写在之前的两本书《超越还原》（2007年）和《定律、心智和自由意志》（2011年）里。在这两本书中，我将认知多元主义作为解释科学理解不统一性的一种方法。尽管这两本书的主要论点不依赖于认知多元主义的推断，但许多读者明确表示，他们发现认知多元主义是书中最有趣、最引人入胜的论题。我甚至在出版之前就打算在这些书完成后，写一部关于认知多元主义的独立著作。从学术的需要到出版这些书，这一过程需要相当长的时间。回顾过去，我发现早期的起草工作大部分是在2006—2007年NEH奖学金资助的休假期间完成的。直到后来在2014年秋天的一次休假，我才能够汇集多年来零碎撰写的大量材料草稿，并撰写其余章节。匿名评审人阅读了我的计划书，证实了我的怀疑，即我所收集的资料对于一本书来说范围太大了，现在你们面前的这本书是将关于认知架构、认识论和语义学的材料从关于形而上学的进一步讨论中分离出来的结果，这些讨论将被重新规划为单独一本。

　　在写作过程中，本书就其范围和预期受众来说，跨越了许多不同领域。有几章，特别是那些旨在介绍诸如神经科学中的全局主义和局部主义的历史，以及一些历史上重要哲学家试图处理关于心智和理解统一性问题的章节，并没有做最后的删减。这些在很大程度上不是可以作为专业文章发表的东西，但可能会引起受过教育的公众以及专业人士的兴趣。我希望，在时间允许的情况下，将这些"孤儿"中的一些变得够格，并在我的网站（https://wesleyan.academia.edu/StevenHorst）上提供给感兴趣的读者，最终在网上建立一个属于它们自己的"精神孤儿院"。

　　多年来，我在会谈和会议上，以及在出版物上，就本书中的一些思想进行了许多卓有成效的交流。我很担心会遗漏一些应该得到更多赞誉的人，所以我会特别提到一些人，但我首先要特别感谢心—物研究学会（Society for Mind-Matter Research）、斯特林大学（University of Stirling）、明斯特大学（Universität Münster）、沙勒姆中心（Shalem Center）、哲学与心理学学会（Society for Philosophy and Psychology）、牛津伊恩拉姆齐科学与宗教中心（Ian Ramsey Centre for Science and

Religion at Oxford）、霍利克山学院（Mount Holyoke College）、伊丽莎白镇学院（Elizabethtown College）、波士顿科学哲学讨论会（Boston Colloquium for Philosophy of Science）、加州大学河畔分校、圣克鲁斯分校和圣迭戈分校（University of California Campuses at Riverside，Santa Cruz，and San Diego）为我提供的访问机会。我还要感谢罗伯·康明斯（Rob Cummins）、杰伊·加菲尔德（Jay Garfield）、约拉姆·哈佐尼（Yoram Hazony）、南希·卡特赖特（Nancy Cartwright）和约瑟夫·劳斯（Joseph Rouse）多年来以各种方式支持这一项目。特别感谢大卫·丹克斯（David Danks），他阅读并评论了大部分手稿；迈克尔·西尔伯斯坦（Michael Silberstein）曾多次在作品中探讨有关认知多元主义的问题；还有威廉·西格（William Seager）和哈拉尔德·阿特曼斯帕彻（Harald Atmanspacher），他们与西尔伯斯坦一起评论了一篇关于认知多元主义的文章（Horst，2014），而我当时正在撰写本书。麻省理工学院出版社的菲利普·劳克林（Philip Laughlin）在整个出版过程中一直是编辑的典范。同时，我也要感谢卫斯理大学的一批本科生参加了一个关于认知多元主义的研讨会，其中包括了本书的材料草稿。

我还要向多丽塔·怀尔德（Doretta Wildes）表达我个人深深的感激之情，不仅是因为她能理解我在所有场合都沉浸在哲学的写作之中，而且还因为她给我的生活带来所有其他美好的东西。

2015 年 5 月 14 日
康涅狄格州米德尔敦

目　　录

丛书序

译/审序

前言

第一部分　从标准观点到认知多元主义

第一章　导论：信念、概念和心理模型……………………………………3
　　第一节　本书概述……………………………………………………6
第二章　认知架构的标准哲学观……………………………………………8
　　第一节　信念概念的核心作用………………………………………8
　　第二节　认知架构的三层标准观点…………………………………10
　　第三节　一些哲学问题………………………………………………11
　　第四节　关于架构的备选方案………………………………………18
第三章　中枢认知和模块认知………………………………………………23
　　第一节　哲学、心理学和神经科学中的心智………………………24
　　第二节　福多的《心智模块性》……………………………………27
　　第三节　动机、批评和备选方案……………………………………32
第四章　超越模块性和中枢认知……………………………………………37
　　第一节　核心系统……………………………………………………38
　　第二节　大众理论……………………………………………………44
　　第三节　科学理论……………………………………………………46
　　第四节　直觉推理、语义推理和知识表征…………………………48
　　第五节　心理模型……………………………………………………60
　　第六节　超越中枢认知和模块认知…………………………………61

第五章　认知多元主义 ………………………………………… 63
 第一节　什么是认知多元主义？ ……………………………… 64
 第二节　模块和模型 …………………………………………… 65
 第三节　模型和表征 …………………………………………… 66
 第四节　表征 …………………………………………………… 67
 第五节　模型和理想化 ………………………………………… 71
 第六节　审美情操的两种类型 ………………………………… 72
 第七节　错误的类型 …………………………………………… 73
 第八节　知识和理解 …………………………………………… 74
 第九节　展望 …………………………………………………… 75

第二部分　模型与理解

第六章　模型 …………………………………………………… 79
 第一节　比例模型（目标域、理想化和适当性） …………… 79
 第二节　地图 …………………………………………………… 82
 第三节　蓝图 …………………………………………………… 88
 第四节　程序代码和流程图 …………………………………… 91
 第五节　计算机模型 …………………………………………… 92
 第六节　模型特点 ……………………………………………… 93
 第七节　模型作为认知工具 …………………………………… 94
 第八节　进一步的考量 ………………………………………… 95

第七章　心理模型 ……………………………………………… 97
 第一节　两种观察 ……………………………………………… 99
 第二节　超越内在化 …………………………………………… 100
 第三节　我房子的心理模型 …………………………………… 100
 第四节　国际象棋 ……………………………………………… 105
 第五节　社会语境 ……………………………………………… 106
 第六节　道德模型 ……………………………………………… 108
 第七节　心理模型和科学理解 ………………………………… 109
 第八节　核心系统和大众系统 ………………………………… 112
 第九节　结论 …………………………………………………… 113

第八章　模型之间的关系 ……………………………………… 114
 第一节　抽象度 ………………………………………………… 114

第二节　变体 ··· 116
　　第三节　隐喻转换 ·· 117
　　第四节　三角测量 ·· 119
　　第五节　不协调 ··· 128

第九章　其他基于模型的方法 ··· 130
　　第一节　心理学中的模型 ·· 130
　　第二节　科学哲学中的模型 ··· 135
　　第三节　理论认知科学中的模型 ··· 138

第十章　认知多元主义的似真性 ·· 143
　　第一节　进化更聪明动物的良好设计策略 ····························· 143
　　第二节　对于会学习的动物仍是一个良好的设计策略 ············· 144
　　第三节　模型增殖的优势 ·· 147

第十一章　模型与语言的互补性 ·· 154
　　第一节　认知互补性 ··· 155
　　第二节　语言和模型优先性 ··· 158
　　第三节　两种异议 ·· 160
　　第四节　语言带来了什么 ·· 163
　　第五节　小结 ·· 168

第三部分　认识论、语义学、不统一性

第十二章　知识、科学和理解的不统一性 ··································· 171
　　第一节　统一性的图景及其面临的问题 ································ 171
　　第二节　作为问题的不统一性 ·· 175
　　第三节　基于模型的理解是不统一性的根源 ························· 177
　　第四节　科学的不统一性 ·· 180
　　第五节　不可还原性 ··· 187
　　第六节　完备性和一致性 ·· 190

第十三章　模型和直觉 ·· 194
　　第一节　心理学对"直觉"的讨论 ·· 196
　　第二节　直觉和反直觉判断 ··· 198
　　第三节　直觉的模型相对性 ··· 202
　　第四节　模型、直觉和专门知识 ··· 203

第五节　模型和倾向信念 ··· 205
　　第六节　模型、直觉和认知错觉 ··· 206

第十四章　认知错觉 ·· 207
　　第一节　不适当应用的错觉 ·· 208
　　第二节　无限制主张的错觉 ·· 212
　　第三节　统一的错觉 ··· 217
　　第四节　投射的错觉 ··· 220

第十五章　认知多元主义和认识论 ······································· 225
　　第一节　什么是信念？ ·· 226
　　第二节　作为认知单位的模型 ··· 230
　　第三节　认知多元主义与知识理论 ····································· 235
　　第四节　对认识论说明地位的看法 ····································· 242

第十六章　认知多元主义与语义学 ······································· 244
　　第一节　模型和语义价值 ··· 245
　　第二节　认知多元主义和其他语义理论 ······························· 247
　　第三节　概念的多重生命 ··· 251
　　第四节　无模型的概念 ·· 252
　　第五节　具有多模型的概念 ·· 255
　　第六节　走向概念的多因素图示说明 ·································· 259
　　第七节　关于概念和语义学争论的可能影响 ························ 264

尾注 ··· 266

参考文献 ··· 268

索引（数字为原书页码） ·· 280

第一部分
从标准观点到认知多元主义

第一章 导论：信念、概念和心理模型

当我还是一名大学生的时候，对我的思想影响最大的一本书是奥斯汀（Austin，1962）的《如何以言行事》。这本书以他1955年在哈佛大学的"威廉·詹姆斯演讲"为基础，是言语行为理论的开创性著作，它成为我作为学生的初次哲学之爱。我不打算在本书中讨论言语行为理论。我提到奥斯汀和他的书是因为我想在这里实现一种模型，这不是参与哲学中的"当代大辩论"——甚至是那些更悠久的辩论，也不是说一些这样的辩论都是胡说八道，而是说请把注意力放在一些没有得到关注的哲学问题上，即使它们就在我们眼前。

以下是奥斯汀演讲的开场白：

我在这里要说的话既不难，也不具争议，我唯一想为之辩护的优点是，它是真实的，至少部分是真实的。要讨论的现象是非常普遍和明显的，它在各处都不能不被注意到。然而，我并没有特别注意到这一点。

很长一段时间以来，哲学家们的假设是，一个"陈述"事项只能是"描述"某些事态，或是"陈述某些事实"，无论它陈述的是真是假。事实上，语法学家经常指出，并非所有的"句子"都是（用于）陈述：传统上，除了（语法学家）陈述之外，还有疑问句和感叹句，以及表达命令、愿望或让步的句子。毫无疑问，哲学家们并不打算否认这一点，尽管"语句"在"陈述"中的使用是松散的。（Austin，1962：1）

奥斯汀在这里的主要观点是，把如此多的注意力放在陈述上，甚至更狭隘地放在关于陈述的一个事实上——它们可能是真的也可能是假的——他那个时代的哲学家们最终很有可能忽略了所有可能对语言感兴趣的其他东西，其中一些可能会对我们理解陈述及其真值产生重要影响。

我的观点与此类似。简而言之，可以这样说：哲学家们特别强调一些关于思想和语言的话题，每一个话题本身都是相当值得尊敬的：概念和话语的语义价值、判断和语句的真实条件、信念的正当性，以及保证真理的推理形式。相对而言，很少有人关注同样重要的话题，这一话题最终可能会对语义学、真理、认识论和推理的理论产生重要影响。我们可以给这个话题起个名字叫*理解*（understanding），虽然我所说的意思会从本书的其余部分中显现出来。

我们在哲学的不同领域——语义学、真理论、认识论、逻辑学——建构问题的方式，往往会使产生答案的理论变成特定的模式。关于语义的问题，把我们的注意力集中在单词大小单元上：自然语言中的真实词、逻辑上编制好的语言中的谓词，以及单个概念。关于真理的问题，把我们的注意力集中在句子大小单元上：知觉、命题、判断和信念。关于逻辑和确证（justification）的问题，把我们的注意力集中在论证大小单元上。此外，这三个不同的大小单元在构成上是相关的：论证是由嵌入逻辑论证形式中的句子大小单元构成的；句子大小单元是由依次嵌入语法或逻辑形式中的单词大小单元组成的；每种大小单元都以语言、思想和逻辑的形式出现。它们显然存在于自然语言和逻辑系统中，而且我认为在心理上说它们也是重要的思想单元是不现实的。

我不反对将单词大小、句子大小和论证大小的单元视为对语义学、真理、认识论和逻辑推理有根本重要性的观点；事实上，我认为这些学科的一些问题*只能*通过以这些单元为框架的理论来解决，即使这些理论呈现了一幅*理想化*的思想图景（甚至语言图景）。相反，我的担心是双重的。首先，总体而言，我们的哲学理论可能形成了一种不完整的思想和语言理论，但至少是一种对特定类型理论的*吸引子*（attractor），或者可能是一套限制集合，限制了这样一种理论必须是什么样的，才能容纳和统一语义、真理、确证和推理。我们可以称为"标准观点"的基本假设是，对思想、理解和推理的描述只需要假设这三种类型的单元：单词大小的概念、句子大小的意向状态和论证大小的推理——我们的认知架构的三层图（three-tiered picture），其主要特征明显地模仿了语言的特征。

其次，还有其他一些重要的心理和语言现象需要不同类型的基本单元——至少我们要给出在心理上真实的解释，并且上述哲学主题的传统理论的成见可能会使我们对其他的单元视而不见。我所关注的特定类型的单元是我将称为*内容领域的心理模型*（mental model of a content domain）。我认为心理模型是理解的基本单元，因为理解以模型和领域大小的组块出现。我们*相信*命题，但我们*理解*牛顿力学、国际象棋和用餐礼仪，是通过对这些领域的心理模型来做到的。我们思考概念的语义属性，很大程度上源于它们所起作用的模型的属性；许多推理（特别是那些涉及直觉判断和专家表现——当代心理学家称之为系统思想——的推理）是由基于模型的处理产生的；而我们的许多信念只通过成为良好模型的确信而间接地得到保证。在心理学和人工智能中有很相似的观点——实际上，在很多方面，我提出的观点与马文·明斯基（Marvin Minsky）（Minsky，1974，1985）基于框架的心智主张非常相似，与菲利普·约翰逊-莱尔德（Philip Johnson-Laird）

（Johnson-Laird，1983）关于心理模型的略微不同概念的研究相辅相成——但令人惊讶的是，即使是在心智哲学中，它也很少出现，更不用说在认识论、语义学或推理的哲学说明中出现了。

到目前为止，这里有两类基本的主张。第一，认知架构的可行性说明必须将心理模型作为人类认知的基本特征。第二，认知架构的模型最终对我们如何理解意义、知识及真理产生修正性意义。然而，任何现实的基于模型的认知说明，都必须面对这样一个事实：我们拥有*许多不同*内容领域的心理模型，我们以不同的方式思考和推理这些模型。事实上，如果我们通过特定领域的模型来了解世界，那么就*必须*有大量特定领域，因为我们思考的事情内容非常多，而且的确是无限的。或许我们*可以*（某一天，在皮尔斯的理想探究的尽头）提出单一的"超级模型"，它可以容纳我们所了解的一切；但这并不是我们*真正*思考世界的方式，无论是在日常生活中还是在科学中。正是因为一个心理上看似合理的模型的认知架构必须包含*许多*模型，所以我称我的理论为认知*多元主义*。

与这个主题相关的许多重要问题是：为什么人类（和动物）的心智要通过许多不同的模型来理解世界？不同的模型是如何相互联系的？我们又如何能将多个模型结合起来三角测量（triangulate）这个世界呢？*一般来说*，理解是基于模型的这一论点与心智的*某些*方面是"模块化"的这一论点有何不同（后者在某种意义上更狭隘地局限于完全封装的、自动的、先天的、可能是自然选择的产物的认知系统）？基于模型的理解与哲学家们通常研究的思想有什么关系——思维（至少推测）是类语言的，并且可以包含明确的论证？

我在本书中强调的模型的一个特点是：模型是*理想化*的。它们被理想化的一种方式是，每一个模型都是某个特定领域的模型，并囊括了世界上的一切事物。但是，大多数模型在更深层的意义上也是理想化的，它们提供了*足够好*的方式，*为了一些特定的目的*来思考和推理它们的领域，而不用这些精确的、理想化的或语境中立的表征它们目标的方式。这一点如果从问及以下问题的角度来看，是完全可以理解的，即一个作为自然选择的产物和只拥有有限认知资源的有机体，是如何能够成功地与其环境协调一致的。大自然创造出拥有与有机体自身需要相关的认知能力的生物体，为给定的物种提供神经资源达到高效率的目标。更令人惊讶的是，即使是我们最复杂的理解模式，如科学模型，也以同样的基本方式领域中心化并理想化，尽管它们更精确且在某种意义上更"客观"地描述这个世界，它们与个体或物种的特性联系甚少。一个模型总是某个特定现象（而不是所有事物）的模型，以某种特定的方式（而不是以某种其他方式）被表征。因此，通过不同特征的模型了解世界还需要进一步的能力来识别何时可以适当地应用每个模型，以及如何使用多个模型来三角测量这个世界。

不同的模型以不同的方式表征世界这个事实，也揭示了两种模型可能并不总是很好地结合在一起：它们可能在形式上不可通约（incommensurable），或者导致对世界事物的表现产生相互矛盾的预期。对于特定目的，两种模式各自都良好，但它们之间可能存在冲突，这就导致了一个重要问题，即它们*共同*提供的理解类型是否可以由一种"统一"它们的"超级模型"来容纳。这类问题既推动了科学哲学中的还原论的探讨，也推动了物理学中的大统一理论的探索，许多人认为，只要有时间、发现和努力，这些项目就一定能取得预期的结果。认知多元主义认为，我们是否能达到这种解释的统一，不仅取决于世界是怎样的，还取决于我们的认知架构的经验心理学事实。

第一节 本书概述

本书分为三部分。

第一部分，"从标准观点到认知多元主义"，提出了一种"标准观点"作为认知多元主义的衬托，这种标准观点在主流的认识论、语义学、真理论和推理理论中都被假定存在，它不赋予心理模型任何特殊的作用。标准观点将思想中的基本单元类型视为类似于语言和逻辑中的三种大小单元：单词大小单元、句子大小单元和论证大小单元。句子大小的判断或信念（或其命题内容）才是真理的候选项。句子大小单元具有语义价值，这些语义价值主要组成概念的意义和生成句法（或者，如果判断的形式不是字面上的句法，那么就是一些类似于句法的结构特征）。语义原子主义者和整体主义者的分歧在于语义价值是从原子概念开始的，还是由概念、信念和推理保证所组成的整个网络决定的；但他们在分析的基本*单元*上是一致的，唯一的例外是，整体主义者将整个网络视为自己的处理单元。句子大小单元（信念或判断）在标准上被视为确证和真理的基本候选项，因此被视为认识论的主要单元，尽管基础主义者和融贯主义者在确证是否单独附属于某些信念的问题上存在分歧，它们剩下的分歧在于，确证是依赖于有依据的信念的结论（基础主义），或者确证是由于信念之间的全局一致性（融贯主义）。

科学理论的一类模型通常被看作是知识的范式。但至少在前库恩科学哲学中，理论往往被视为*命题*（例如，被解释为普遍量化观点的规则）或者命题和推理规则的集合。20世纪60年代以来，科学哲学家们越来越多地将整个理论视为基本的语义和认识论单元，理论术语在一个理论中相互定义，而整个理论作为一个单元得到确证；最近，基于模型的科学方案已经开始取代基于理论的科学哲学方案。

我认为认知与发展心理学（核心知识系统假说和元理论）和人工智能（用框架、脚本和模型来解释常识与语义理解）的几个领域的研究，让我们有理由得出结论：这不是科学理论独有的特征，而是理解*通常*可划分为不同内容领域的模型。这表明"中枢化"和"模块化"认知之间的一般划分存在深刻的误导性：我们所学到的很多理解都是基于模型的，具有与模块相关的一些特征，比如领域特异性、专有表征系统、无意识和自动处理，以及专家表现的效率和认知不可穿透性等特征。

第二部分，"模型与理解"，首先说明模型概念的直观发展（使用外部模型的例子，如比例模型、地图和流程图）。其次，它被用作理解心理模型概念的基础，*心理*模型是一个内部代理（an internal surrogate），这种代理以领域内的非分散式推理方式反映其目标域的特征。最后，我将我的心理模型的概念与心理学、科学哲学、人工智能和理论认知科学中的其他几个概念联系起来。我认为，依靠"建模引擎"（modeling engine）通过特定领域的学习模型来扩展理解，是进化出更智能动物的一种生物学和生态学上可行的策略。我将基于模型的理解与认知架构的其他特征放在一起。这些特征包括发育渠化的特殊用途模块、条件化的学习、社会分布式的认知、环境化的扩展表现型，以及建立在公共语言和类语言思维及推理能力基础上的人类认知的特殊形式。

第三部分，"认识论、语义学、不统一性"，探讨了认知多元主义观点的一系列含义。首先，由于每一个模型都采用了一个特定的表征系统，每一个模型都是理想化的，并且对特定的实践和认识的目的是次优的，所以两个模型可以是不可通约的，并且可以产生冲突的推论。我认为，这有助于解释科学和其他领域（如伦理学等）中令人困扰的知识不统一问题，但也使我们有理由怀疑试图"统一"科学或一般知识是否可行。其次，我提出了一个直觉判断的基于模型的方案，这一方案认为存在可以"读取"模型的隐含规则的判断，这似乎是合理的，有时甚至是必要的，因为我们实际上致力于使用一个特定的模型来构建和推理一个情境以保证信度。另外，只有当模型应用得当时，模型的直观含义才是可靠的，因此基于模型的方案也有助于识别多种类型的认知错觉。最后，认知多元主义倾向于一种可靠的认识论（恰当应用的模型是可靠的认知机制）和一种"分子主义的"语义学，从而为基础主义的认识论和融贯主义的认识论，以及原子主义与整体主义的语义理论给出了回应。然而，认知多元主义也表明，我们不必把对立的认识论和语义理论视为试图解释同一现象的直接竞争者；相反，我们最好把它们看作是互补的说明，每一个说明都是不同评价维度的理想化模型。

第二章　认知架构的标准哲学观

如果有人问哲学家，在一个可行的认知架构理论中，哪些心智特征需要被解释，那么*信念*和其他*意向状态*肯定会排在首位。许多认知科学研究者（或者大部分，或者全部，取决于你对"认知科学"的定义有多窄）都会同意这一观点。[1] 此外，这一假设也很符合常识。在日常生活中，我们经常把人们的行为解释为他们所相信和渴望的结果。这种常识性的信念-愿望解释在哲学行动理论中得到了广泛的发展，并被理论认知科学扩展到对形成行动和其他认知过程的*机制*（mechanisms）的解释中。

但是，意向状态，特别是信念，在人类认知架构中起着核心作用的观点，并*不仅仅*是对常识的反思与心智哲学、行为理论和认知科学中的信念-愿望解释的讨论的结果。哲学家们对哲学的一些"核心"领域（真理论、认识论、语义学、逻辑学和推理理论）的研究也强烈地说明了这一点。对于每一个领域，最有影响力的研究都是从信念（或判断，我在本章后面阐明的一个区别）、组成信念的概念及对信念起作用的推理形式等方面着手的。这些都强烈地说明思想的基本单元是概念、信念（和其他意向状态）和对这些状态的推理。此外，这三个单元形成了一个组合层次：概念是信念和其他意向状态的组成部分，信念是推理的组成部分。如果哲学的这些领域所涉及的事物是*心理上真实的*，那么它们的成就会使我们认为这些实体是我们认知架构的重要因素。如果认识论、语义学、真理论和逻辑学能够仅仅以这些单元成功运行，那么这表明认知架构的这一部分就是认知架构的整体叙事，或者至少它是叙事的重要中心部分，并相对独立于其他事物。这是一个我最终希望讨论的主张。但要做到这一点，最好的开始方式是我们尽可能令人信服地发展它。

第一节　信念概念的核心作用

意向状态，特别是信念，在哲学的几个主要领域中占有突出地位：真理论、认识论、语义学和逻辑学。意向状态是指在拥有*内容*的意义上*关于某物*的状态，通常可以表述为一个命题。我可以相信猫在门口，这个信念是一种意向状态。我也可以想让猫在门口，希望猫在门口，担心猫在门口，怀疑猫在门口，等等。这些都是具有相同内容（猫在门口）的意向状态，但相信、渴望、希望等是不同的"*意向态度*"。信念和其他意向状态，特别是愿望，对标准行动理论也具有核心重要性。

*真理*通常被认为是信念（或其命题内容）与世界上的事物状态之间的*对应关系*。关于这种对应关系究竟是什么，有各种说法，但关联是相同的：信念（或所相信的命题）和心外事态。也有少数人认为真理应该根据信念*之间*的关系来理解，通常被称为"融贯"（coherence）。（这种*真理*融贯论不应与我稍后描述的*知识*融贯论相混淆。）但真理的符合论和融贯论都将信念视为与真理相关的唯一*心理*单元，两者的区别在于：符合论也认为*外在*心理事实（extramental facts）对于真理的说明是必不可少的。

大多数当代认识论者（知识论家）都有一个共同的假设，即*知识是保证的*（或确证的）*真信念*（这种对知识的描述最初被称为"*确证的真信念*"，但最近的说明中越来越多地使用"保证的"一词来代替*确证*的）。最有影响力的一些认识论理论都是在解释保证的信念的成立理由方面存在差异。基础主义者认为，信念可以通过两种方式来保证：①具有"适当的基础"——也就是说，不需要任何其他方面的基础；②以适当的方式（特别是通过有效的演绎推理）从其他有保证的信念中衍生出来，最终追溯到适当的基本信念的基础。关于什么可以使一种信念成为适当基本的，有各种各样的主张，例如自明的或由可靠的感知机制获得的。但是与基础主义说明相关的基本*单元*是信念和在信念之上的推理模式。融贯论者认为，一个信念是由这个信念成为一个融贯的信念集合的一部分来保证的。同样，对于什么样的关系算作"融贯性"也有各种各样的主张，尽管融贯性通常是最小的必要条件。但是，这些相关的关系都是个人信念。

第三个也是最近的一个知识理论是*可靠主义*。可靠主义者认为，如果一个信念是由一个可靠的机制产生的，那么它是有保证的（典型的例子是在标准感知条件下通过可靠的感知机制产生信念）。这是否引入了除信念之外的其他类型的认知现象，还不太清楚，这些认知现象可能需要包含在知识的认知架构中。一方面，我们可以把可靠性理论的基本关系看作是信念和产生信念的事物状态之间的关系。另一方面，我们可能会把信念产生的*机制*看作是相关物之间的一种关系，在这种情况下，我们会面临这样一个问题：它们是否应该被视为*认知*架构的一部分，或者是非认知的东西，或者甚至是心理外却与保证相关的东西。

然而，我们应该注意到，在某些信念中，它们的真实性和保证性可能并不取决于与心理外事态的关系。这些信念之所以是真实的，是由于这些概念的含义和它们之间的关系。像"狗是动物"和"三角形是三个角的"这样的命题*按照定义*似乎是真实的，而且我们可以根据我们对概念语义的掌握，通过简单的分析就*知道*它们是正确的。

语义学与意义有关，概念和信念都具有语义属性。此外，概念是信念的组成部分，信念（或所相信的命题）的语义属性通常被理解为组成信念的概念的功能加上命题的逻辑（或语法或句法）形式（还有些重要的注意事项，如可能还要依赖于语境）。关于语义属性的基础（例如，语义属性是基于大脑内部的某个部分，比如感知数据，或者语义属性通过直接参照而对应到世界上的事物）以及它们出现的组织层次，都存在着重要的争议。*语义原子主义者*认为，一些概念（语义原子）是语义价值的最基本承载者，而另一些概念则是通过包含或定义语义原子来获得语义的。*推理主义者*认为概念的意义是相互交织的，概念的意义是根据与之相关的形成推理模式来实现的。概念包容主义者可能通过说**狗**的概念*包含了***动物**的概念来描述**狗**和**动物**之间的关系。定义主义者可能会说，**狗**的*定义*包含了狗是一种动物的信息。推理主义者会说，**狗**的语义价值部分是由我们倾向于从"x 是狗"中推断"x 是动物"这一事实构成的。

推理主义的一个很有影响力的版本被称为*整体主义*，它认为*每一个*概念的语义值都与其他概念的语义值，以及信念和推理倾向有着内在的联系，因此，任何概念、信念或推理倾向的变化都会延伸到对其他一切的改变（Quine，1951；Davidson，1967）。整体主义者否认概念和信念之间，或语义学和认识论之间存在原则性的界限。亚里士多德关于鲸鱼是哺乳动物而不是鱼的发现这一过程，可能被描述为**鲸鱼**这个概念的语义值发生了变化；但同样可能被描述为对鲸鱼的*信念*发生了变化，或者是我们倾向于对我们归类为鲸鱼的推理发生了变化。但是，像原子主义者一样，整体主义者仍然把概念、信念和推理作为认知的基本单元，尽管他们认为它们的内容和保证是来自整体而不是局部的。

逻辑和推理理论主要涉及推理模式，特别是演绎论证。推理和论证是由信念和命题组成的，这些信念和命题是以特定的逻辑形式排列的，逻辑特别关注那些保持真理的论证形式——也就是说，如果前提是真的，那么结论也必定是真的。

第二节　认知架构的三层标准观点

如果我们要问这些对真理、知识、意义和推理的标准哲学处理方法对认知架构有何启示，答案似乎显而易见。这些学科所涉及的思想或至少思想类型涉及三种大小的单元，它们位于一个组合层次上：推理由信念或判断组成，而信念或判断又由概念组成。我们可以称之为*心智的三层图*。假设关于知识、意义、真理、推论和理解的问题仅可以通过使用三层图的资源得到适当的解决，我将其称为*标准观点*。

关于三层图的单元有一个明显的现象，那就是，它们显然也与语言和逻辑的结构单元相对应。自然语言中的单词和逻辑中的谓语字母对应于概念，语句和格式化公式对应于信念等意向状态，而且语言和逻辑都有更大的单元，被称为"论证"（arguments），对应于推理，当然，自然语言也有许多其他类型的结构化的话语单元（故事、笑话等），这些都是逻辑所缺失的。用从语言叙述中提取的术语来描述单元的结构大小是最清楚的，即作为*单词大小、句子大小和论证大小*的单元。

此外，理论家们在这三个层次上展开研究的一些方法，也是以语言学和逻辑学中的东西为模型的。例如，判断的意义是概念的意义加上组合句法的功能这一观点，以及哲学家对标准逻辑中占主导地位的特殊（演绎）推理形式的关注。当然，这引发了一些关于思想、语言和逻辑之间关系的问题，我在这里无法完全解决这些问题。例如，我们的语言能力仅仅是一种以人类心智的思维特定的形式*公共表达*已经在*心理上可获得*的东西，还是这些形式的思考能力是学习公共语言的结果？或者至少作为物种的成员，它的大脑具有最初被选择产生语言的能力？思想是真的发生在"思想语言"（Fodor，1975）中的？或者思想和语言之间的关系更具有类比性，比如思维和语言有相似的大小和功能的结构单元？我不打算在这里解决这些问题。现在，我们只要说这样的观点就够了，即哲学的一些核心领域的理论表明，思想，或者至少是思想的重要部分，在某种意义上是"类语言"（language-like）的，因为它的结构单元类似于语言中的结构单元。

第三节 一些哲学问题

但是，真理论、认识论、语义学和逻辑学*真的*会确信我们有一个关于认知架构的论题吗？或者说，真的确信任何关于认知架构的论题吗？它们这样做的假设是假定这些理论需要，或者至少暗示了一种关于概念、信念和推理的*心理实在论*。这一假设存在一些重要的挑战，需要加以注意和澄清。

一、信念与判断

首先,"信念"一词在哲学中有几种不同的用法(Horst,1995)。有时,当我们说某人"有一个信念"时,我们的意思是她正在经历一个*心理插曲*(psychological episode),在这个插曲中她在心理上肯定了一些东西。侦探整理了一下证据,突然下结论说:"是管家干的!"我们据此说她*形成了一个信念*——是管家干的。但我们也会说人们"相信"他们从未思考过的事情。假设我问你是否相信 119+6=125,或者狗有肾。你很容易回答"是的"。当然,在回答这个问题的过程中,你可能真的考虑了这个问题,并在心理上肯定了它。但是,假设我问你是否*昨天相信* 119+6=125,或者狗有肾。当我在课堂上提出这个问题时,大约有一半的学生倾向于说"是",另一半倾向于说"不是"。我故意选择一些以前可能没有人明确考虑过的问题,以消除那些说"是"的学生报告*先前*明确赞同的可能性。那些说"不"的人这样做,可能是因为他们把"信念"这个词限定在了我们真正思考和赞同的事情上。但是,那些说"是"的人也在以一种完美的标准方式使用"信念"一词,来报告我们暗中确信的事情,或我们在得到提示时随时准备同意的事情。据我估计,哲学家们往往更广泛地使用"信念",包括有时被称为的"倾向性信念"。倾向性信念通常与"发生性信念"形成对比,即那些被认为在心理上肯定的实际事件。在哲学的某些领域,发生性信念也被称为*判断*,由于这似乎是一种更佳的方式来指代我们认可某件事是心理事件,我在这里将它作为我的首选术语,在更广泛的意义上使用"信念"一词,也包括倾向。

我以这样一种方式描述这个三层图,既包括关注判断,也包括关注更广泛意义上的信念。在某种程度上,意向性和推理的哲学与心理学理论是关于*判断*的,它们似乎需要一个实在论的解释。主张某人形成了一个判断,这是对一个心理事件的说法,只有当某个事件至少大致与实际发生的特征相对应时,才被认为是真实的。但是,在某种程度上,这些理论是关于信念而不是判断的。在大多数情况下,当信念而不是判断被使用时,可能会以*倾向性*形式存在一种承诺来形成判断或推理。倾向性本身并不是认知架构的元素,尽管倾向性可能指向需要详细说明的潜在机制,而这些机制可能是这种架构的一部分。

二、解释主义

这会导致我们更深层次的关注。一些被称为*意向实在论者*的哲学家认为,当我们谈论信念和推理时,我们指的是发生在思想中的一些事件,这些事件包括类语句表征和命题内容，以及对它们起作用的推理过程（Fodor 1975，1978，1990）。他们这样做的原因不仅仅是一种内省，有时我们确实在命题中（甚至在自然语言语句中）思考且遵循三段论的推理模式。准确地说，他们倾向于诉诸"*意向解释*"——根据一个人的信念和愿望来解释一个人的言行，他们认为这是一种*因果解释*的形式，在这种解释中，判断、发生的欲望，以及理论和实践的推理过程起着解释者的作用。如果说"珍妮走向冰箱是因为她想要一些牛奶，并且认为牛奶在冰箱里"是一个因果关系的解释，那么这种解释只有在珍妮的确有那样的心理状态，并且它们在珍妮的行为中起到了因果作用的情况下，才是正确的。

但是，当我们归因于意向状态时，甚至当我们用它们来解释行为时，还有另一种解释。用丹尼尔·丹尼特的术语来说，我们所做的就是采取一种*解释立场*，他称之为*意向立场*（the intentional stance）（Dennett，1971，1981/1997）。以下是丹尼特对意向立场的解释，在其中一篇论文中，他为这个观点辩护：

> 虽然信念是一种完全客观的现象（这显然使我成为一个实在论者），但它只能从一个采取某种*预测策略*的人的角度来分辨，而且它的存在只能通过对该策略成功与否的评估来确认（这显然使我成为一个解释主义者）。
>
> 首先，我描述这种策略，我称之为*意向策略*或采用*意向立场*。在第一个近似概念中，意向策略是将你想要预测其行为的对象视为一个理性主体，其行为和欲望及其他心理状态是布伦塔诺和其他人所称的*意向性*。……任何一个被这种策略很好地预测到行为的*系统*，都是一个完全意义上的信念者。*使之成为一个真正的信念者的东西*是一个有意向的系统，是一个可以通过意向策略可靠地、大量地预测其行为的系统。（Dennett，1981/1997：59）
>
> 这里是（意向性立场）的运作原理：首先，你要将预测行为的对象视为一个理性主体；其次，你知道那个主体在世界上所处的地位及其目的，以及主体应该具有怎样的信念；再次，你找出主体应该拥有的愿望；最后，基于同样的考虑，你预测这个理性主体根据它的信念采取行动来推进它的目标。从所选择的信念和愿望中进行一些实践性的推理，在许多（并非所有）情况下都会产生一个主体*应该做什么的决定，这就是你预测的主体将要做的事。*（Dennett，1981/1997：61）

丹尼特同意像福多那样的意向实在论者的观点，即我们可以根据人们的信念和愿望来预测和解释他们的行为，并取得惊人的成功，而且，我们没有其他方式来取得类似的成功。但他不同意我们在这些预测和解释中所做的假定内在的因果机制，这些机制涉及被称为"信念"和"愿望"的*状态*或*事件*，或是对它们起作用的推理过程。意向立场是一种预测策略，它要求我们将信念和欲望归因于它。但是，当一个人用这种策略归因一种信念时，他所做的就是详细说明，*在特定环*

境下，*如果一个人想要理性行事，他必须致力于什么*。任何能够以这种方式系统地预测的系统都是一个"意向系统"，而不管是什么潜在机制产生了这些行为模式。如果意向策略对某个特定的系统起作用，它就得到了关于这个系统的一些*真实的东西*，不（必然）是"信念"（如判断）、"欲望"和"推理"的真实发生*状态*，而是真实的（即经验上健全的）*模式*，即只有当我们采取意向立场时才会揭示的模式（Dennett, 1991b）。此外，仅从特定的解释立场说明这种模式并不意味着解释是虚构的或是捏造的，物理的和功能的属性同样从不同的解释/预测立场中揭示出来，丹尼特分别称之为*物理立场*和*设计立场*。

值得注意的是，丹尼特以一种*独立于*系统且能够以理性方式行动的*机制*来描述意向系统，其结果是，他的观点实际上与福多的"工业强度的实在论"*相一致*，后者将意向的状态和过程视为发生状态，且是认知架构的核心元素。但是，它也有与这种实在论不一致的地方。一个意向系统完全有可能被正确地归因于信念和愿望，*因为它实际上包含了与这些信念和愿望中的每一个相对应的类语言的心理表征*，另一个没有这样的表征，而第三个系统有对应于信念和愿望的一些恰当归因的表征，但不能解决信念和愿望的东西。例如，丹尼特的一些论文中包括了*一些*涉及下棋计算机的例子，而*一些*这样的计算机通过以类似命题的形式明确地表示诸如替代走法及其结果之类的事情来显示它们所做的事情。丹尼特的叙述中没有任何东西可以排除这样的观念，即*有时*我们的心理活动涉及类语言式的命题表征，或者它们*有时*在推理中起着因果作用。这是一件好事，因为很明显，当我们进行明确和有意识地推理时，我们有时会这样做。

这实际上与上一小节中信念和判断的区别非常吻合。丹尼特对信念归因的描述有助于我们理解不能合理解释为判断归因的信念归因：事实上，它们是*规范承诺*（normative commitments）的归因。当然，判断也包括规范承诺，尽管我们经常做出不理想的理性判断。哲学家们提出了一些良好且重要的问题，关于认识论是否或应该适用于非判断的信念，反过来说，信念是不是判断的问题，对于认识论的关注是相当突出的。例如，如果信念是从理想理性的假设中推演出来的，那么保证问题真的有意义吗？但我不会在这里讨论这些问题，因为我主要关注的是认知架构。

另一个重要的问题应该得到解决。似乎存在一些类语言判断的典型情况：就是当某人在心里用*自然语言*对自己表示赞成某个命题时。同样，存在一些很典型的情况，我们可以理智地把一个人的信念归因于 P，而这个人从来没有*考虑过*关于 P 的任何内容。例如，我记得一个大学朋友这样描述另一个人："他相信他有权在任何对话中有一半的发言时间，不管有多少人在对话。"这是一个恰当的描述，但不太可能存在他所说的这样极端的"朋友"，更不用说认可了。事实上，如果有人向他描述他自己,他肯定会对此提出异议,或者试图在此后改变自己的行为。但也有很多情况介于两者之间。电话铃响了,我伸手去接。当然,一些心理事件正在发生,我们可以恰当地描述为"相信电话铃响了"和"相信有人在打电话给我",但是(让我们假设)我并没有有意识地用英语思考这种想法。意向实在论者倾向于假设这些事件一定是某种类似于判断的东西,只有那些不是用自然语言表达的(甚至是对自己无声的),而且可能根本没有意识的体验。但情形一定是这样的吗?从经验的*现象学*来看,这显然是不明显的。这样的一些情况可能涉及使用意向立场的信念归属,但这些情况本身缺乏典型命题结构的判断。我们使用"意向习语(idiom)"——例如,"鲍勃相信有人在叫他"——来报告这种状态,但是,假设所*报告的状态*具有命题结构,这可能是*我们如何*使用特定语法结构来*报告它们*的一个复制品。

三、塞拉斯

威尔弗里德·塞拉斯(Wilfrid Sellars)(Sellars,1956)提出,我们通过类比公共语言来思考和谈论心理状态。他通过一个关于我们的祖先如何以我们的方式谈论心理状态的"神话",以及语言发展的三个阶段,发展了这一观点。在第一阶段,人们能够谈论他们周围的世界,但还没有一种方式来报告别人所说的话。第二个阶段是语言的扩展,包括报告语言的方式:"奥格说,'火要灭了'",或者"奥格*说了*火要灭了"。然后,(第三个阶段)人们认识到(或者至少是假设)其他人的行为是他们内部发生的不可公开观察到的事情的结果,用语言的变化来描述这些内心状态的发展:"奥格*相信*火要熄灭",或者"奥格*认为*火要熄灭"。据我理解,塞拉斯的观点,以神话的形式呈现会引入一些解释上的不确定性,这并不是说内心的片段是一种解释性虚构,而是说我们*理解*和*描述*这种内心片段(一些可能是非常真实的)的方式是我们*把它们当作内在言语*。

我对塞拉斯的神话的最初反应是怀疑的。一部分是因为一开始我(错误地)把它理解为反对意向状态真实性的论点的一部分,另一部分是因为我认为显然还有*其他*的方法,我们可以首先意识到并谈论心理状态,也就是内省。我想我现在更欣赏他的观点了。它显然有一些正确的地方,并提出了有趣且重要的问题。我们*确实*倾向于用一种类似于我们思考言语的方式来思考意向状态。当然,在某些情况下,思维在自然语言中*采取潜移默化的形式呈现*。但是,并非所有的情况都是这样的。事实上,绝大多数可能不是这样的。这就提出了一个严肃的问题:思想对语言的同化是否涉及一种深刻的*洞察力*——思想(或至少某些非常流行的思想类型）在结构上确实是语言，即使它们不是以*自然*语言的形式呈现——或者同化是不是一种复制品，一种潜在误导性的复制品，即使使用更熟悉的报告语言的方式来谈论思想。

内省的证据清楚地表明，*有些*思想采取了像命题思想和推理这样的语言形式，因为有时我们*用*自然语言思考，有时我们在明确推理中*采用*演绎三段论等论证形式。但是，这一证据并没有延伸到语言中的有意识判断及推理方法的明确应用。此外，我们很可能把以语言进行*思考*的情况，与以某种前语言形式完成的实际思考和推理然后以语言形式*呈现*的情况相混淆，即使只是对自己而言。也许这仅仅是从一种"语言"（福多的"思想语言"）到另一种语言（如英语）的"翻译"，或者它是一种非常快速和自动的*转换*，将形式上不是类语言的东西转换成语言。在推理方面，情况可能会更糟，因为许多心理学研究表明，当人们为自己的陈述或行为提出"理由"时，他们所产生的东西其实是事后虚构的合理化的，而这些推理并没有反映出导致他们所言所行的实际*过程*。

因此，我们似乎面临着四种不同情况的可能性，所有这些情况都可以用同一种意向习语来报告：

1. 用一种实际的自然语言进行思考和推理的情况，尽管是以一种内在的形式进行的。

2. 思维和推理是真实事件的情况，涉及类语言的内部状态和过程，其形式类似于明确的论证，但不是像英语这样的自然语言。

3. 意向状态的归属是指行为产生过程中起因果作用的真实事件的情况，但事件本身在结构上与类语言不同。

4. 意向描述选出真实模式的情况，比如，可以预测行为的规范承诺的模式，但不是指发生的状态或事件。

我认为，所有这四种情况都实际存在，这是初步可信的。事实上，我认为第一和第四种情况的事实证据是明确的和令人信服的。认知科学试图解决的问题是，两个中间分类（即第二种和第三种情况）是否被举例说明，以及我们的精神世界中有多少属于这两个中间分类。

四、意向解释的两个层次

类语言心理表征的倡导者经常利用"意向解释的成功"来证明他们的立场。但是，在这里区分两种截然不同的解释是很重要的。第一种是对一个人的语言或行为的解释，从她的信念、欲望和其他我们在日常生活中常见的意向陈述的角度来解释，就像本章前面对珍妮为什么要去冰箱那里的解释。福多和其他表征主义者运用这种解释来确证他们的立场，主张只有当真的存在诸如信念和欲望这样的命题内容在行为的产生中起因果作用时，这样的解释才能起作用，而且唯一可行的解释是将它们视为发生的心理表征。丹尼特赞同这种解释是有效的，但他否认它应该被视为解释类型，这种解释类型假定了因果机制或被称为"信念"和"欲望"的发生*状态*。在我看来，这两种观点至少是对意向解释本质的*连贯*理解，它们涉及对认知架构特征的截然不同的承诺。

认知科学还提供了第二种更深层次的解释，涉及一些机制，这些机制不仅解释结果行为，还解释了执行认知任务所需的时间，完成任务需要哪些额外形式的信息，以及错误和故障等特征模式。正是这类解释，而不是对行为的常识性解释，才是理论认知科学要做的工作。认知科学家对不同类型的能力和表现的表征和过程进行了描述。可能有一定数量的认知架构涉及不同类型的表征和过程，原则上可以产生相同的最终结果，但这并不能使它们无法区分，因为它们*如何*产生的方式可能会影响可测试的效果。例如，我们可以证明，国际象棋大师不会通过对可能的棋步进行强力连续计算来决定一个棋步，因为我们可以计算出这样一个过程需要多少步，我们知道一次认知操作在人脑中大约需要几毫秒的时间，结合这些因素得出的结果远比象棋大师的实际反应时间长。

如果认为当代认知科学家喜欢一种涉及语言的意向表征的认知架构，仅仅是因为根据人们的信念和欲望来解释人们的行为在日常生活中非常成功，那就太天真了。认知科学是一个竞争激烈的领域，研究人员正在探索其他的认知架构、过程和实施方案。事实上，将"认知科学"与"人工智能"区分开来，通常是根据研究的目的是对人类认知（认知科学）的经验性解释，还是通过某种手段产生智能机器行为（人工智能）。理论认知科学涉及认知*心理*学的实验证据，并负责解释这些证据。在实验室竞争的研究人员也可以积极尝试证明他们的方法能够以竞争对手无法提供的方式容纳所有数据。当然，这是所有科学研究项目的一部分，研究人员在面对明确障碍时，都会锲而不舍地寻找使自己的方式发挥作用的方法。但是，当研究人员提倡一种致力于类语言命题表征的认知架构时，他们这么做是因为这种方式已经证明了在实验室中已经证明的一些心理现象的解释是成功的，而且这种解释方式确保我们有一些实在论解释的希望。[2]

然而，这有利有弊。理论认知科学也是许多认知架构理论的发源地，在这些理论中，类语言的命题表征作用较小或根本不起作用；认知的许多方面可以用替代性认知架构更好地解释，如联结主义架构、贝叶斯网，或者模型——我在本书中推荐的形式。

第四节　关于架构的备选方案

标准观点的三层认知架构存在的一些潜在问题源于对认知架构不同观点的偏好。一个威胁来自关于心智的一些方法，这些方法似乎反对这样一种观点，即*认知*架构真的存在。另一个威胁来自这样一种担忧，即概念、意向状态和推理不能与更广泛的*理解*概念分离开来，这一概念包含了许多无法在三层图框架内解释的内容。

一、取消主义

一些哲学家和心理学家（在这两个行业中都是少数），被称为"取消主义者"，完全否认三层图的部分。例如，有些人主张实际上不存在概念（Machery，2009，有时他们就是这样描述的），而另一些人则认为没有信念（Churchland 1981；Stich，1983）。有时，在仔细观察后会发现这种说法比最初听起来更为温和。例如，马切里（Machery）的《没有概念的行动》（*Doing without Concepts*）实际上是在宣称，各种对立的概念理论描述了无法在单一理论中容纳的单独现象。这并不是标题所暗示的真正的取消主义的提议，而是一个*多元主义的提议*。丘奇兰德（Churchland）主张意向状态是他视为失败理论的"理论设想"，这并不是说我们从来没有用命题的内容来作出判断，而是认为，意向心理学是一种为行为提供因果解释的理论，这是一个不发展的研究，即使在最好的情况下也只能解释有限范围的行为。这些批评确实是对福多的意向心理学描述的回应，它们提出了关于意向心理学的解释范围和成功程度方面的（尽管存在争议）问题。但是，他们没有解决一个更大的问题，即意向状态是不是认知架构的重要结构特征（Horst，1995）。

二、联结主义

联结主义涉及一个关于认知架构的非常特别的主张，它认为认知是通过发生在类神经元节点相互连接的层中的动态过程而涌现的（Rumelhart and McClelland，1986；Churchland and Sejnowski，1989；Ramsey et al.，1991）。它是否应该被称为"*认知*架构"是有争议的（像在朋友和敌人之间），因为有些作者将"认知"一词保留给那些以表征内容为单元的状态、过程和架构（例如，Pylyshyn，1991），而其他人则更广泛地将其应用于认知状态和过程的亚认知实现，包括任何涉及信息处理的事物，甚至是感知信息的早期处理[马尔（Marr，1982）关于视觉的书，通常被认为是*认知*科学中的一部开创性的著作]。联结主义者的主张往往*的确*有他们自己的概念和意向状态的特征，例如，作为中间隐藏层中节点的激活模式。这种方法实际上给我的印象是作为一种*判断*（即短暂的心理事件）和概念的解释是正确的。只有当概念被*激活*或*被应用*时，我们才应该期待一种发生的状态。*拥有*一个概念或倾向性信念的观念不需要与该概念或信念相对应的持久表征。一个人可以是一个联结主义者，完全否认概念和判断。但真正的问题往往是关于意向现象是如何*被实现*的，无论驱动思维的动态过程是否在意向状态下操作，或者只是将它们作为输入和输出。

三、具身认知

生态的、具身的、生成的认知方法的拥护者，同样将他们的观点与那些基于表征的意向状态的观点相对立[3]。这些观点的核心论点是，认知不仅仅是发生在心智或大脑中的事情，而且是一种与世界熟练的实践交互。这种关于心智的相对新进路的来源有：20 世纪哲学家马丁·海德格尔（Martin Heidegger）（Heidegger，1927/1996）主张，意向状态建立在熟练身体活动的深层能力之上，并依赖于这些能力；生态心理学家吉布森（Gibson，1977）提出，有机体感知并直接回应可供性（affordance）（世界为有机体提供某些东西或允许它做某事的结构），而不是根据原始感官数据来推断和表现它们。认知被视为一个动态的过程，不仅包括心智或大脑，而且包括整个具身有机体，甚至还包括有机体与环境之间动态耦合的相互作用系统（Silberstein and Chemero，2011；Thompson，2007）。

除了认知甚至"心智"不仅在"大脑中"这种挑衅性论题，那些提倡生态的、具身和生成的认知理论的作家们还提出了一些不同程度的额外主张。其中最温和的一种是，存在许多不像判断和推理的过程，但它们在与世界的智能互动中，甚至在意义的创造中，扮演着重要的角色。这并没有直接威胁到对*包括*概念、判断和推理在内的认知架构的承诺，但引发了一个问题，我将在下一小节对其进行进一步探讨，这就是对认知架构的严重*不完整*描述，并提出了标准观点本身是否可以提供一个准确的说明，甚至是它所处理的状态。

更强力的主张是，这种熟练的身体交互为概念、明确的判断和推理提供了基础。在类似海德格尔的形式中，这不是对意向状态、概念或推理的否定，而是我们需要一种更基本的理论来解释它们在心理上是如何可能的[后来，我提出了一个类似的主张，即心理模型扮演着这样一个接地角色（a grounding role），而且心理模型的概念可以与生态生成认知观相结合]。

最后，这一传统中的许多工作都主张，我们与世界的某些甚至全部的智能交互*只是*熟练的身体交互，不需要假设概念、信念、推理或心理表征等事物。在我看来，一方面，这种说法的合理性取决于它们的范围。我觉得这似乎很有道理，人类和很多非人类动物的在线认知都是通过与世界直接接触的形式，既不需要判断也不需要推理，而且我们很容易理解一种解释框架，其中包含了对事实上以其他方式完成的过程的判断和推理。另一方面，正如我前面所说的，很明显，我们有时会进行判断和明确的推理。此外，似乎有必要为离线认知提供*某种*内在过程，在这种过程中，心智使用*某种*类型的"表征性"替代物来代替环境中的物体，尽管这并不意味着它们是标准观点假定的实体类型。

四、更广泛认知架构的侵入

这给我们带来了一个更广泛、更古老的担忧，即标准观点忽略了大量关于心智的信息，即使它所假设的认知单元是真实的，并且在解释行为时产生作用，但如果我们忽视了其他事件，我们最终会得到一幅被严重误导的心智如何运作的图景。当然，对神经科学或认知心理学稍有了解的人都不认为标准观点适合教科书中关于这些内容的*所有*主题。自主过程、定向系统、注意力、早期知觉加工、本体感觉、触觉、运动控制、唤醒、情绪（mood）和情感（emotion）都是我们心理的重要组成部分。在许多情况下，我们清楚什么样的神经过程参与了它们的运作，而神经科学家对这些过程的模型所用的术语与意向心理学十分不同；而且通常不同的过程也以彼此截然不同的方式运作。

这与标准观点提供的一个有用的框架来描述哲学家们最关心的我们精神生活的各个方面没有任何冲突，这些方面可以说构成了*人类思想*的很大一部分特征。但这确实提出了一个问题，即这种架构的"开放性"如何：它是相对自包含的，还是不能真正与心智的其他方面分离的。也许哲学上最古老的担忧就是关于意向性和知觉之间的关系。任何认识论理论都面临着这样一个问题：感觉和知觉如何为信念提供保证。如果我们完全用无意识的术语来看待感觉，那么就出现了一个问题，那就是如何将感知信息转化为一种提供保证的形式。相反，如果它有某种意向性的成分，那么意义和理性的领域就扩展了像判断这类句子的意向状态。语义学也有类似的老问题，比如意向状态是否包含"非概念内容"，以及概念在多大程度上依赖于感觉或知觉（甚至可能是基于感觉或知觉的构建）。

一个稍微不同的问题是由心理学理论引起的，这些理论声称存在一些无可争辩的意向现象，而这些意向现象似乎与我们的其他思维分离了。例如，探测危险、传染或性线索的特殊目的系统，以及只适用于社会认知的特殊推理形式。进化心理学家认为，这些是孤立的认知表型特征，很可能有自己的神经基质、适应性历史，以及表征和推理的模式。如果这意味着它们是心智的独立部分，并根据独立的原则进行工作，那么我们就需要提出一种更为复杂的认知架构。在第三章，我将探讨一种有影响力的策略，以使标准观点所描述的"中枢认知"领域不受来自其他心理"模块"的威胁。

五、理解

我们可以提出一个相关的关注点，它不依赖于这样的假设，即我们精神生活的不同部分是独立的*神经*系统或是独立进化适应的结果。这就是理解本身所涉及的不仅仅是信念或判断，以及在明确论证中发现的各种推理。我们谈论"理解"的东西，比如牛顿力学、后果主义伦理学、国际象棋、自由市场的动力学及日本的茶道，对任何这样的领域的理解显然是不可以从意义和理性的领域中剥离出来的。它涉及一组相互关联的概念、信念、语义、推理和实践能力，涉及特定的经验领域。但这似乎在两个方面超出了标准观点。第一，理解还包括根据这些概念*识别*事件和情境的能力，以及在这些领域内以熟练的方式行动的能力。第二，至少在最初看来，理解需要以一种不同于概念、信念和推理的方式来处理：作为一种基本单元是*领域*大小的东西，"领域"是类似于国际象棋或牛顿力学所描述的世界的东西。正如凯瑟琳·埃尔金（Catherine Elgin）所说：

> 我们理解规则和理性、行动和激情、目标和障碍、技术和工具、形式、功能和假想，以及事实。我们还理解图式、文字、方程和图案。一般来说，这些不是孤立的成就，它们结合在一起，形成对一个主题、学科或研究领域的理解。（Elgin，1996：123）

一个内容领域本身可能是理解的基本单位的想法，从 20 世纪 60 年代开始在科学哲学中得到了最有影响的发展，因为科学理论不是简单的陈述或信念的组合，可以相互独立地被指定。相反，概念和构成一个理论的规律主张在构成上是相互界定的，整个理论作为一个整体由经验证据加以肯定或否定。理论是完整的语义和认识单元。在某种意义上，理论的确是比它们所使用的概念或主张更基本的语义和认识单元。概念从更大的单元理论获得意义，主张从更大的单元理论获得保证，而不是从其他途径。因此，如果我们不考虑其他类型的单元，我们就不能完全理解概念、主张、信念、判断或理论特有的推理形式。如果真是这样的话，那么理论大小的单元就会与认识论、语义学和真理理论的关注点密切相关。

我们应该从中得出多大范围的含义，取决于这些特征是科学理论所独有的，还是它们是一种更普遍的理解特征。在第四章中，我将提出一个更普遍的观点，即理解是在内容领域的心理模型中组织起来的，这一论点在第五章将以认知多元主义的名义得到进一步发展。

第三章　中枢认知和模块认知

在上一章中，我表明主流的思想理论倾向于将心智视为一种类语言的媒介，具有三种不同大小，在构成上相互关联：单词大小的概念、句子大小的意向状态（特别是信念或判断），以及更大的论证大小的单元（特别是演绎论证）。虽然，哲学中的许多核心领域都有其相互对立的理论，比如信念的正当性，概念如何获得其语义值，思想和世界之间需要有什么关系才能使得信念真实，什么是最恰当的逻辑形式化推理；但是，哲学中的这些核心领域的理论——认识论、语义学、真理理论和逻辑学，至少默认了这三个层次的图景。在日常生活中，我们经常从人们的信念、愿望和其他意向状态来解释人们的行为，以及他们如何以此为基础进行推理。认知科学中有影响力的主流计划试图通过形式化和计算化模型来提供更为明确和精确的理论。

尽管哲学家们常常设法忽视这样一个事实，即心智和大脑中还有比意向状态和过程多得多的东西，但在认知科学中几乎没有这种选择。即使我们规定只有涉及概念、意向性和理性的心理状态才被称为"认知"，但这些仍然只是某些更大的架构中所发生的事情的一部分，而这些东西需要解释诸如感觉、知觉、运动控制、本体感觉，以及认知科学研究的其他课题。这就提出了一个问题，即使是在这个狭义的认知中，一个*认知*架构是否真的可以以一种独立于其他事物的方式被指定。或者，如果我们更广泛地使用"认知"这个词，那么被称为"意义和理由的空间"的架构可以独立于一个更广泛的认知架构来指定吗？

本章描述了一个很有影响力的建议，即如何将这种被构想成"中枢认知"的意义和理由的空间，与被构想为"模块化"的心智的其他方面有效地区分开来。最后，我认为，这种中枢认知与模块化认知的分歧并不是有益的。即便如此，发展和审核它也会证明是有用的，因为它的框架条目一旦经过审查，将有助于我们更清楚地看到标准观点的另一种选择。

第一节　哲学、心理学和神经科学中的心智

虽然哲学可能是研究心智的第一门学科，但它已经与许多科学学科相结合，有时被统称为认知科学。这些学科不仅各具特色，而且都有专业团体、学位课程、会议、期刊和专著。像心理学和神经科学这样重要的学科也各自分出许多分支学科。在某种程度上，能够跟上它们中的任何一个领域的研究工作都可能算是一项全职工作。在这些学科中研究的一些主题对于哲学家来说是很熟悉的，并且以不同的方式涉及核心哲学关注的话题，如概念和推理；一些主题则与哲学相去甚远，比如神经生理学和神经解剖学的生物学方面；另一些主题则介于两者之间，处理像感知和情感这样的话题，这些话题哲学家们早就意识到了，许多哲学家也论述过这些话题，但其往往与认识论、语义学、真理和逻辑的讨论相分离。

对心理学和神经科学教科书中发现的各种主题做一个简短的调查，并将其与哲学家讨论的主题进行比较是很有用的。在编制这一目录的过程中，我遵循了一个简单的程序。查看神经科学和认知与发展心理学的一些当代教科书的目录，做了一些小幅度的重新排列，并且省略了一些与主流哲学兴趣相距甚远的神经生理学和神经化学的内容。

一、认知与发展心理学教材的主题

- 知觉
  视觉中的知觉组织、物体识别、面部识别、眼球运动、事件知觉
- 注意
  知觉和注意力、空间注意、注意障碍、自动性、无意识过程
- 记忆
  长时记忆、短时记忆、工作记忆、情景记忆、语义记忆
- 执行过程
- 情绪
  情绪理论、情绪知觉、情绪与记忆、情绪调节、攻击与反社会行为
- 决策
- 问题解决
- 推理

归纳、不确定性下的判断、类比学习、情感预测、实践推理、道德推理
- 运动认知和心理模拟
- 语言

语言习得、句法、语义学、言语感知、口语感知、阅读、语篇理解
- 专业技能
- 创造力
- 意识
- 社会认知

自我认识、人的感知、心智理论、态度转变、文化差异
- 概念和类别

概念的性质、文化类别、心理意象
- 智能理论
- 认知类型
- 人格

二、神经科学教材的主题

- 神经信号
- 感觉和感觉加工

躯体感觉系统；疼痛；视觉：眼睛，中枢视觉通路，听觉系统，前庭系统，化学感官
- 知觉

体感系统；触觉；疼痛；视觉加工的建构性；低级视觉加工：视网膜，中级视觉加工和视觉基元；高级视觉加工：认知影响，视觉加工和动作，内耳，听觉中枢神经系统，化学感官
- 运动

运动的组织和规划；运动单元和肌肉动作；脊柱反射；移动；自主运动：初级运动皮层；自主运动：顶叶和运动前皮质，注视控制，前庭系统，姿势，小脑，基底神经节，遗传机制和运动系统疾病
- 无意识和有意识的神经信息处理
- 发育与行为的涌现
- 不断变化的大脑

发育、可塑性

这些目录包含了一些与哲学家所设想的心智没有直接关系的主题。在某些情况下，这是出于再普通不过的原因，即只要我们把两个兴趣重叠的学科所讨论的主题进行比较，就能发现这些原因。神经科学关注的是一些典型的心理活动，但它的问题是以大脑或更广泛的神经系统的作用为框架的；而关于大脑和神经系统，有一些重要的东西可以说是与心智无关的。（例如，视网膜中视觉信息的处理与我们的思维方式几乎没有关系，脊髓反射是神经系统活动的结果，但不涉及心智或大脑。）

在其他情况下，心理学和神经科学研究的主题涉及哲学讨论的心智。有时它们提供了挑战传统哲学假设的观点，并为哲学家的工作提供了新的资源。这些例子包括：几种记忆类型之间的区别、将概念视为原型或范例的理论、注意力理论及其与意识的关系、多元智能理论，以及物种典型推理模式的发现，如吉格伦泽和托德的快速而节俭的启示法（Gigerenzer，Todd，and the ABC Research Group，1999），这些模式都是无效的，不符合良好的贝叶斯推理，但已被证明是适应性的，至少在特定语境下应用时是如此。特别令人感兴趣的是讨论那些一直被认为与思想、知识和理性有关的话题，但其哲学处理总是留下一些重要的开放性问题，如感知和行动/运动控制。

知觉可以产生信念和其他意向的状态。事实上，当哲学家谈到"知觉"时，他们通常是指感性格式塔（完形）。看到一条狗或者把什么东西*看成*一条狗，被合理地当作*是*意向的状态的事物。至少，它们包括概念的应用和对知觉状态的假设的形成。一些意向状态的分类［例如，布伦塔诺（Brentano，1874）和胡塞尔（Husserl，1900/1973，1913/1989）］将这些状态视为除了信念、希望和愿望之外的一类意向状态。然而，人们在神经科学教科书中所发现的关于知觉的大部分内容，都是在概念应用之前在大脑中发生的"早期处理"或"预处理"，例如，大脑中对颜色、形状和运动及视觉皮层组织的独立视觉处理途径。这些过程中的大部分不仅是无意识的，而且不能通过内省而成为有意识觉知（conscious awareness）的对象。此外，知觉机制可以在不形成有意识的意向状态的情况下适应性地运作（而且，根据人们对部分种类的非人类动物有意向状态的看法，感知可能会驱动动物的适应性行为。这些动物是甚至没有意向状态能力的动物，或者是那种能够进行推理和产生认识的动物）。即使哲学家关于知觉状态的范例是有意向的，为感性的信念提供了保证，并且可以进入推理过程，但产生这些状态的机制是在不同的、非意向的、非理性的原则上运行的，即使它们不产生意向状态，它们也能产生适应性行为。此外，每一种知觉形态都有分离的系统。它们以不同的方式运作，至少在视觉情形中，有几个不同的子系统处理不同种类的视觉信息。

我们在运动控制上也发现了同样的情况。哲学家在思考对身体活动的控制时，他们主要关注的是*行动*。在这种行动中，运动控制是由意图驱动的，通常意图涉及各种信念和愿望及实践理性。但是我们在神经科学教科书中发现的主要是关于运动和前运动皮质及相关非皮质区的无意识、非意向、非理性和机械性的回路操作。大脑的"运动"区域和"前运动"区域之间有一个有用的和暗示性的区别。前运动区域涉及运动规划和将行为组织成特定的身体运动序列——但即便如此，这似乎是概念思维和理性的"内部"空间与运动区域的更多类-机制（mechanism-like）操作之间的桥梁的东西。此外，运动行为可以在没有意向状态或理性的情况下发生，不仅是在条件反射的情况下，而且是在专业技能的情况下，例如运动员的"禁区"表现或国际象棋大师的表现。

另一个类似的话题是语言理解。从现象学的角度来看，我们只能听到有意义的言语。但是，将声音处理成音位、句法和词汇单位，并通过句子分析将这些单元整合成有意义的言语，这背后有着复杂的机制。这些能力的运作和它们的获得都需要特殊的机制，这些机制是在非意向、非理性的原则下运作的（Chomsky，1965，1966）。与知觉和运动控制的机制不同，理解语言的机制似乎是人类独有的。

在每一种情况下，似乎都存在一种现象，即它们的一端在概念、意向性和理性的空间里，另一端在不同工作原理（广义上的"机制"原理）的神经机制中。在这种情况下，意向状态和机制神经过程之间的关系，不是一个高层次组织的状态和它的"实现基质"之间的关系，而更像是因果链中的不同环节。当我们感知时，早期的知觉加工*导致*概念上负载的知觉格式塔和随后的意向状态与推理。当我们行动时，意向状态和实践理性*导致*指导身体运动的过程起作用。

这反过来又暗示了一种扩展标准观点的基本方法，可以适应诸如知觉、行为和语言分析等现象。事实上，存在两种不同的认知方式。一方面，存在着"中枢"认知。它是标准哲学理论的主题，由三层图描述，涉及概念、意向状态和理性推理。另一方面，存在着各种各样的"外围"过程。它们在不同的、非意向的、非理性的原则下运行。它们（在知觉和语言分析的情况下，这实际上可能是一种特殊的感知形式）要么向中枢认知产生输出，要么（在运动系统的情况下）从中枢认知获得输入并由此产生行为。在下一节中，我将描述一种熟悉的划分方法。这种方法通过将外围过程视为"模块化"来对比中枢和外围过程。

第二节　福多的《心智模块性》

杰瑞·福多（Jerry Fodor）的《心智模块性》（*Modularity of Mind*，1983 年）

已成为当代模块化认知和中枢认知讨论的经典标志。我并不是说每个人都同意福多得出的结论。事实上，后来每有一位把心智模块化作为一个权威文本的作者，都会有另一位作者把它作为指定的批判目标。然而，福多模块化的处理在敌友双方中都得到了广泛的认可：他列出了模块化系统的典型特征的标准。

实际上，福多提供了两个这样的列表，它们只是大体上相似。第一个列表来自他在第1部分（Fodor, 1983: 36-37）结尾提出的一系列关于心智和大脑认知系统的问题：

1. 认知系统是**特定领域的**，还是它的操作是跨内容领域的？当然，这是纵向认知组织与横向认知组织的问题；加尔（Gall）与柏拉图（Plato）。
2. 计算系统是**先天指定的**，还是由某种学习过程形成的结构？
3. 计算系统是"组装"的（从某种意义上说，是从一些更基本的子过程组合起来的），**还是它的虚拟架构相对直接地映射到它的神经实现上**？
4. 它是**硬连线的**（在某种意义上与特定的、局部的、独立结构的神经系统相关联），还是通过相对等电位的神经机制来实现的？
5. 它在**计算上是自主的**（在加尔的意义上），还是与其他认知系统共享水平资源（记忆、注意力或其他东西的资源）？

说明：我现在提议用这个分类标准来介绍认知模块的概念。（Fodor, 1983: 36-37；黑体字的强调是后加的）

我用黑体字呈现的特征应该是模块的特征："大体上，模块化认知系统是特定领域的、先天指定的、硬连线的、自主的，而不是组装起来的。"（Fodor, 1983: 37）福多紧接着提醒道："问题1-5中的每一个都会受到'或多或少'类型答案的影响。"（Fodor, 1983: 37）也就是说，这些都是可以根据程度而定的特征，而不是一个全有或全无的事情。当然，这就提出了一个问题：在多大程度上系统具有这种特性，福多没有给出答案。同样，他也不清楚这些特性是如何联合起来为模块化提供验证的。它们的结合是否为模块化提供了一个必要充分条件？很明显，福多的意思并不是那么强烈的[或那么精确的；回想一下前面的"大体上"（roughly）一词]。福多一直没有给出明确的答案。事实上，福多似乎认为不需要确切的标准，因为这些情况分为两个明显不同的组群。但是，我以后会探讨这个假设的问题。

《心智模块性》的第3和第4部分致力于阐述两个主要主张。首先，第3部分认为"输入系统"——包括早期的感觉处理和语言解析的基本机制都是模块化的。（对于涉及运动控制的"输出"系统，可能会提出类似的主张。）在论证这一主张的过程中，福多探索了他在这些系统中发现的许多特性。这些特性可以看作是与模块相关的第二个特性列表。由于它们分布在第 3 部分的章节标题中，因此我将在这里简单地列出它们：

1. 领域特异性
2. 强制操作
3. 有限的中央访问（认知不可渗透性）
4. 高处理速度
5. 信息封装
6. "浅"输出
7. 固定神经架构
8. 特征故障模式
9. 特征的个体发育速度和序列

领域特异性出现在两个列表的顶部。但除此之外，读者需要找出如何将两个列表映射到彼此上。我通过将第二个列表作为规范来简单地处理这个问题。

一、输入系统的模块性

福多将他所说的"封装"视为模块最重要的典型特性。实际上，福多有时似乎将封装和认知不可渗透性混为一谈。这两种观点都涉及一个系统可以从心智的其他部分获得什么样的信息的问题。首先，我们可以用以下方式来思考认知的不可渗透性：更高层次的认知过程（包括但不限于有意识的内省）可以接触到*一些*但不是*所有*的心智中发生的事情。在视觉上，我能觉察到物体，有时还有形状和颜色，甚至早晨有点模糊的视觉。但是，我不能觉察到早期的视觉过程会带来视觉体验，比如边缘检测或者神经节细胞或视觉皮层的操作。事实上，这不仅是因为我没有觉察到这样的过程，即使我尽我所能，我也无法进入视觉加工的这些阶段。在某种程度上，早期的视觉处理器产生的输出（如知觉格式塔）是可内省的，可以用于思考。但它是*如何产生的*，以及在产生它时进行了怎样的操作和表征，并没有输出到下一阶段（尽管它们可以通过神经科学研究重建）。因此，执行这些操作的系统在某种意义上是"认知不可渗透的"，因为更高层次的思想无法"识透"（see into）它们，但必须处理它们的输出。

关于这些系统的信息共享，相反的问题是它们可以使用什么样的信息。有些类型的心理过程在它们可以使用的信息方面是相当开放的。我对烹饪的理解和我对热力学的理解似乎是两件不相关的事。但是，例如，如果我在高海拔地区做饭，那么我可能不得不根据我所知道的水在不同海拔的沸腾情况来调整我的烹饪方法。也就是说，我的烹饪能力原则上是能够运用知识的，而这些知识本身并不是烹饪的特征。同样，它可以使用感官的输入、本体感觉反馈等。相比之下，早期的知觉处理似乎基本上与我所知道的其他一切都隔绝了。概念和语境知识*确实*在感知的*某一点*上起作用，比如说，在形成关于我所看到的东西的信念方面。但它们并不影响视觉系统如何检测边缘或构成图形，即使在我们知道它们是错觉之后，标准视觉错觉的持续存在就证明了这一点。这样一来，早期的知觉处理系统就被"封装"了，即对可能存在于心智和大脑其他地方的信息不敏感。

反过来，封装似乎与福多列出的作为模块特征的其他特性相关联。封装过程在许多动物王国中都有同源物（homologues）。这很可能是进化的产物，至少在某种意义上是弱本土化的（在物种的意义上是典型的、早期出现的和发育成型的），并由标准神经结构支撑的。它们可能速度*很快*，既因为它们（似乎）是"硬连线的"，又因为它们不浪费时间与大脑其他部分"闲聊"。因为它们基本上是独立运作的，没有来自更高认知的输入，所以它们是强制性的。而且因为它们是由标准化的物种典型的神经机制支撑的，所以它们具有特征性的分类模式。

简而言之，我们的大脑中有一套处理系统，它们共享一套特定的特征。这给了我们把它们归为一类的理由。此外，我们可以看到这些特征中一部分是如何自然地相互关联的。事实上，我们可以合理地将福多在这里的论点理解为实例驱动的。早期的感知机制形成了这类实例的大部分。与模块性相关联的特征列表是基于它们共享的事物而模式化的。

这里有一个重要的注意事项是，福多也涉及一种附加类型的过程，这一过程最初可能与感官输入*没有*太多共之处：语言处理。更确切地说，他认为，在一种语言中导致声音构成句子的机制——某些语法结构的标记（token）用一些词项填满了该结构的空隙（slots）——应该被视为一个模块。虽然，我们所认为的"语言思想"（在*用*语言进行思维的意义上）在认知上是可以穿透的、自动的，并且对广泛的知识很敏感。但是，大脑将声音转换成句子的机制似乎是快速的和自动的。从诞生就存在的意义上来说，它们当然不是"先天的"（nativistic）：学习一门母语需要几年时间。但是，自从乔姆斯基在 20 世纪 60 年代的语言学研究（Chomsky，1965，1966）以来，如果不是布罗卡（Broca）和韦尼克（Wernicke）发现大脑皮层的特定区域受伤会导致产生或理解语言的能力丧失，那么，存在一个先天化的专门语言"单元"的观点在认知科学中已经很普遍了。事实上，福多并不是第一个把语言理解看作一种感知的人。

二、中枢认知

在第 4 部分中，福多转向第二种主张，为他的模块主义（modularism）提供了一个反驳。虽然输入系统是模块化的，但我们通常所说的"思考"（任何或多或少涉及*信念*的东西）不是模块化的。最高级认知是非模块的这一主张的主要论点如下：

1. 科学发现和确认是我们真正理解的唯一更高级的认知过程。
2. 科学理论是"各向同性"（isotropic）和"奎因式"的。
3. 所有的思考都似乎是一种科学的发现和确认：思考就是决定要相信什么。
4. 因此，思考（似乎）是各向同性和奎因式的。

福多对"各向同性"和"奎因式"的解释如下：

说确认是各向同性的，我的意思是，与科学假设的确认相关的事实可以从先前确定的经验性（当然，也可以是说明性的）真理的领域中获得。粗略地说，原则上，科学家所知道的一切都与决定他应该相信什么有关。原则上，我们的植物学限定了我们的天文学，如果我们能想办法使它们联系起来的话。（Fodor, 1983：105）

说科学的确认是奎因式的，我的意思是，对于任何给定假设的确认程度对整个信念体系的性质都是敏感的。如果是这样，我们整个科学的形态取决于每个科学假设的认识论地位。（Fodor, 1983：108）

没有这些新词汇，这些观点也许会更清楚一些。举一个前面的例子，人们可能会把对烹饪的理解看作是一个"知识领域"。但我的烹饪信念，可能会受到一些开放性来源的挑战和修正。当然，它们会受到来自感官的挑战。（我*原以为这样的盐就足够了，但尝过之后，我决定不这么做了。*）但它们也面临着来自其他知识领域的挑战。例如，在高海拔地区烹饪时，我可能需要根据我所知道的海拔对烹饪的影响来修改一道菜的烹调时间。或者我可以根据我所学的不同烹饪技术如何影响营养成分来修改食谱。或者在科学上，我们发现电磁学（比如，当它被纳入量子理论时）可能最终会给微粒论的物质观带来问题。

在解释中枢认知是"奎因式"的说法时，需要区分温和的奎因主义和一个更激进的变种。这种更激进的变种认为，概念或信念的每一次变化都必然影响到我*所有的*概念和信念。粗略地说，当我获得**执政官**的概念，或者得知匈奴阿提拉在与利奥大帝交谈后从罗马的围攻中返回时，我对重力（gravitation）的理解发生了微妙的变化。我总是觉得这种说法难以置信。但更为谨慎的奎因主义是这样的：

我们只是暂时持有自己的概念和信念。它们可以根据进一步的证据和与其他的概念和信念结合进行修正。而且，修正的原因可能来自哪里，并没有一个先天的界限。这个比较温和的奎因式理论提出了一个有趣而重要的主张，并且与关于封装的主张直接相关。因为如果所有的信念都是奎因式的，那么原则上，它们都会受到我们所有其他信念的影响。

我们最好把这与另一种关于概念和信念的非封装的论点区分开来。各向同性和奎因主义关注的是概念和信念是如何*构成的*（回想一下，这两个概念和信念对于奎因来说是不可分割的），以及它们如何*被修正*。但知识领域也存在另一方面的漏洞。我们可以从不同的内容域中获取概念和信念，并通过逻辑机制将它们结合起来。我们可以用逻辑连接词把关于不同主题的信念串在一起。我们可以用三段论把它们结合起来。从这个意义上说，思维和语言都是"杂交的"。它们是一种能力，使我们能够将关于不同内容域的信念结合起来。在简单的意义上用逻辑连接词将它们串在一起。在更复杂的意义上，创造新的信念作为演绎推理的产物。

简而言之，像加尔（Gall）这样的神经定向论者对输入系统的看法是正确的。但是，像弗罗伦（Flourens）这样的神经全局论者对思维的看法也是正确的。心智，至少人类大脑有模块化的元素，主要是在外围感官。但是，所有我们习惯当成"思考"的事情都是非模块化的。考虑到福多在计算主义传统中的立场，这种过程的本质术语是"中枢的"。计算机可以使用诸如键盘、扫描仪、鼠标和打印机等外围设备，甚至可以使用单独的显卡。每个显卡都含有自己特殊的硬件电路。但是，大多数*计算*是由一个"中央处理单元"使用存储在公共存储空间中的程序和数据完成的。

这本书以认识论悲观主义的基调结束。福多指出，虽然认知科学已经对大脑边缘的感觉和运动的过程做出了令人印象深刻的解释，但我们对思维是如何发生的几乎一无所知。我们不知道对于各种思维形式的神经定向，比如概念或判断，比如对颜色和形状的觉察。思维的计算模型建立在框架问题上——围绕一个程序在执行和监控一项任务时应该把什么当作*相关*信息来设置算法（甚至是启发式）的界限问题。福多认为，这与各向同性和奎因式有着奇特的共鸣。他认为各向同性和奎因式过程可能不易被人工智能中的传统计算方法建模所影响，而且（更具推测性的）可能也没有其他方式来获得对思维的认识的牵引力。

第三节　动机、批评和备选方案

福多提出的中枢认知和模块化认知之间的区别，至少似乎主要是想得到一个关于认知架构的论题，这依赖于心智的经验数据。而且，它似乎在很大程度上是由具体情况驱动的。感知系统和语言处理（人们可以合理地将运动控制添加到列表中）似乎有一系列区别于概念思维和推理的独特特征。然而，无论最初的动机是什么，中枢认知和模块化认知之间的分歧似乎也为哲学的几个核心领域（认识论、语义学、真理论、逻辑）研究的各种心理现象（概念、意向状态、推理）开辟了一个空间。此外，它将中枢认知作为一种单一的表征中介呈现出来，该表征中介具有一套共同的单元类型（单词大小的概念、句子大小的意向状态、论证大小的推理），在这里，关于任何主题的想法都可以相互接触，而且它们有可能相互关联。但是，如果中枢认知以这种方式在架构上统一，那么模块化认知则是完全不统一的。每个模块都有自己的特征领域、表征系统和推理模式，在选择的过程中有自己独特的神经实现和自然历史。

虽然福多的模块概念在哲学和认知科学中得到了广泛的应用，但它也受到了大量的批评，其中许多批评在某种程度上可以追溯到他的特征描述的松散性。回想一下，福多并没有告诉我们，他关于模块化的各种标准应该如何组合在一起。例如，它们是否应该共同提供必要和充分条件。他所说的一些内容可能暗示了一种较弱的解释。例如，某些特征不是完全肯定或否定的，而是只承认程度。但他得出的结论是，模块化系统的数量相当少，或多或少局限于对知觉输入、运动输出和语言理解的处理。这表明他希望标准比较严格，但他明显回避了其他一些作者在认知能力发生功能分解的地方谈论"模块"的态度（参考 Fodor 2001：56-57）。

因此，批评来自多个方面。一些批评家，比如杰西·普林茨（Jesse Prinz），认为福多的标准过于严格。一方面，有些情况下甚至是个别的，福多主张的模块化只使用少数事物。另一方面，有许多认知能力与福多的一些标准相同，但并不是全部相同。

福多的模块化标准并没有在心智中划出有趣的分类。被称为模块化的系统不能用福多列表上的特性来描述。充其量，这些系统的组件满足某些福多的标准。没有理由认为这些标准是组合在一起的。并且，当单独考虑时，这些标准适用于分散的和各种各样的子系统。（Prinz，2006：33）

在接下来的章节中，我将提出一个例子。一个子集的这些特征可以同样适用于被福多视为中枢认知的处理内容。它们与理解理论需要什么单元的问题十分相关。

福多式模块性的另一个主要异议来自巨模块性论题（例如，Carruthers，2006a，2006b；Tooby and Cosmides，2005）。福多主张，虽然心智有模块，但它们的数量相对较少，主要局限于输入输出过程和语言分析器。巨模块性的倡导者认为，心理模块的数量实际上要大得多——也许有几百或几千个——而且更重要的是，它们并不局限于感知和运动控制这些"外围"过程。

巨模块性论题通常是与进化心理学的观点相结合发展起来的。我们似乎都认为，*动物的*心智包括一些有用的本能，这些本能是数百万年自然选择的产物。也就是说，把非人类动物的认知能力看作是明显的生物特征。事实上，哲学家们经常怀疑非人类动物是否具有推理和其他综合认知的特征。但当我们思考*人类的*心智时，我们往往有相反的偏见。我们相信我们也是自然选择的产物。事实上，我们和其他灵长类动物之间的基因差距很小，但是我们似乎很难相信我们也拥有许多属于生物适应性的心理特征，并试图尽可能地将我们的思想归结为推理。

从生物学的角度来看，这些偏见似乎被误导了。的确，人类和黑猩猩之间微小的基因差异支撑了巨大的智力能力的差异——语言能力，一种大大增强的创造和使用工具的能力，更复杂的社会认知能力，哲学家们将其大部分归结在"思想"和"理性"的标题下。我们对这些东西感兴趣是对的，因为它们是我们无论作为个人还是物种的重要组成部分。但是，生物突变并不是通过抹去数百万年来积累的适应性特征的蓝本和重新开始的新的心智类型来实现的。新的特征多半建立在旧的基础上，并以多种方式改变它们。但是，许多旧的特征肯定仍然存在，而且在许多情况下仍然是适应性的。此外，新物种典型的心理特征本身可能是选择的产物，甚至可能是适应的产物。

因此，进化心理学将认知劳动分工的研究偏向于不同于福多的方向。构成认知单元的基础是其选择历史。一种能力是一种*特征*，因为它是选择的产物。此外，进化心理学家经常假设选择的产物是*适应*而不是进化的副产物。并且，进化心理学家倾向于根据一个远古祖先所处的环境所赋予的适应优势来分类一个特征的*功能*。

把认知能力看作是建立在进化过程的基础上，这也与归因于模块的一些特征有很好的关联。适应是在基因组中被编码的，这解释了它们的物种典型性。因此，它们可以被预期具有一个特征的发育序列，这种序列具有很强的规化作用。因为它们是从生物学的角度来考虑的，所以在很多情况下，它们会有标准的神经定向。定向和实现增强功能的能力表明，它们将是快速的和自动的。如果我们假设选择对不同的特征进行单独的操作，那么这些特征很可能是领域特异的。并且，有可能它们中的许多在功能上彼此独立，在某种程度上是封装的。如果进化选择用"快餐式"的方法来解决特定的问题，并且这些方法在大脑中以特殊目的的机制形式出现，那么每一种方式都有一个表征系统，并用来处理特定类型的问题和反应。

因此，进化心理学可以解释为什么福多的一些模块特性可能会一起出现。它还为可能是模块的内容提供了自己的标准。一个特征要成为一个模块，它不仅必须是典型的物种,而且必须是某种可以通过自然选择产生的事物。在我们的谱系中,它出现的群体包括所有当代人类的共同祖先。有记载的历史中出现的任何事物,都不可能是该物种共同的生物适应,并因此不可能是一个模块,*即使*它通过学习和文化转移传播到了所有人类文化中(事实上,这种能力只有在统计学意义上才是"物种典型的",而不是生物学意义上)。因此,福多的"中枢认知"也有重要作用,虽然它的主要标准不在于认知架构,而在于能力是进化的产物还是文化和学习的产物。这种看待模块的方式极大地扩展了可算作模块化的认知能力的数量。举几个例子:大众物理学、大众心理学、大众生物学、面部识别、社会契约、防诈骗、"读心术"(估计他人的心理状态)、讲故事、避免传染、音乐、舞蹈、同理心(移情)、善良、实践理性、亲属关系评估、避免乱伦和航位推算导航。

进化心理学本身是一种非常有争议的心智研究方法,已经受到了许多科学哲学家的批评(Kitcher,1985;O'Hear,1997;Dupré,2001)。有两种批评特别重要。第一,进化心理学家因假设进化的产物必须是适应性的而受到批评。批评家们指出,许多可遗传的特征和变异一样,都是进化的副产品。第二,将性状特征作为适应对待,与高度推测性的"如此这般故事"有关。突变可能在想象的祖先环境中被赋予了某种适应优势,然后这个适应叙事被用来解释假定的模块的*功能*。

毫无疑问,这些批评在进化心理学家的出版物中得到了公正的体现。进化心理学有一种"严格的适应主义"倾向。关于祖先环境是什么样的解释,或者在这样的环境中所赋予的适应优势特征,都必然是高度推测性的。但在我看来,这些批评的力度往往被高估了。许多进化心理学的支持者承认某些特征是进化或副产品(参见 Tooby and Cosmides,2005;Carruthers,2006a,2006b)。这种批评所造成的真正损害是对试图将一个模块的功能建立在其古老的适应性作用上的解释,而不是对更广泛的论点的解释,即许多特殊目的性状的存在是选择的产物。同样,如果我们放弃严格适应主义的承诺,那么推测性的"如此这般故事"在证明巨模块性假设的正当性方面的作用要弱得多。我们有其他形式的证据来证明物种的典型性状,比如跨物种比较及性状分离,比如功能性和发育性的离群性。在某种程度上,我们满足于谈论非人类动物的遗传心理特征。当所讨论的物种碰巧是我们自己的时候,似乎没有什么理由怀疑它们。事实上,即使是*不*倾向于进化推理的心理学家也倾向于此,比如避免传染的机制和同类个体的心理状态的检查。

但是,出于我们的目的,更有效地观察巨模块性论题在重要方面是对福多论题的相当保守的修正。模块性的标准可能与福多的标准有很大不同(Carruthers,2006b,例如,强调离群性、领域特异性、强制性、神经定向性和中心不可及性),但它们并不宽泛地包含通过专业学习完成的理解,不包含牛顿力学或国际象棋的模块。尽管这些是理解特定领域的方法，这些领域涉及高度具体的专有规则，并且在很大程度上与其他类型的理解脱节。在许多情况下，附加模块的假设并不威胁模块/中枢认知框架。如果存在一个用于面部识别、防传染或防诈骗的模块，那么它可能被封装起来。在认知上是不可穿透的，其功能主要是为进一步的集中认知和行为控制提供命题输入（事实上，许多这样主张的模块很容易被视为面部识别、欺骗和传染源等的专门感知处理机制）。同样，它与模块/中枢认知框架完全兼容。模块可以单独或串联运行，有时可能会完全绕过中枢认知产生行为。对于许多动物物种来说，它们*不得不*这样做，因为我们必须确定哪些物种拥有中枢认知能力。

更普遍地说，只有当假设的模块在概念、意向状态和推理的*领域内*实际运作时，巨模块性才威胁到中枢认知的*统一性*。如果它们只是向中枢认知提供*输入*，或者按中枢认知的方式执行运动程序，或者完全绕过它，那么有多少模块都不重要。在下一章中，我将研究一些类型的心理现象。它们明显涉及意向性和推理。它们也显示了一些功能，如模块属性，尤其是领域特异性、专有表征系统，以及一定程度的自动性、不可渗透性和封装性。

第四章　超越模块性和中枢认知

在第二章中，我提到，哲学的几个核心领域——语义学、认识论、真理论和逻辑学——都关注心智和思维，它们把思维视为三种不同大小的单元：单词大小的概念，句子大小的信念、判断和其他意向状态，以及论证大小的推理。我把这种关于思维的结构单元的假设称为"三层图"，并声称哲学中的标准观点认为，这幅图提供的资源足以解释理解，即理解某件事就是要有一套正确集合，包括概念、信念和推理倾向，且此集合可以以正确的方式关联和展开。

当然，神经科学甚至认知心理学的许多分支领域都在研究认知系统，这些研究肯定不涉及概念、信念或类论证推理，而乍看起来是对标准观点的明显反对。但是，在第三章中，我探讨了一种有影响力的策略，它可以保持意义和理由领域的自主性，使之与心理学和神经科学研究的其他现象保持一致：区分中枢认知和模块化认知。根据这一观点，许多神经系统是模块化的，它们因此是特定领域的，有专有的方法来表征它们的领域和处理有关它们的信息的规则。它们运作迅速、自动，并且在很大程度上独立于我们的信念和意向。在许多情况下，它们是物种的典型特征（性状），这些特征可能是自然选择的产物，具有标准的神经实现和特征性的发育序列。相反，中枢认知是一个单一的类语言系统，包括概念、意向状态和推理形式。这些概念、信念和推理方法主要是习得的，并且随着文化和个人学习历史的不同而变化，它们与模块相比运作缓慢、费力，并公开接受有意识的检查。中枢认知是"领域通用"的，在这个意义上，它包含我们所能获得的任何概念和信念，并在思考和推理中把它们混合在一起。中枢系统和模块化系统可以相互作用，但只有在有限的意义上进行，模块化感知系统可以为中枢认知提供输入，而中枢认知可以驱动模块化运动输出。简言之，哲学家们传统上归类为"思维"，甚至可能是"心理的"的东西，都属于中枢认知的范畴。

在本章中，我介绍了认知科学的几项研究。这些研究表明，中枢认知和模块化认知之间的这种分歧是不真实的。我们的许多思维和理解，从婴儿最早的理解世界的方式到科学理论，还有介于两者之间的所有成人的常识性理解，*也*似乎围绕着特定的内容领域进行组织。这似乎要求我们假定对应大小的思维单元——比单个的概念、信念和推理大很多，但比整个概念、信念和推理倾向的网络要小很多。此外，为了理解这一点，我们似乎需要得出这样的结论：处理这些单元心理模型的认知系统，都必须有自己的内部方式来表征它们自己的领域（从模型到模型通常是相当不同的）和产生关于它们推论的规则。而且因为专家的表现是*在这些领域的专长*，与新手相比，专家的判断通常是快速的、自动的，而且不是通过显式推理得出的，我们一定得出结论，基于模型的理解也*可以*具有与模块相关联的其他特征，即使它们不是物种的典型特征，缺乏标准的神经定向。

这种结果并不是说，在类语言的系统中，思维不是明确的推理，也不是说大脑中没有任何系统符合福多式模块。相反，这意味着，心智分裂成中枢系统和模块化系统并不是良好的或有用的。这掩盖了认知的一个更普遍的特征：无论是在意义和理由的范围之内还是之外，我们的认知架构都有一个普遍原则。我们通过许多有特殊用途的系统来处理世界，这些系统以不同的方式表征世界的不同特征，而且我们将*它们彼此结合起来*使用，而不是将它们整合为单一的表征系统。

第一节 核心系统

近年来，一些发展和认知心理学家，如伊丽莎白·斯皮克（Elizabeth Spelke）（Spelke，2000）和苏珊·凯里（Susan Carey）（Carey，2011）都认为，人类心智拥有几个被称为核心知识系统的认知系统。这些系统是物种典型的，在发育过程中被强烈地渠化（canalized），并且我们有办法测试这些在最早的年龄阶段就被证实的证据。核心系统的情况主要是经验性的。有证据表明，有一些特殊的理解世界的方式在成人时期仍然存在，但不同于完全的成人理解，它们出现在发育的早期。事实上，它们出现得太早，不能成为通过语言中介的社会学习的产物。而且在某些情况下，它们被确认得如此之早，以至于很难将它们视为学习的产物。这些包括理解物质世界和社会世界的方法。斯皮克和金兹勒（Spelke and Kinzler，2007）在他们优秀的评论文章中总结道：

集中于知识的个体发育和系统发育起源的人类婴儿和非人类动物的研究，为四个核心知识体系提供了证据。……这些系统用于表征无生命客体及其机械相互作用，主体及其目标导向的行动，集合及其排序、加减法的数值关系，空间布局中的位置及其几何关系。每一个系统都以一组原则为中心，这些原则用于将其领域中的实体个体化，并支持对实体行为的推理。此外，每个系统都有一套特色限制（a set of signature limits），允许研究者在不同任务、年龄、物种和人类文化中

识别该系统。（Spelke and Kinzler，2007：89）

这是一个优雅而紧凑的总结，但正因如此，其中有很多东西需要解读。我将继续审视他们对每个系统的描述，以及用来论证其存在的证据。

一、核心目标系统

核心系统的第一个备选条件包括对具有明显和持久边界的连续固定**目标**的理解[当"**目标**"（Object）和"**主体**"（Agent）[1]这两个词在核心系统假说内部的特殊意义上使用时，我会将它们大写]。在很早的时候，儿童就表现出了期望这些**目标**具有某种特征的证据：他们会保持他们的边界，作为一个单元移动，只通过接触与另一个单元相互作用，且只有在直接接触时才起作用。此外，在皮亚杰（Piaget）认为儿童"发现"物体恒常性的年龄之前，儿童就表现出视觉追踪这些**目标**的能力，即使在被遮挡的情况下也是如此。这个系统也有内置的资源来进行非常有限的计数，或者保持对低数字的敏感性。

注意到这一点是十分重要的，即这里的"**目标**"概念与构成事物*作为***目标**的方式有着千丝万缕的联系。哲学家们习惯于将"客体"这个词更广泛地应用于抽象客体、人、笛卡儿的灵魂和集合。"**目标系统**"的概念与意向性主体或集合的系统有着明显的对比。"**目标**"的相关概念还进一步与它不适用的事物，如流动和零散进行了对比。换言之，更确切地说，有一种心理系统被应用于具有内聚性和连续性的时空刺激。事实上，即使这样也不是完全清楚的，因为它意味着，*首先*对诸如内聚性和连续性这样的属性进行一些*独立的*测试，*然后*，如果这些属性被满足，则**目标系统**得到应用。但事实上，内聚性和连续性原则的应用本身就应该是**目标系统**的一部分。我们可以大胆地说，如果有这样一个核心系统，*这就是我们时空的内聚性和连续性以及客体性想法的来源*。

目标系统在其应用中不应是普遍的。相反，它只适用于我们所经历的一个子集。实际上，这个子集或多或少是由系统本身定义的。哪些经验可以激活这个系统，使之成为一种解释工具——用康德的话来说，就是它们的"图式主义"（schematism）——这些"规则"必须和系统本身一样，在发展的早期就出现了。

---

[1] 这里我们将 Object 译为"目标"而非"客体"，将 Agent 译为"主体"（一种作为代理或中介的施动者，也是行为体），是因为哲学上主体和客体作为一对范畴，其对应的英语单词分别为 subject 和 object。显然，Agent 不同于 subject，大写的 Object 也有别于小写的 object。本书作者之所以用大写，就是要突出 object 的目标性（有意图）而非客体性（实在性）；用 Agent 而非 subject 是强调中介代理的能动作用，而且前者既指人也指其他施动者（动物、机器人），后者仅指人——译者注。

在这些方面，**目标系统**与我们在童年以后理解世界的其他方式有着重要的不同，比如食物、人工制品、拥挤和液体。

在系统的使用方式上似乎也存在*特色限制*。

婴儿一次只能表征少量的目标（大约三个……）。这些发现证明了婴儿对无生命世界的推理的基础是单一的系统，具有特色限制。通过关注这些特色限制，动物认知的研究者发现了成年非人类灵长类动物中有相同的目标表征核心系统。……和人类婴儿一样，猴子的目标表征遵循连续性和接触限制……并显示出一个集合大小的限制（四个……）。成年人认知过程的研究者发现，同样的系统控制着成年人的目标定向注意过程。……例如，当客体的边界和运动符合内聚性和连续性的限制时，成年人能够处理三到四个单独运动的客体。成年人无法追踪超过这个集合大小限制的实体，也无法追踪不遵守时空限制的目标。（Spelke and Kinzler，2007：90）

这些后来的研究表明，核心目标系统并不是简单的发育阶段，像皮亚杰的假设图式继承一样，它被理解为临时性的结构，当一个更合适的图式可用时，这些旧图式就会被丢弃。相反，它们似乎涉及成年后与更复杂的成人认知模式一起继续存在的持久能力。而且由于一些更复杂的成人认知形式——例如，将**目标**类型化到更精确类别的特殊方式，以及广义算术能力——会受到文化变异和传播的影响，所以，成人的认知应该包括核心能力，即使一个人不理解加法和乘法等算术运算，甚至不理解计数的广义概念。

二、核心数字系统

核心系统的支持者声称还有第二个与数量有关的系统。核心目标系统涉及精确的小数量的能力，核心数字系统涉及检测和比较大得多的数量的能力，例如有两个刺激呈现，一个显示十个目标，另一个显示三十个目标。此外，这种能力是非模态的，也就是说，它不只对通过一种感觉模态呈现的刺激发挥作用。而且值得注意的是，它的应用并不局限于相邻的**目标**，还包括领域中的声音和动作等元素。同样，这种能力出现得很早，一直持续到成年，并可在邻近的物种中发现这种能力。

三、核心能动性系统

从早期开始，儿童对待人、动物和其他显示能动性（Agency）迹象的刺激物，与对待无生命的物体、液体和像沙堆这样的东西是不同的。前者的行为被视为目标导向,婴儿倾向于在自己的行为中反映这些行为。婴儿其实早在出生后几个小时就观察到某些镜像,比如模仿四种典型的面部表情。

时空原则并不支配婴儿对主体的表征,这些主体不需要具有内聚性,……不需要在运动路径上保持连续性……,也不需要在与其他主体的互动中接触。……相反,主体的意向行为指向目标……,而且主体通过有效的手段实现其目标。……主体也会有偶然的互动……而且是互惠的。……主体不需要有可感知的面孔。……然而,当他们行动的时候,婴儿会用他们的注视方向来解释他们的社会的和非社会的行为……,即使是新生儿。……相比之下,婴儿不会把无生命客体的运动理解为目标导向的……,他们也不会试图模仿这种行为。(Spelke and Kinzler, 2007: 90)

以不同于无生命客体的方式解释主体显然是成人认知的一个特点。对非人类动物的研究也证明了类似的主体导向的认知模式。

核心能动性系统比其他一些核心系统更具争议。其中一个原因是解释**能动性**的模块(**大写**反映其在理论中的特殊用法)需要编码某些高度复杂现象的专门方法。与探测有目的的行为相比,探测相邻固定物体的先天能力需要的设计简单得多。但出于同样的原因,对于人类(或其他动物)来说,能动性是一个困难的概念,它是从先前的概念列表中构造出刺激的时空特性的概念(事实上,有人可能会说,这种观念不足以完成这项任务。**能动性**-概念不是**目标**-概念的保守延伸)。换言之,我们有理由认为,这正是人们最强烈期望找到理解世界的特殊目的方式的那种情况。理由类似于乔姆斯基(Chomsky)关于先天语法模块的"刺激贫乏"观点。人和树叶都在移动,也许一个经验主义者的心智也能察觉到其表现出不同的运动模式。然而,难以理解的是,仅仅根据目标及其运动,这样的心智竟然可以提出**能动性**假说。而且,即使它能做到这一点,也有许多对不同类型的运动进行分组的开放性方法,这些方法将成为与数据同样一致的假说。但事实上,我们都或多或少地使用相同的框架来解释**主体**,而且我们很早就证明了这一点。由于刺激因素没有决定这种解释,我们有理由认为存在一些先天的偏见。此外,还不清楚我们是否可以作为一个社会物种的成员,或者参与特定类型的早期社会学习,而不是很早就引入了某种机制,使我们能够将同物种视为具有典型的**能动性**特征。因此,似乎任何社会物种都必须具有发育的被渠化的物种典型的认知能力,用于**检测能动性**。

核心能动性系统与我们的能动性观念有着本质上的联系。也就是说,如果这个假设是正确的,那么我们可能无法脱离我们对能动性的内在理解,以非意向的方式分析它或它的领域。可以肯定的是，我们可以理解，一些最初*看起来*是主体的东西不是真正的主体，比如卡通人物。但我们不太可能将这个系统的现象，或构成其领域的事物，用一种意向的词汇来解释。我们在概念空间的这个区域所拥有的这些概念，与我们的核心能力的发育渠化天赋相联系，即使它们可以扩展、丰富和概括。在这一方面，丹尼特（Dennett，1971，1987）提出的意向立场的观点似乎构思得很好，这一观点是将事物解释为基于其信念和目标而行动的特殊框架。同样，核心能动性系统的领域特异性在本质上是构成性的。也就是说，*除了*通过系统本身，或者它的更复杂后代之外，不能指定系统应用到一类事物。

四、核心几何系统

第四个核心系统的作用是理解环境的几何特性，"周围布局中表面之间的距离、角度和感官关系"（Spelke and Kinzler，2007：91）。它不表征非几何特性，如颜色或气味（Spelke and Kinzler，2007：91）。这种系统的证据来自关于儿童、成人和非人类动物在空间上定向的研究。成人至少使用两个定向系统，一个由表面几何体导向，另一个由地标导向。地标定向系统发展较晚，而几何定向系统的发展很早。此外，几何系统似乎经历了一种重要的概括，因为它不再需要一个固定的原点和方向的角度。

这样一种系统的存在似乎既不明显也非必要。物理世界的几何特征如此明显，以至于不清楚为什么我们需要一个特殊的系统来理解它。然而，这种明显的事实可能正是我们的几何假设的产物（正如康德所说，我们实际上可能无法感知空间，除非它是由高度特定的几何结构构成的）。我们可以很容易地通过具有人类感知某些特征而缺乏其他特征的人工物来看到这一点。照相机接收有关环境的视觉信息，但不会将这些信息变成三维世界的东西。让计算机从照相机这样的光学输入设备中推断出这样一个物体的世界，就必须赋予计算机关于物体几何的表征系统，让它有从二维视图构造表征三维物体的方法。有多个这样的系统可用。例如，我们可以使用球面坐标来确定物体的方向，使其指向特定的视觉位置和角度。这样的系统并不能保证还会有一种方法来提取几何布局的透视不变的表征，或者预测物体在原点或注视方向转换后将如何出现。为了实现这一目标，系统必须被赋予一种特定类型的几何表征，在这种表征中，对象需要在与观察者无关的参照系中彼此相对定向。当然，仍然有多种几何可以用于此，欧氏几何、球面几何、双曲几何等。但是为了这个目的，使用的任何特定的表征系统都必须使用某种特定类型的几何学。

五、核心系统假设的特征

作为经验性主张,关于特定核心系统的每一个假设都应该被单独对待。但是,它们有一些共同的特点,这对科学和哲学都很有意义(事实上,对于这些问题,很难在面向哲学的科学和面向科学的哲学之间找到一条清晰的分界线)。上述四个核心系统都有许多这样的特征:

1. *物种典型性*。儿童和成人都有核心系统。
2. *先天主义*。这些系统是发育渠化的和早期出现的。
3. *类似物*。在近缘物种中发现类似物。
4. *领域特异性*。该系统适用于特定类型的刺激,而不是其他类型的刺激。
5. *专有表征系统*。每个系统都以一种特定的方式表征其主体内容,提供关于它的特定类型的信息和预设。
6. *特征故障模式*。
7. *特色限制*。

这个列表和福多的模块化标准之间有很大的相似之处。事实上,核心系统假说的倡导者倾向于把核心系统看作模块。然而,核心系统不仅仅是对感知输入进行预处理的系统,也是概念化和思考世界的方式。这些核心系统被用于与世界互动,并*作为*一个存在于几何特征空间中的**目标**和**主体**的世界,而且它们允许预期、预测、推理和运动计划。在这方面,核心系统看起来更像是福多的中枢认知。我们通过后天的发展和专门的学习,学会了思考目标、主体、空间和数量等其他更复杂的方式。这也像下一节中描述的大众理论。核心系统和后天习得的概念化世界的方法都是"领域特异的",因为它们是对世界各个方面的特定部分进行思考的方式。同时,它们不会在它们自己*内部*进行跨领域推理,这是中枢认知的一个显著特征。

关于核心系统作为一个整体的一个重要问题是它们之间如何相互关联。特别是,**目标**系统和**能动性**系统,这两个系统都提供了对事物类型进行分类的方法。这两个系统在功能上彼此不可分离,并且有相互矛盾的规则,但同一事物可以触发其中一个或两个系统。例如,心理学家保罗·布鲁姆(Paul Bloom)(Bloom, 2004)就强调,儿童(和成人)可以把某个东西当作一个主体,而不把它当作一个目标来思考。布鲁姆认为这种分离性可能是灵魂独立于身体这一观点的直观合理性(intuitive plausibility)。当**能动性**系统在没有**目标系统**的情况下运行时,人们会把一个事物想象成一个**主体**而不是一个**目标**客体。这样的想法对于儿童来说并不是违反直觉的。因为只有**能动性**系统发挥作用,而它没有任何机制要求**主体**

是**目标**。事实上，这两个系统的一些规则在逻辑上是不相容的：**主体**根据自己的目标移动，而**目标**则不能自我启动运动。目标必须在空间连续的路径上从一个地方移动到另一个地方。如果显示目标轮廓的东西从一个地方消失而在另一个地方重新出现，那么婴儿会表现出惊讶。但当显示主体轮廓的东西这样表现时，婴儿不会表现出同样的惊讶。两个系统的规则和另一个系统的规则不能相互抵触。没有东西能同时符合**能动性系统**和**目标系统**的规则，因为这两个系统的一些规则相互矛盾。

同时，一个单一的刺激可能会触发任何一个系统，甚至可能同时触发两个系统。具有脸部特征的玩具，如托马斯，有时可能会被视为一个**目标**。只有当有人把托马斯推上轨道时，儿童才希望它移动。但在另一个时间，当儿童已经到了可以观看描述托马斯运行的视频，或听到托马斯的冒险故事时，托马斯才可能被视为一个**主体**。即使没有模棱两可的特征，一个最初被观察到的无生命的模型火车可能被假定为一个**目标**。然后，令儿童惊讶的是，当电源开关被打开，火车在没有任何明显的外部原因的情况下开始移动时，它会被重新构造成一个**主体**。

当然，正如我所描述的例子，**主体**和目标作为"同一事物"的识别是从成人观察者的角度来看的，而且在所描述的例子中，刺激首先通过一个核心系统被察觉，然后再通过另一个核心系统被察觉。目前尚不清楚的是：（a）单一的刺激是否能*同时*触发两个系统；（b）如果可以，儿童是否能将这两个表征联系在一起，作为同一目标的表征，并将同一事物视为既是**主体**又是**目标**。布鲁姆似乎不这么认为，他主张我们自然地认为人类是由两个东西组成的——一个身体（一个**目标**）和一个灵魂（一个**主体**）。我怀疑布鲁姆的结论。成人很有能力通过多个认知视角来划分一个目标，即使这两种看待事物的方式在逻辑上是不相容的。当然，我们可能不通过核心系统，而通过一些机制来实现这一点。即使成人能够通过核心系统进行三角测量，那也是在核心系统就位之后很久才获得的能力。关于核心系统如何组合的具体问题是一个需要更多研究的经验问题。但是，关于*某些*认知形式，这里有一个重要的观点：我们通过不止一种思考方式来理解同一个目标，这些思考方式之间的不相容性并没有给心理可能性带来障碍。

第二节　大　众　理　论

认知和发展心理学中第二个也是稍早的假说认为，普通人对自然、生物、心理和社会世界的理解是一些隐含理论,这些理论是在儿童期早期至中期获得的,并在成年后持续存在。这些隐含理论通常被称为"大众物理学""大众生物学""大众心理学"。它们由任何物种的典型假设组成,这些假设可能是关于诸如物体在投掷或掉落时是如何移动的,我们可以预期动物物种有哪些特征(例如,动物个体作为同一物种父母的子代,有一个物种典型的生理和进食特征),以及我们如何将人们的行为解释为他们的信念和欲望的结果。

研究大众理论的发展主义者注意到,他们直到儿童中后期才完全掌握大众理论(时间框架因大众理论的不同而不同),并具有典型的发展顺序(参见 Gopnik and Meltzoff,1997;Gopnik,1996)。例如,儿童在理解他人的信念与自己的信念不同之前,把信念归因于他人。后一种能力通常是在人类儿童四五岁的时候获得的,而且这是一个有争议的问题,如果人类是这样的话,那么其他动物物种也有这种能力。提倡一般性理解是理论性的观点被称为"理论—理论",这种观点倾向于用一般的*信念*来描述这种理解,比如"动物有同一物种的父母"和"人们倾向于做他们相信会带来好处的事情"。不同形式的大众理解(如大众生物学和大众心理学)似乎也有自己的核心概念,如**物种**和**信念**,以及特征推理模式。因此,大众理论的理解是用福多所说的中枢认知的词汇来描述的,尽管大众理论本身也有一些模块的特征,比如说是特定领域的,以一种特有的发展顺序出现的,是自动应用的,并且有自己的特殊类别、表征形式和推理规则。

一些认知主义者还认为,这些抽象的中心概念是更具体的概念的一种*模板*。例如,帕斯卡尔·博耶(Pascal Boyer)(Boyer,2001)将**动物**和人的概念称为"本体分类(范畴)"。当一个人学习到一个新的动物概念,如**斑马**,她不需要学习该类成员的特性,如独特的饮食、生理和生殖手段。**动物**分类被用作一个模板,为特定类型的信息设置"栅栏(槽)",这些信息被认为对所有物种都是可用的,而且随着人们对某一物种的更多了解,可以用更具体的信息来填充。因此,即使是儿童也知道,要进一步了解他们刚刚接触到或听说过的新动物种类,可以提出许多正确的问题:它们吃什么,它们如何获得它们的食物?它们有多大?它们生活在什么样的环境中?它们是怎么移动的?因此,关于大众理论*结构*的某些东西编码了某种理解——往往是意会的——它指导着更多特定信念的形成。

大众理论的获得似乎是一种很强的发展渠化的——它们是成人和较大的儿童思考物理客体、人类和动物的典型特征,它们在特定的年龄和特定的发育顺序中出现——它们显然是日常思维的一个特征,根据福多的分类,这些思维可以算作中枢认知。但是,它们也有福多模块化的一些特征:它们属于特殊领域(物理客体、人类、动物),使用不同的类别来思考这些领域,对这些领域的特定假设进行编码,并为属于这些领域的事物的更具体的表征提供一个框架。

第三节 科学理论

"大众理论"的表达明确倾向于说明这样一个假设,即发育中的儿童在构建对世界的理解方面所做的,与科学家在构建更专业和更严格的理论如物理学、生物学和心理学方面所做的,有着重要的共同点。事实上,这一"理论－理论"的主要倡导者之一,艾莉森·戈普尼克(Alison Gopnik)(Gopnik,1996)将她的一篇文章命名为"作为科学家的儿童"。当然,儿童的认知发展与理论科学中理论形成和检验的过程存在巨大差异。就我个人而言,我更倾向于保留"理论"一词,这是作为范式的科学实例。但一般而言,儿童解释世界上特定领域的方式和科学家的工作在很大程度上是一类共同的认知事业,这似乎是有道理的。当然,科学理论与我们早期获得的对世界的"大众"理解在知识复杂程度上截然不同。然而,在任何关于认知的讨论中,至少有一个特点应加以考虑,这就是,它们已经被广泛地研究和分析。

大约在 1960 年之前,流行的科学哲学流派是逻辑经验主义,该流派一致认为:科学词汇必须是一种理论中立的观察语言,并且理论是命题或命题的集合,使用从理论构建的词汇和术语(理论和定律的主张被广泛地假定为普遍量化的主张。关于这一假设的评论,参见 Horst,2011)。因此,关于理论和理论变化的分歧,被视为关于哪些命题为真的分歧;但是,这些命题被理解为是在一个共同的词汇中形成的,或者至少是一个可以独立于竞争理论的词汇。所有这些在 20 世纪 60 年代开始发生变化,许多科学哲学家开始将个别理论视为紧密联系的单元,而且将竞争的(或继承的)理论视为,与其说是在同一词汇中提出了不相容的主张,不如说是提供了概念化其主题的替代方式。竞争的(或继承的)理论不再被认为是*矛盾的*,而是*不可通约的*,理论的变化不是特定科学信念的零星变化,而是理解世界特定方面的范式的革命性变化。

许多不同的哲学家在形成对科学理论的新共识方面发挥了作用。托马斯·库恩(Thomas Kuhn)、伊姆雷·拉卡托斯(Imre Lakatos)、保罗·费耶阿本德(Paul Feyerabend)和大卫·刘易斯(David Lewis)等人的专著和合著都值得特别关注。我这里的目的仅仅是找出某些共识,我不会介绍这一重要时期的科学哲学的所有贡献者。我将把库恩作为主要贡献者,尽管我认为他后来的观点(大约在他 2000 年发表 APA 主席致辞时)和他的开创性著作《科学革命的结构》(Kuhn,1962)一样重要。

库恩最初的研究进路是作为一名科学史学家关注理论变化的本质。作为介绍，这里是在库恩后来的出版物中回顾性地提供的一个扩展引文：

历史学家在阅读过时的科学文献时，会遇到一些毫无意义的段落。无论我的研究对象是亚里士多德、牛顿、伏特、玻尔还是普朗克，我都有过这样的经历。通常会忽略这些段落或将其视为错误、无知或迷信的产物而不予理睬，而且这种反应偶尔是恰当的。然而，更多的时候，设身处地思考那些烦人的段落，就会产生另一种解读。明显的文本异常是人为的、误读的产物。

由于缺乏其他选择，史学家一直在理解文本中的字词和语句，就如同他或她在当代话语中理解它们的那样。在大量的文本阅读中，这种阅读方式没有困难；历史学家词汇中的大多数术语仍然像文本作者那样使用。但是，相互关联的术语已经改变用法。由于未能将这些术语孤立起来，并发现它们是如何使用的，才使得相关段落显得反常。因此，明显的反常通常需要局部调整词汇，通常也为调整提供线索。在阅读亚里士多德的物理学时，一个重要的线索是发现在他的文本中翻译为"运动"的术语不只是指物体位置的变化，而是指所有以两个端点为特征的变化。阅读普朗克早期论文中的类似困难也随着这个发现解决了，1907年之前，普朗克所说的"能量元素 $h\nu$"不是指一个物理上不可分割的原子（后来被称为"能量量子"），而是指能量连续统的一个心理细分，是任何可能被占用的点。

这些例子都涉及不仅仅是术语使用上的变化，从而说明了我多年前在谈到连续的科学理论的"不可通约性"。在它最初的数学用法中，"不可通约性"意味着"没有共同的度量"，例如等腰直角三角形的斜边和直角边。这一术语适用于同一历史线上的一组理论，意味着没有一种共同的语言可以完全转换这两种语言。（Kuhn，1989/2000：9-10）

虽然科学理论采用了普通语言中较为普遍的术语，而且同一术语可能出现在多个理论中，但关键的理论术语是理论专有的，不能脱离理论去理解。要学习一种新的理论，你需要把术语作为一个整体来把握。"至少科学语言中的许多参考术语不能一次获得或定义，而是必须集群地学习（Kuhn，1983/2000：211）。"由于术语的含义和它们之间的联系因理论而异，所以一个理论的表述在另一个理论的框架内可能是毫无意义的。例如，牛顿关于绝对空间和质量的概念与速度无关，在相对论力学的语境下就是没有意义的。不同的理论词汇也与客体的不同理论分类相联系。托勒密的理论把太阳归为行星，太阳被定义为绕地球运行的天体。哥白尼的理论把太阳归为恒星，行星则是围绕恒星运行的天体，因此地球是行星。此外，理论的分类词汇不仅是以组合形式出现的——不同的元素都在不重叠的对比类别中——而且它还与规律相互定义。科学理论中术语与其他术语之间、术语与定律之间紧密地结构性相互联系具有重要的后果，即任何术语或定律的变化都会导致术语和与理论相关的定律的含义发生变化（不过，与奎因式的整体主义明显不同的是，它不需要在理论的边界之外构成意义、信念或推理承诺的变化）。

虽然库恩最初的兴趣是广泛意义上的单一理论的革命性变革（例如，万有引力、热力学或天文学理论的变化），但是他后来意识到，类似的思考可以应用于同一科学的当代分支学科在理论术语使用上的变化（Kuhn, 1983/2000：238）。虽然他继续赞成用类比语言来讨论概念变化和不可通约性，但他从谈论理论间移动的"翻译"转为提供理解世界的多种资源的"双语主义"——在考虑不同分支学科中使用的术语的差异时，这一变化尤为重要。

因此，科学理论就像特定领域的模块，它们以专有方式被表征。科学理论和现象一样多，每一种理论都与通过它理解现象的方式紧密联系。理论使用客体类型、属性、关系和转换的专有分类法，并使用具有自己推理规则的专有表征系统。但是，理论不同于福多式模块，因为它们是学习的产物，需要不断检验和修改。事实上，科学理论是需要明确表征的卓越的智力产品的一个典型案例。此外，它们与福多式的中枢认知一样，在推理中可以与其他思维形式相结合：它们能够与其他理论主张相结合，与常识观察相结合，并用推理思考得出结论，它们的恰当使用可以通过语境来评估，它们的内容可以通过观察和辩证法来检查。

第四节　直觉推理、语义推理和知识表征

到目前为止，我们已经审视了几种不同的认知方式，它们都不适用于中枢认知和模块化认知的分支框架。核心系统、大众理论和科学理论都是特定领域的，它们所支持的理解，其单位大于单个概念和信念的大小，但小于概念、信念和推理模式的整个网络。核心系统，像模块一样，是未习得的、不能改变的；大众理论和科学理论是学习的产物，它们的学习和变化来自领域中心理论的大小单元的大尺度变化，因为它们的独特概念和推理模式是构成上相互定义的。它们将它们的领域隐式划分为被称为*隐式范畴*的种类、属性、关系和转换的专有类别。一旦学习达到专业水平，它们或多或少可以自动地、快速地产生思考和推理，这些思考和推理在不是基于明确有意识推理的意义上是"直觉"的。在这些方面，它们与福多式模块有很多共之处。

关于福多的一些其他标准，它们彼此不同：核心系统是高度发展渠化的，大众理论也是渠化的，但是需要大量的训练和引导，而科学理论是专门学习的产物，

通常需要创新或指导。核心系统和大众系统不包括科学理论，似乎是进化的产物，可能具有物种典型的神经实现。看来，心智对特定领域的理解有一些用途，而这些理解不是福多意义上的模块化。但是，也许现在从中得出一般性的结论还为时过早，因为核心系统、大众理论和科学理论，虽然以知觉的方式明显是"心理的"，但输入处理器不是，它们都是相当特殊的认知形式。在前两种情况下，因其早期出现和发展过程中的渠化而有所区别，在后一种情况下，因所需的专门学习而有所区别。

但事实上，我们有充分的理由认为，领域大小的理解单元具有表征领域的专有方法，领域内的概念和推理模式之间有紧密的联系，但跨越领域边界的更为松散的联系在福多的中枢认知的范围内被广泛发现。它们似乎是以语义的推理和直觉推理为基础的。这样思考它的一个原因是，人工智能领域的研究人员一开始试图在中枢认知领域的显式推理模型上模拟人类的认知能力，但最终不得不求助于特定领域理解的理论来解释日常的直觉推理能力。

人工智能作为一门学科，是在图灵对数字计算的开创性讨论之后迅速出现的。人工智能中的第一个计划仍然与计算数学传统密切相关。它们是自动定理证明器，如纽威尔和西蒙（Newell and Simon，1956）的逻辑理论机器。图灵的理论工作已经在原则上保证了定理证明计算机的可行性。计算机可以执行任何形式化的算法，因此，任何可以通过形式化手段进行的证明，原则上都可以由计算机来证明。然后，研究人员试图在通用问题求解器（Newell，et al.，1959）等系统中更普遍地模拟人类的形式化推理。这类工作通常被视为第一代人工智能。

然而，在试图更普遍地模拟人类推理的过程中，人工智能研究人员很快遇到了一个关键障碍。确切地说是因为形式推理从符号的语义值中抽象出来，所以形式推理不适合承担人类经常进行的语义推理。形式化技术将像"狗"这样的谓词视为词汇原语（lexical primitives）。它们支持的是涉及此类词汇单位的三段论，而不是人类语义能力中存在的知识。例如，我们知道，如果莱西是狗，那么它就是动物，它有体重，它有骨头和肾脏，等等。我们必须用一种类似狗的符号理解能力来模拟狗的理解能力。但是要让计算机模拟这种理解，我们必须赋予计算机的不仅仅是像"莱西是狗"这样的符号结构执行有效推理的能力。简而言之，我们必须编码人类对**狗**这一概念的语义理解。

实现这一点的一种方法是向计算机提供一组明确的命题表征，如"所有的狗都是动物""狗有骨头"等。如果我们所知道的关于狗的一切都能表征，那么形式化的推理技术可以产生一系列与人类相当的推理。如果我们唯一关心的是让一台计算机得出与人类相同的结论，那么不管它们是*如何*得出的，这可能就足够了。但是，如果我们想让计算机以一种类似于人类的方式做出这样的推断，那么以明确的命题表征形式编码语义理解在心理上似乎是不现实的。我们理解我们从未用明确的命题形式表达过的事物。你可能从来没有考虑过"狗有肾"这个命题，但在某种意义上，你明白它是正确的。你可能从来没有接受过"119+7=126"这个命题，但在某种意义上，它隐含在你的数学理解中。事实上，我们倾向于说，我们之前就*知道*这些事情，尽管我们从未想过这些命题。也就是说，我们不是一夜之间*学会*的，如果有人问我们，我们会毫不犹豫地给出正确答案。

解决这个问题的第二种方法是对语义理解进行建模，不是以显式命题的形式，而是根据*数据结构*，比如说关系数据库的形式。第二代人工智能主要致力于探索语义理解作为*数据*结构的方式。这种策略的吸引力不仅在于它能够产生无法通过命题表征实现的模拟，还因为它似乎是心理的更现实的、更自然的语义关系的建模方法。这些语义关系是概念层面的，而非命题层面的。但是，这些模型的工作并不是在单个概念或词汇单元的语义层面，而是在阐明它们之间的系统关系中。将语义关系视为数据结构也有一个优点，就是许多语义关系不能很好地被标准逻辑机制表达。比如说，"所有的狗都有四条腿"这一命题并*没有*准确地表达我们对狗有四条腿这一命题的理解，因为我们知道，有些狗失去了一条或多条腿，而且有另一些狗有额外的腿。**狗**和**四足动物**的概念之间存在某种语义联系。也许我们可以设计出一个逻辑运算符来跟踪这种联系。但是，由于从一开始就不清楚如何做到这一点，所以我们很有必要找到一种方法来模拟这种联系。如果可以的话，这种方式可以建模它们与外延逻辑的精确关系。

一、知识表征中的信息组块

20 世纪 70 年代，第二代人工智能以探索这种方法为标志。马文·明斯基在 1974 年撰文，将普遍关注的问题总结如下：

在我看来，无论是在人工智能还是在心理学中，大多数理论的成分总的来说都过于微小、局部和非结构化，无论是从实践上还是从现象学上，都无法解释常识思维的有效性。推理、语言、记忆和"感知"的"组块"应该更大、更结构化。它们的事实和程序内容必须更紧密地联系在一起，以便解释明显的心理活动的力度和速度。

类似的感觉也出现在一些研究智力理论中。他们在派珀特（Papert）和我自己的提议下，采取了一种形式……将知识细分为"微观世界"（"micro-worlds"）。另一种形式出现在纽威尔和西蒙的"问题空间"（"problem spaces"）中……。还有一种出现在语言对象的新的大结构中，在诸如尚克（Schank）……，阿贝尔森（Abelson）……，和诺曼（Norman）……。我认为所有这些都是行为主义心理学家和以逻辑为导向的人工智能学者的传统尝试。他们试图将知识表征为独立

的、简单的片段的集合。（Minsky，1974）

审视这些被提议的结构中的一些例子，从这些理解和知识进行建模是很有益的。

二、语义网

语义网是对词汇或概念单元之间的语义关系进行编码的数据结构。语义网的结构最好用图解的形式来表达。概念或词汇单元由节点表征（在图解法上，运用单词或方框或其他封闭图形），它们之间的语义关系通过节点之间的连接表征（在图解法上，运用直线和箭头）（图 4.1）。分类概念之间的一个重要关系是分类包含（category subsumption）：例如，狗是动物。在语义网图中，节点可以表示**狗**和**动物**。这些节点由一个方向（箭头）连接。一个标签表征中特定的语义关系是一个包含关系[这通常用"是-一个"（IS-A）这个标签来表征。遗憾的是，这被用于表达许多概念上和范畴上不同的关系]。

$$狗 \xrightarrow{\text{是-一个}} 动物$$

图 4.1　一种简单的节点和连接结构，用于编码"狗是动物"这一信息。

当然，要解释这些节点的语义，还需要我们明确它们与许多其他节点的关系。最终形成这种表征形式的网络结构。

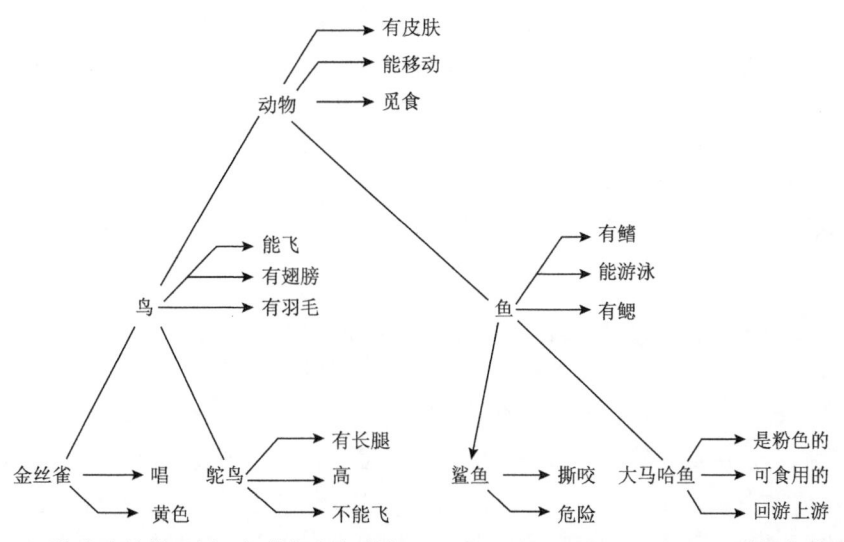

图 4.2　网络内存结构示例。柯林斯和奎利安（Collins and Quillian，1969），再版自科恩和费根鲍姆（Cohen and Feigenbaum，1982：40）。

语义网不仅为我们提供了一种在数字计算机中对语义关系进行编码的方法，而且提供了一种理解语义网在人类中是如何构成的方式（这里所讨论的"结构"是一种抽象的形式/功能结构，而不是解剖结构）。这种方法与将我们的语义理解视为拥有大量明确命题信念（比如"狗是动物"）的问题相比，似乎更符合心理学上的现实。我们对狗的理解涉及一个庞大的事物网络，我们很少会明确地思考这个网络，但是，如果我们需要访问它们，在某种意义上它们就在"那里"。当我们使用基于语义的理解来描述我们所做的事情时，这是很诱人的，就像追踪网络的线索，直到我们找到我们需要的东西。当然，无论是内省还是语义网的形式主义，都不能告诉我们这是通过什么机制在人脑中实现的。但是，在某种抽象的层面上，它似乎对我们的心理学有了正确的认识，而这是在形式推理方面处理语义理解所不能捕捉到的：我们有大量的理解被包装成语义关系，而我们获取这种理解的方式与检索存储的命题表征不同。

语义网络方法的另一个优点是，它将可能存在哪些类型的联系这一问题留给了实证研究来指导，而不是将其强行纳入理论家碰巧最熟悉的任何逻辑模式之中。事实上，对知识表征的研究已经扩展了我们对逻辑学类型的理解，这种逻辑学类型可能与人类思维建模相关。

人工智能中的语义网与语言哲学中的网络意义理论有着重要的相似性，并为检验和提炼这些理论提供了一种机制。但它们也提出了一个哲学家经常忽视的重要问题。假定我们的语义理解至少部分是以概念或词汇单元之间的联系为特征的，*所有*这些单元是否都连接到一个单一的网络中，或者可能存在各种不相交的网络，这些不相交网络的单元可以通过基于语言和句法的推理技术进行非语义连接？在哲学上，网络观点的倡导者往往也是整体主义者。尽管语义网建模与整体主义兼容，但它不需要运用整体主义。语义连接的拓扑结构归根结底是一个经验问题，它与心智和理解的统一和不统一有很大关系。

三、框架

语义网是在概念或词汇单元间的语义关系层面上表征和编码语义理解的结构。然而，语义理解和逻辑推理并没有穷尽对日常世界的理解和互动的各种认知技能。当我们与一个熟悉类型的新客体互动时，或者我们遇到熟悉的类型的情境时，我们不必从头开始评估情境或知道将要发生什么。当我们把一个物体解释为一个球或一个立方体，或者把一个房间解释成一个餐厅时，我们会自然而然地对我们将要遇到的事情有一整套的预期。我们可能会采取与这种情况相关的（甚至可能是它的刻板印象）行动。如果我们要执行这些行动中的一个，我们会期望接下来发生的事情。我们会自然而然地假设很多无法直接感知到的物体或情境：如果我们绕到另一边，那么立方体会看起来有一定的方向；女主人会给我们安排座位；有一个看不见的厨房，在那里食物被准备好，我们会被要求付餐费；等等。

简而言之，我们似乎有各种熟悉的关于物体和情境的*心理模型*。这样的模型允许补充和探索各种细节，但它们也常常会涉及默认预期。例如，除非看到自助餐排队，或者看到牌子上写着"请您就座"，否则我们认为餐厅的员工会带我们到一张桌子前。明斯基（Minsky, 1974）写道：

当我们进入一个房间时，我们似乎一眼就看到了整个场景。但视觉确实是一个延伸的过程。根据我们的知识、期望和目标，填充细节，收集证据，进行推测、测试、推断和解释都需要时间。错误的第一印象必须得到修正。然而，所有这些进展如此迅速和顺利，以至于似乎需要一个特殊解释。

他给出的"特殊解释"是，这种能力是由一种他称为"框架"的特定知识结构所支撑的。

*框架*是一种数据结构，用来表征一种固定的情境，比如在某个客厅里，或者去参加一个孩子的生日聚会。每一个框架都附有几种信息。其中，有些信息是关于如何使用框架的；有些信息是关于下一步会发生什么的；有些是关于如果期望没有得到证实，那么该怎么办的。

我们可以把框架看作是节点和关系的网络。一个框架的"顶层"是固定的，它表征的是正确的假设情境。较低层次有许多终端——"插槽"，由特定实例或数据填充。每个终端都可以指定必须满足的条件（分配过程通常是更小的"子框架"）。简单的条件是由标记指定的，这些标记可能要求终端分配是一个人，一个有足够价值的客体，或一个确定类型的子框架的指针。更复杂的条件可以指定多个终端的事物间的关系。

相关框架的集合被连接成框架系统。重要的行动效果通过系统框架之间的转换反映出来。这些被用来使某些种类的计算变得经济，表征重点和注意力的变化，并解释"意象"的有效性。（Minsky, 1974）

因此，像语义网这样的框架，都是包含节点和连接体系架构的数据结构。但是，语义网是建立在词汇或概念单元之间的语义关系层面上的，而框架则表征可能的客体、事件和行动的空间。这些客体、事件和行动与特定类型的语境或情境有联系。

明斯基（Minsky, 1974）探讨了框架概念应用的一系列不同的事例，从客体的视觉感知和空间意象到话语的意义结构和社会互动的理解。在文章的最后，他将框架与库恩的范式相提并论，但没有详细说明框架的本质关系（例如，他是否认为科学理解是基于框架的）。他还引用了其他几位研究者的工作，尽管他们使用了其他标签，如"模型"或"脚本"，但他们的工作基本上是沿着类似的路线进行的。把所有这些联系起来，更不用说明斯基的文章之后基于框架的知识表征的其他应用了，这将会不适当地扩展本章。但是，如果不考虑几个实例，让我们了解框架是什么，了解这种表征知识的方式多么灵活，那么就很难充分地理解这个概念。

四、视觉与视角

考虑一个在视觉上熟悉的物体。在任何时候，人们都是从一个单一的视角来观察物体的，从这个角度只能看到物体表面的一部分。然而，人们知道，会有其他角度的视角，通过移动可以预见到一些视觉变化，比如说，围绕物体向右移动时（或者，对于一个小物体，你用手移动它）。当我们这样做的时候，新的信息就会出现。物体以前看不见的部分可能符合我们的预期，或者让我们感到惊讶。另外一面上的颜色、纹理和图案，也会出现在我们的视野中。同时，我们也不会*忘记*我们以前看到的那些面，现在已经看不见的那些面。进一步说，当我们环绕物体走动时，我们对物体的空间和视觉特性就有了更完备地了解。要想一想以前可见的特征，我们不需要回头再看一次，只需要简单地把它们记在脑海里。此外，当我们再次遇到物体或遇到类似的物体时，我们可以想象出其看不见的一面的特征（当然，也许是错误的），而不需要通过移动我们自己或物体使其进入视野来直接重新认识它们。

这一观点的意义似乎是，在看到一个物体时，我们不仅仅是从一个给定的角度像看一张照片一样去体验一个物体（或是照片的双眼插值），甚至从不同角度看到拍摄的连续的照片。我们确实总是从一个角度来看待一个物体；但我们也有该物体的某种心理模型，这种模型包含或产生对物体从多重角度看是什么样子的理解。这不仅仅是我们如何看待单个物体的一个特征。我们获得了理解熟悉种类的新对象的模板：一方面，如果你在赌场拿到一对新的骰子，那你不需要检查它们两边是什么（除非你有怀疑的理由），因为你的大脑已经有默认信息，即每一面都有 1 到 6 个点数。另一方面，人们会对所发现的东西的某些方面只是在一个普通的层次上被指定：拿起一本书，你期望看到文本，但是文本的内容需要经验检验，是否还会有图的问题也是如此。

明斯基本质上提出的问题是，什么样的信息结构可以具有这些特征？他的回答是，这是一种特殊的框架结构。在他自己的例子中，观察者从多个角度观察立方体。明斯基使用了节点和连接系统（图 4.3）以图表形式开发数据结构。

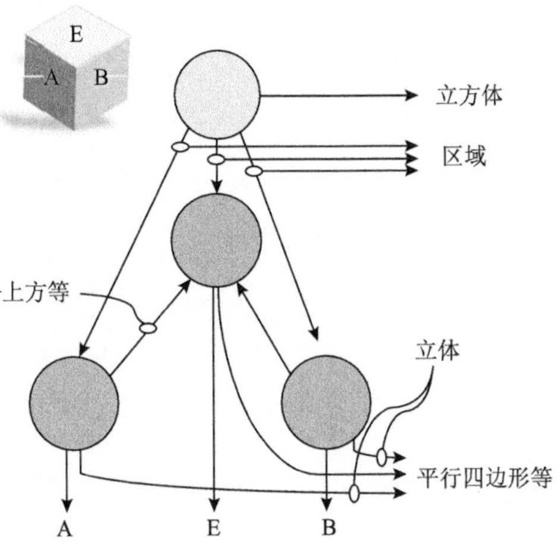

图 4.3　立方体视图的框架结构。基于明斯基 1974 年的数据（Minsky，1974，electronic，n.p.）

左边是一个表征，一个从观察者的角度看到的立方体的外观，侧面是用字母标记的。右边是一个视图，用来表征数据结构，用于将视图编码为多维数据集的视图。图顶部的圆形节点表征对象的类型，在本例中是一个立方体。这个节点有三个向下的箭头，它们被标记为"……的区域"——也就是说，它们连接到的三个节点表征为立方体的（表面）区域。它们在图中用任意字母标记立方体的面，A、B 和 E。区域节点具有内部连接，这些连接标记了区域之间的空间关系。每个区域节点也有一个附加的出站连接，用于指示其内部空间配置（例如，从这个角度看，它是一个特殊类型的平行四边形）。

现在假设我向右移动立方体（或者相应地向左旋转立方体）。面 A 从视图中消失，一个新的面 C 出现，而且我了解到 C 的表面特征，这些特征是我以前无法看到的。这个新的视图可以用一个新的节点和连接结构来表征，这个结构与前一个结构类似，但它是立方体不同侧面的节点。然而，事实上，我对立方体的视觉理解不仅仅是一个接一个的视图。检索关于第一个视图的信息，我不需要回到我原来的位置，因为它仍然在我的对象的心理模型中表征。正如谢泼德和梅尔策（Shepard and Meltzer，1971）已经表明的那样，我们能够在视觉想象中旋转三维图像。明斯基指出，我们可以为我们的框架设置一个数据结构，它可以包含比我们在给定时间实际看到的更多的视图：

由于我们知道我们移到了右边，我们可以通过将"B"指定给第二个立方体-框架的"左面"来保留"B"。为了保留"A"（以防万一！），我们还将它连接到新的立方体-图式的一个额外的、不可见的面-终端，如图 4.4 所示。

·56· 认知多元主义

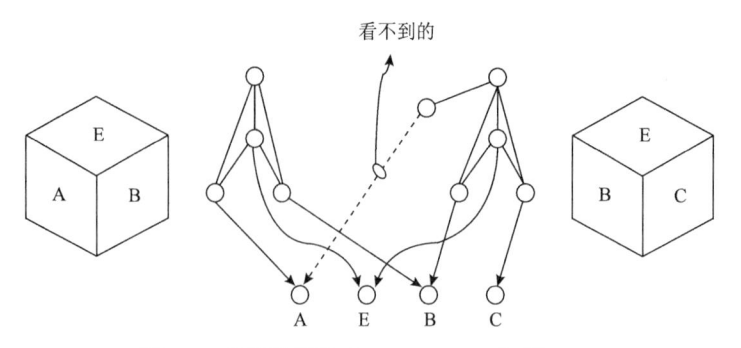

图 4.4　基于明斯基（Minsky，1974）图 1.2。

如果稍后我们移回左边，那么我们可以重建第一个场景，而不需要任何感知计算：只需恢复第一个立方体-框架的顶层指向。我们现在需要一个地方来存放"C"。我们可以在第一个立方体-框架的右侧添加另一个不可见的面（图 4.5）！

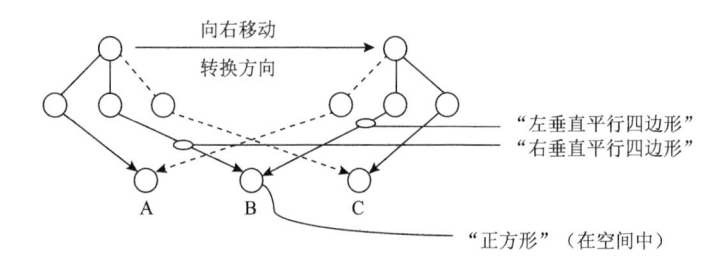

图 4.5　基于明斯基（Minsky，1974）图 1.3。

我们可以扩展此来进一步表征围绕物体的移动。这将产生一个更完备的框架系统。其中，每个框架表征一个立方体的不同"视角"。在图 4.6 中，有三个框

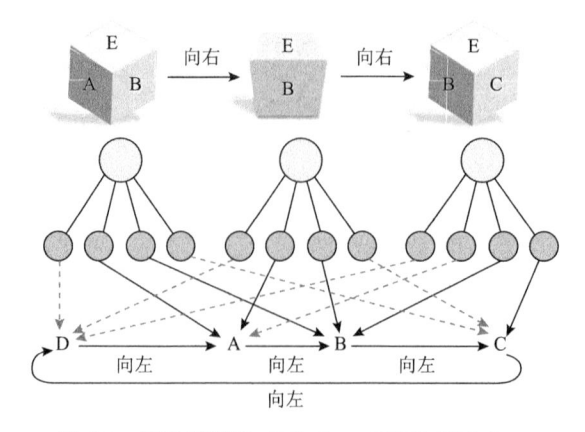

图 4.6　基于明斯基（Minsky，1974）图 1.4。

架对应于45度*左移*和*右移*的行动。（Minsky，1974；修改后的数字与本章中的图号数一致）

在本例中，对象的多视图表征采用*框架系统*的形式。这个表征由与视图相对应的各个框架组成，通过空间操作进行连接。此外，这样的框架系统在两个抽象层次上是有用的。首先，它用来表征一个特定物体的（可见和不可见）视觉特征。一旦这样一个框架系统被构建出来，当遇到与原始系统相似的其他对象时，它就可以被*再利用*。也就是说，这样的框架系统成为表征*一般立方体*的一种方式。这反过来又为我们提供了一种我们与新立方体交互方式的知识，包括要寻找什么样的信息，以及如何操纵对象来找到它。

因此，框架和框架系统必须具有指定的信息和变量的"槽"的组合，这些"槽"由对每个特定对象的探索来"填充"。这为基于框架的认知有机体提供了处理类似类型的新对象的有力工具。它可以搜索一个与新刺激匹配的框架，然后它可以有效地探索该刺激，寻找填充该框架指定的槽的信息（例如，新立方体的表面特征）。在这个过程中，可能会发现所选择的框架结构与新的刺激并不匹配，然后有机体要么找到另一个现有的框架，要么以新的刺激作为一个范例构建一个新的框架。

五、视觉想象

大多数人都能通过视觉想象物体（视觉想象的熟练程度似乎涵盖了相当大的范围，从那些显然根本没有视觉图像的人，到拥有极其生动的视觉图像，这些图像会明显影响视觉感知的人）。我可以画出一个物体，而且在这一过程中，我并不是简单地捕捉到一个快照图像。相反，我可以做一些事情，比如*旋转*我脑海中的图像，直觉地看到它看不见的侧面的形状（Shepard and Meltzer，1971；Shepard and Cooper，1982）。因此，至少有些类型的想象不仅涉及二维图像的心理等价物，而且涉及丰富的和可操作的物体三维模型。在一些标准化测试的空间推理练习中，许多读者对这一点并不陌生。在这些测试中，人们从一个角度呈现一幅复杂物体的图片，然后被要求从另一个角度判断它是什么样子。在视觉想象中，物体通常不具备视觉感知中所发现的所有视觉细节。例如，它们可能更像物体的线框模型，有边界和曲面，但表面上没有颜色或纹理等视觉细节。

视觉想象的这两个特征都可以通过心智包含类似框架系统的假设来解释，这些框架系统是让可见物体长久存储的模板。模板本身在本质上是*抽象的*，因为它们规定了一些但不是全部的视觉特征，我们可能会在单个物体中发现这些特征。这使得模板可以再次利用，并与感知分离。这种结构为我们提供了一些重要的能力。它们为视觉刺激的分类提供了模板，然后通过限制要解决的相关问题的搜索空间，模板高效地收集我们遇到的物体的信息。但是，它们也允许暂时离开推理对象。在实际感知中，我们可以推断出看不见的特征。即使在物体不在场的情况下，我们也能找出与它相关的东西，以及与它互动的方式（我记得在学大提琴的时候，我经常在想象中通过指法模式进行思考）。

六、社会互动和脚本

这种抽象的信息结构既利用了外界的感知，也利用了想象。例如，每个人都对社会情境和互动有一个了解。我们的一些实践和社会知识涉及对事件或行为的定型顺序的理解。例如，一个食谱涉及一组对象上的一系列操作，这些操作必须按一定的顺序执行。像在餐厅吃饭这样的社交场合，包括一系列标准的活动，比如被带到餐桌上、拿到菜单、从菜单中选择选项、按顺序摆放并消费、收到账单、付账单和小费。罗杰·尚克（Roger Schank）开发了一种特殊的称为*脚本*的框架结构来编码这种情境，他最著名的例子是餐厅脚本（图 4.7；Schank and Abelson，1977）。

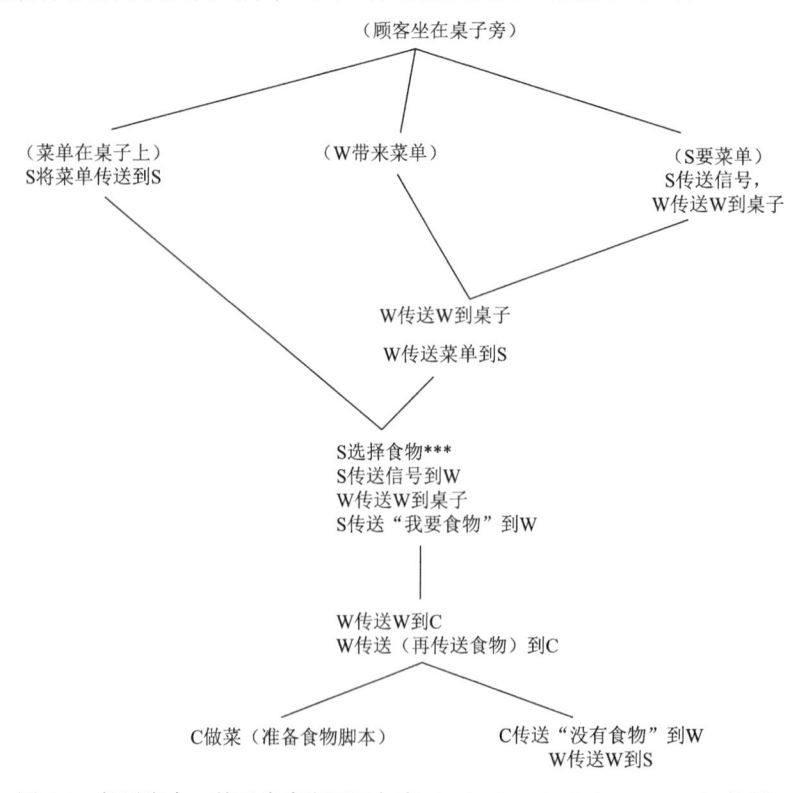

```
                    （顾客坐在桌子旁）
                   /        |        \
    （菜单在桌子上）   （W带来菜单）    （S要菜单）
    S将菜单传送到S                   S传送信号，
                                    W传送W到桌子
                   \        |        /
                       W传送W到桌子
                       W传送菜单到S
                            |
                       S选择食物***
                       S传送信号到W
                       W传送W到桌子
                       S传送"我要食物"到W
                            |
                       W传送W到C
                       W传送（再传送食物）到C
                       /              \
            C做菜（准备食物脚本）    C传送"没有食物"到W
                                    W传送W到S
```

图 4.7　餐厅脚本。基于尚克和阿贝尔森（Schank and Abelson，1977）的图。

七、对框架的反思

明斯基和尚克等知识论者致力于这一研究。他们既找寻机器复制人类能力的方式，又假设人类思维中这种能力如何可能。当然，这两个事业的成功标准是完全不同的。作为人工智能的项目，它们之所以成功，是因为它们赋予了机器特定类型的能力，而不管这是否以与人类相同的方式实现。作为认知科学的项目，它们之所以成功，是因为它们假设了人类（和其他物种）在心理和神经上的合理过程，而不管研究人员实际再造的模型有多接近真实的人类行为。

作为人工智能的一个项目，特定情境表征系统中的解释理解遇到了一个关键障碍。虽然像明斯基和尚克这样的研究人员通过算法技术，在严格限制情况下的模拟能力方面取得了一些成功，但是同样的技术似乎不适合复制我们评估情境的内容，不适合在新颖或复杂情况下选择一个框架，或者切换框架。（例如，如果大楼着火或另一桌食客噎住了，我们知道何时退出餐厅脚本。）一些作者，比如休伯特·德雷福斯（Hubert Dreyfus）（Dreyfus，1979），认为框架选择和相关性评估这一更广泛的任务不可以简化为算法。这不适合人工智能中的标准（算法）技术处理。对于一种形式的人工智能来说，这可能是一个重要的限制。但这不一定是认知科学的问题。如果像框架这样的知识结构存在于心智中，那么它们就不需要*是算法上可实现的*。即使它们是算法上可实现的，其他负责评估相关性的大脑过程也可能是非算法的。

明斯基似乎认为，必须有某种类型的知识结构在特定情境或特定领域的理解水平上是分块的，这显然是有道理的。人类的认知似乎在大量使用模型，这些模型将知识编码到特定的情境或领域中。这些需要抽象属性的表征，还需要特定情境来填充更多的"槽"。一个进一步且更令人怀疑的问题是，一个给定的*特定理论模型*如何表征一个特定领域的知识是不是一个好的模型。然而，框架给我的印象是，它为实证研究提供了一个有用和灵活的工具，其目的是明确情境理解需要涉及的内容。

假设有像框架这样的东西组织我们的理解，那么我们一定有很多这样的框架。但除此之外，我们通常会将其中几个框架应用于相同的情境。我面前桌子上的生日蛋糕，可能既是甜的又是方的。我欣赏这一艺术化的立方体。它像其他立方体一样旋转。我知道用叉子吃，是因为我懂礼仪。正如明斯基在他自己的例子中指出的那样，这种多框架的应用性在很多情境下都可以找到。

有时，在"解决问题"中，我们用两种或两种以上更复杂的描述来建立一种类比，或者对同一种情境应用两种*截然不同*的分析方法。对于难题，一个"问题空间"通常是不够的！冯·诺依曼（von Neumann）的引文[在明斯基的文章中介绍了这一部分]的语境中证明了量子力学的两个早期公式，海森堡的矩阵理论和薛定谔的波动力学，从希尔伯特空间的框架来看，它们在数学上是等价的。在这里，两个非常不同的结构描述被证明是相似的，但这只是从第三个视角来表征它们。

但我们不必借助数学来探寻这样的例子。在这种日常场景中，我们会发现同样的场景：假设你的汽车电池耗尽，你认为是缺电，并把责任归咎于发电机。

作为一个机械系统，发电机可以表征为一个带滑轮的转子，由发动机的皮带驱动。皮带是否完好无损？是否足够紧？从机械上看，输出是连接到蓄电池的电缆，电缆是否仍完好无损？螺栓是否拧紧？等等

从电学上看，发电机的转子被视为磁通连接线圈，电刷和换向器（在旧型号中）是电子开关，输出电流通过导体流出。

因此，我们在两个完全不同的框架系统中表征这种情境。在一种情境下，电枢是带滑轮的机械转子，另一种是在变化磁场中的导体。相同或类似的元素共享不同框架的终端，并且框架的转换只适用于其中的一些框架。（Minsky，1974）

这些框架将成为认知的一个重要方面。正如我们（和其他动物）能够通过各种感觉方式将一个物体的感知统一为对单个物体的感知那样，我们也能够通过多框架在某种意义上来思考一个物体、情境或主题是什么。这反过来又提出了跨框架推理和理解是如何可能的问题，多框架的使用是不是认知的一个*必要*特征，以及它是否会在我们的推理中引入任何不需要的人工制品。

第五节　心 理 模 型

苏格兰心理学家肯尼斯·克雷克（Kenneth Craik）主张，我们通过世界的"小比例模型"来理解并与世界互动。

如果有机体拥有一个外部现实的"小比例模型"和它自己大脑中可能的行动，它就会尝试各种选择，得出其中最好的选择，在未来情况出现之前对其做出反应，并利用过去事件的知识来处理现在和未来的事件，以更完备、更安全、更合适的方式应对面临的紧急情况。（Craik，1943：61）

克雷克因早逝而无法详细阐述这一观点，但其中一个关键因素似乎是，模型反映了它们作为模型的现象中的关系系统。虽然前面的引用可能暗示克雷克认为我们每个人都有一个单一的、完备的"外部现实"模型和我们自己可能的行为，

但其他段落暗示，不同领域存在不同模型。他对模型的描述更为笼统：

因此，我们所说的模型意指任何物理或化学系统，它与它所模拟的过程有着相似的关系结构。我所说的"关系结构"并不是指某个模糊的、关注模型的非物理实体，而是指一个物理工作模型，在任何时候在所考虑的方面，它以与它所平行的过程相同的方式工作。（Craik，1943：51）

而关于心理模型：

因此，我的假设是，思维模型或者类似于现实，它的本质特征不是"心智""自我""感觉数据"，也不是命题，而是符号主义，这种符号主义是我们在机械装置中所熟悉的，与有助于思考和计算的东西大体上是相同的。（Craik，1943：57）

这种"非命题符号主义"意味着什么都还不清楚，我们也许应该抵制诱惑，从计算性思维方法中解读"符号"这个词后来所具有的关联。约翰逊-莱尔德认为，维特根斯坦的图解或思想的同构观（isomorphism）与皮尔士的记号符号（iconic symbols）可能存在联系，后者通过结构上的相似性进行表征。然而，克雷克的兴趣似乎不在于语义学，而在于适应性认知：如果模型和它所模拟的系统之间的结构相似性很重要，那是因为这允许模型在离线认知中通过模拟或非命题推理作为它所建模的系统的心理替代物而发挥作用。克雷克认为，心理模型不仅包含世界特征的表征，而且包含我们自身行为的表征。这也高度暗示了这样一种观点，即这种模型可以弥合理论推理和实践推理之间的差距，并为理解提供基础。

"心理模型"语言，在克雷克死后和金特纳、史蒂文斯（Gentner and Stevens，1983）以及约翰逊-莱尔德（Johnson-Laird，1983）重新引入这个术语之间，沉寂了一段时间。只有像明斯基这样有自己技术术语的作者偶尔非正式地使用它。我不清楚框架和模型的一般概念之间是否有实质性的区别。最近一些"心理模型"的倡导者已经以几种不同的方式发展了这种隐喻。在认知心理学、人工智能、认知科学哲学和人机界面的探索中，"心理模型"的使用比"框架"更为广泛。由于这是我自己喜欢的术语，我将在第五章讨论基于模型的认知解释的范围。

第六节　超越中枢认知和模块认知

本章调查的例子对我们的心理世界有着广泛的影响。其范围是从我们最早的婴儿时期对世界的思考方式，到对物质世界和社会世界的常识性理解，再到我们最复杂的理解形式——科学理论。所有这些都涉及概念、信念和推理倾向。在每一种情况下，所涉及的概念、信念和推理模式都紧密地联系在一起，并集中在特定的内容域上。在这方面，每一种类型的理解都更接近于福多的模块化描述，而不是中枢认知。除了核心系统外，它们与福多的模块不同，它们都是学习的产物，在大多数情况下，可以通过进一步学习进行修改。而且，它们中许多并不是普遍的，甚至不是人类认知的典型：一方面，你需要特定类型的学习和特殊类型的社会背景来学习餐厅礼仪或牛顿力学；另一方面，一旦掌握了一定的专业知识，专业人士能产生直觉判断，其过程比通过逐步明确的推理更快，而且他们产生这种判断的过程在认知上是不可渗透的。

简言之，这些例子表明，理解看起来不具备一般的中枢认知特征。这是否意味着信念和理性的空间也是模块化的？这个问题的答案很大程度上取决于人们如何使用"模块"这个词。大众理论、科学理论、框架和模型显然不符合福多的模块化的所有标准。这需要一个更宽泛的模块化概念。曾经有一段时间，我被这种策略所吸引，试图对"模块性"的定义进行论证，并主张理解也是模块化的。然而，现在我认为这是错误的进路，原因有两个。第一个原因是，福多的定义在专业文献中已经深入人心，我们不妨承认这个词的定义。第二个原因也是更重要的原因是，如果人类的理解力从婴儿期到科学理论都具有许多本应是模块所特有的属性，那么模块化认知与中枢认知之间的区别似乎就不那么恰当或有用了。

更好的结论是，福多指派给模块的*一些*特征实际上是人类认知的更一般的特征。这些特征出现在深度渠化的认知系统和需要特殊学习的系统中，出现在不同发展阶段的系统中，出现在有意识访问和不可访问的系统中，出现在使用语言和不使用语言的系统中，出现在许多人类与非人类物种共享的系统中，出现在人类特有的系统中。我们需要超越模块化认知与中枢认知的分支框架，对不同认知系统的共同特征，以及它们对理解的影响进行解释。这并不要求我们否认存在着符合福多对模块的严格描述的系统，也不要求我们否认我们用语言进行思考（甚至在没有自然语言的情况下也可以用类语言的方式思考）。但是，这的确要求我们对一般认知，特别是理解如何通过大量使用领域大小的单元，我称之为"心理模型"，给出一个普遍的说明。关于这项任务，我将在下一章中展开。

第五章　认知多元主义

在第四章中，我们看到理解被组织成特定领域的、相对独立的、具有独特的表征系统和推理模式的单元。这种特征描述与认知"模块"的典型描述方式有很多共同之处。但是，这种特征是描述认知的更一般特征。我们将理解组织成为以领域为中心的单元，这些单元可以根据自己的原则半自主地运作，可以在本源的（nativistic）和高度封装的福多式知觉模块和非知觉系统中找到，可以在非感知认知系统（如核心知识系统）中找到（这种系统在发育早期就渠化了，可能是自然选择的产物），可以在语义网和框架中获得理解的组织中找到，也可以在我们最严格和最规范的理解形式的科学模型中找到。这似乎可能是这个理解架构的一个特征，即特定的理解模式是"本源的"还是习得的，是中性局部化的还是分布式的，是物种的典型性的还是依赖于个体的学习历史或驯化的。事实上，我主张这是理解架构的基本设计原则。

我们需要一个命名法，它既适用于这种认知架构的观点，也适用于它所假设的特定领域的理解单元。我将把我在这里支持的观点称为*认知多元主义*，并使用"心理模型"这一术语作为我们在模块、核心知识系统、大众理论、科学理论和明斯基框架中观察到的领域大小的理解单元的通称。在某种程度上，解决这个领域大小的理解单元的术语是一个选择问题，因为有几个明显的候选者，但没有一个是完美的，而且每个都有预先存在的用法："模型""模式""框架""架构""理论"。除非发明全新的术语，否则很容易产生与人们熟悉词汇的使用相混淆的风险。最后，我选择了"模型"，很大程度上是因为它比其他术语引起的问题和误解要少。心理学家之所以对"图式"犹豫不决，是因为他们的学科有著名的"图式理论"（Bartlett，1932）。明斯基关于框架的概念非常接近我所说的心理模型。明斯基的框架概念同样与一个特定理论有关，这个理论与强人工智能（假设心智实际上是一台计算机，心理过程是计算的）联系在一起，我不想赞同这种假设（实际上，我不认为明斯基的框架理论需要强人工智能的支持。但是，鉴于框架理论起源于这一语境，最终我决定不使用他的术语来避免可能的误解）。对"理论"这个词，我更倾向于把它作为科学中的一种特殊的认知形式。所以，我只剩下了

"模型"这个词。当然,术语"模型"有许多已有的用途,包括约翰逊-莱尔德(Johnson-Laird,1983)探索认知科学中的一个重要不同用途,逻辑中的一个哲学用法。我将在第九章中把模型的概念与其他已有的用途相联系。在第六章和第七章中,我将对"心理模型"进行更深入地发展。

心理模型是理解的基本单元,这一说法并不否认我们拥有一种更普遍的类语言思维形式。在这种类语言思维中,与不同领域相关的概念和信念可以通过句法结构和形式推理结合在一起。事实上,无法否认,即使你对我们的思维有多少是以类句子的形式出现的持怀疑态度,我们也无法回避这样一个事实:当我们用母语这样的自然语言思考时,这就是我们的思考方式。类语言思维和基于模型的思维各有千秋,相辅相成。模型为语义理解和直觉推理提供了基础,但每个模型只对其自身领域提供洞见。在我看来,语义理解和语义推理根本不是语言(或类语言思维)的一部分。我们的概念及其表达和推理的事物主要是我们拥有的模型的产物。不管它们的起源模型是什么,是否执行与内容相关的推理类型,语言都允许我们将它们结合起来。语言也使我们能够把我们的思想表达清楚,从而检验、测试和改进它们,不论是个人的还是人际辩证法的,都是这样。如果没有语言或类语言思维,人类认知的许多独特性都不可能实现。但是,如果没有模型,那么语言将基本上没有内容(我将在第十一章进一步阐述这些主题)。

第一节 什么是认知多元主义?

认知多元主义的基本论点是,心智运用多种特殊目的的模型来描述世界的各个部分、方面和特征,而不是①一个单一的、一致的、综合的模型,或者②一个更具体和独立的个人信念的长列表。如果一个"世界观"被解释为一个完备和一致的世界模型,那么就没有任何东西能与世界观的描述相吻合。但是,我们的理解同时也远比简单的信念清单更加系统,即使是碰巧凝聚成一个一致的信念。

首先是关于认知架构的主张:以领域为中心的心理模型是理解的基本单元,不同于信念或判断,并且不可还原。事实上,我认为,模型为概念和判断的语义属性提供了很多基础,也为倾向信念的心理现实解释提供了基础。这一点,以及语义学和认识论的其他含义,是第三部分的重点。在这里我关注的一个主要问题是,伴随大量不同心理模型发生的表征不统一性是否会给知识和理解统一的各种概念带来原则性问题。

认知多元主义核心的"多元性"主要是*表征的*多元性,表征的统一性否定了类型的"统一性"。认知多元主义是这样一个命题：我们理解世界的方式都是片面的、理想化的，都是在个体的表征系统中形成的，也许不能重构一个既完备又一致的单一表征系统。这些不同的表征系统与世界上的特定现象相适应，在与特定现象互动中，对实用的目标进行了较弱优化。其中一些表征系统是弱本源性的，并采取物种典型形式。其他的则是通过试错、社会学习和学习技术理论（如数学和科学）等过程获得的。获得的模型可能在个体之间以及在个体的一生中，都有很大的差异。通过它们，我们"三角测量"一个共同的实在，而没有建立一个完备和一致的世界观。

认知多元主义不必否定其他非表征性的认知统一性，如个人身份认同、统觉的先验统一性、个人意向状态或知觉格式塔的统一性，或通过逻辑和语言统一分离模型的能力。认知多元主义者也不必反对统一联合作为一种规范理想的方案。此外，虽然认知多元主义者认为，心理模型是一个基本的理解单元，与类语言思维的概念、判断和推理不同，也可能先于类语言思维，但它并不否认存在这种类语言的思维。这种独特的思维方式确实赋予了人类独特的思维能力，使之成为一种独特的语言。的确，在一个基于模型的架构中，类语言思维能力的增强赋予了明显而实质性的认知进步，这些进步在很大程度上构成了人类心智的独特之处。

第二节 模块和模型

我认为，多元认知架构可以在许多生物的、进化的和认知的层面上找到。在许多动物物种中，它被发现是一种设计原则，其形式是发育的渠化模块。这种模块化架构在神经结构更复杂的动物身上变得本源性更弱（即对发展变量和学习越来越开放），即使在人类中也是如此。在人类和许多其他物种中，多元架构在获取世界知识上有了新的转变，在以特定领域*习得模型*的形式与世界交互方面有了新的转变。*科学模型*是习得模型的一个特例，其特殊性在于它们组织化和最小化（而非消除）认知者的特征。在人类中，这种多元架构被逻辑和语言思维的特殊能力所补充，这使得源自模块化和基于模型的理解的概念与见解能够结合到领域通用的表征媒介中。然而，这个领域通用的媒介并没有因此成为一个普遍的和领域通用的超级模型。此外，对于人类而言，大量的习得模型是社会共享的或社会分布的，是通过语言和社会学习传播的。

我将把"模块"和"模型"的概念视为重叠的类别，根据不同的基础进行分类。如果一个认知系统是一个模块，那么它必须具有强或弱的本源性（即渠化）病因学（etiology），以及功能性和神经定位之间的物种典型关系［广泛理解为包括分布式定位（Anderson，2014）］。相比之下，我将把一个"模型"作为一个理解单元，该模型编码关于一个领域的系统关系信息，并在世界、有机体或有机体与世界之间界面的状态空间中，提供了表征特定状态的可能性（我在第六章、第七章中更详细地探讨了模型的本质）。在这个意义上的"模型"可以是本源的或学习的产物，因此一些模块也可以是模型。然而，对模块的进一步研究会得出这样的结论：它们驱动适应性反应，而不表征世界、有机体或两者之间界面的特征。因此，是否所有模块都是模型，这是一个经验和理论问题。（我为"模型"和"模块"这两个词在语音上的相似性而导致的语法分析困难深表歉意。不幸的是，每一个词似乎都是用来描述自己主题的最恰当的词。）

但是，我们可以将模块（包括那些也是模型的模块）与习得模型进行对比，无论*习得*模型是通过反复学习还是通过社会传播获得的。这有可能证明它们是一个连续统一体，而不是一个利落的分离体，因为弱本源结构通常需要通过经验进行训练。事实证明，在心理模型的形成过程中，是否会有一系列的学习方式，或者是否会有一条自然的分界线，这主要是一个经验问题。

第三节　模型和表征

对某物进行建模，必然是*以特定的方式*，使用特定的表征系统进行的。例如，经典力学用欧几里得度量为引力作用下的空间建模，而相对论力学则用洛伦兹度量为引力作用下的空间建模。一种地图使用墨卡托地图投影为地球表面建模，直线表征道路；而另一种地图使用极坐标投影，直线表征地形高度。费希纳（Fechner）用对数标度对心理物理数据进行建模；史蒂文斯（Stevens）使用幂函数。

一个模型的特点是：

- 对象的类型、属性、关系、事态和它建模的可供性。
- 用来为它们建模的表征系统。
- 它所建模的这些特点之间的操作或转换的集合。
- 由其表征系统产生的可能事态的表征空间。

例如，一个国际象棋游戏的模型必须有表征不同类型棋子的方法，棋盘上的位置空间、每一个棋子可能的移动、吃子，以及整个游戏状态。引力作用下的空间模型必须包含描述对象（物体）的资源、它们的相关属性（质量、位置、动量）以及控制它们引力动力学的规律。

一个模型是*适当的*。在一定程度上，这个模型的表征系统跟踪了它要模拟的现象的突出属性。适当性（aptness）不必是一个全有或全无的问题。经典的引力模型适应于为人类遇到的大多数情况下的引力结果建模，但不适应于相对论的情况。事实上，适当性可能有多个组成部分。它能涉及*对一系列数据的拟合和对计算等事物的适配性*。在低质量、低速度的情况下，经典模型在拟合适当性方面接近相对论模型，在计算简单性方面优于相对论模型。适当性是一个实用问题，而实用特点有多个维度。

第四节 表 征

表征的概念在哲学上有错综复杂的历史。事实上，在我的第一本书（Horst, 1996）中，我把计算主义的心智理论作为其使用表征概念的工作。本书的读者可能会感到惊讶，我在这里使用了一个表征的概念。然而，我在第一本书里担心的是，一个特别熟悉的表征概念正在被不合理地使用。计算主义者依赖于一种基于符号范式的表征概念。符号范式的例子，像书面语或口语中的符号，具有句法和语义属性。计算主义者认为，"意义"可以单独归因于自然语言和心理状态中的符号、思想语言的假设符号。然后，他们提出心理状态的意义可以用思想语言中符号的假设意义来解释。理由是，我们已经知道，符号（基于公共语言中的符号）是可以有意义的一类东西。

但是，心理状态是有意义的，这一观点不能通过公共语言符号的意义类型来解释，因为后者需要根据①公共语言的惯例和/或②其作者的意图和/或③听者的实际解释来实现。说一个话语或格言"意味着 X"只是在说它的常规解释、作者或说话人的意图，或者其读者或听者的解释。但是，这种"符号意义"的概念并不适合于心理状态的意义。在思想语言中假设符号的*这种*意义，然后用它来解释心理状态的意义，就是陷入循环和倒退。因为每个心理状态都需要用符号意义来解释，而每个符号的意义都需要用先前的心理状态来解释（关于这一论点的更长版本，见 Horst, 1996, 特别是第四章、第五章）。

虽然这种批评削弱了一种快速而简单地解释心理状态含义的方法，削弱了隐藏的心理状态与公共语言符号的过度同化，但是它绝不意味着表征概念在认知科学中没有重要的用途。然而，我们有必要尝试澄清与当前事态相关的"表征"和

"表征系统"的概念。

首先，我认为"表征"（动词）、"表征"（名词）及其同源词的主要形式是动词形式。也就是说，*将事物表征为这样或那样*。各种各样的*表征*都是由此衍生出来的。

1. 因此，最初意义上的"表征"是一种表征（事物是这样或那样）的行为[例如，"史密斯反对希尔对案件事实的表征（陈述）"]。

2. 在第二种意义上，我们可以把这种"如此这般"的表征所借助的载体称为"表征"。例如，我们把标记符号和图表称为表征。

3. 在某种程度上，载体的某些特征允许它系统地使用此类载体将事物表征为这样或那样，我们可以将术语"表征"应用于标记类型。（这种区分是必要的。因为某些类型的表征标记，例如潦草的图表，可能不属于表征类型，而其他类型，例如符号，通常属于表征性类型。）

我们可以使用"将事物表征为这样或那样"的概念，这样的概念如此广泛，以至于它既适用于交流的情景（A通过说出S句来向B表征事物是这样或那样的），也适用于纯粹心理的情景[A表征事物是这样或那样的（对于她自己而言），比如说，判断它们是这样或那样的]。我们应该注意到，"表征（动词）"和"表征（名词）"的概念，贯穿心理和意向的始终。这些"表征"概念只能适用于会思考的生物，以及它们作为思考和交流的辅助工具所采用的表征标记和类型。

但是，一个分类"表征"的广度将取决于我们对"思维"和"意向性"的理解有多广。我们是否应该将非语言动物的认知状态视为思维，将这种潜力视为表征？如果是的话，包括*哪些*非语言动物？黑猩猩？猫？蜥蜴？扁虫？正如我在其他地方所说的，我认为这里存在一些重大问题（Horst, 1996）。借鉴有意识的、可供推敲和推理的、可表达的范例，我们通过自己的心理世界的视角来构思"心理"。当我们决定（a）对没有意识、理性或语言的生物使用"心理的"和"表征的"之类的术语，或者（b）将这些术语限制在与我们相似的情况下时，就涉及一种术语的选择。我认为，我们有充分的理由来看待像"心理的"和"意向的"这样的用法。因为它们与意识、推理和语言密切相关，而且可能是构成性的。但是，在目前的工作中，我们关心的不是意识，也不是作为人类思维特征的推理或语言。更确切地说，它与认知有关。我们有充分的理由使用"认知"这个词，这样它就涵盖了非人类动物身上出现的进程，并强调人类和动物认知之间的连续性。

因此，我建议以一种规定性和技术性的方式来使用"表征"，在这种方式下，表征如此这般的存在是位于认知系统内部经济的事物，这一事物典型地是一个生物体。可能某些物种的认知能力太简单了，以至于我们无法合理地将表征概念应用到它们身上。同样，这种用法也可能自然地应用于某些非生物稳态或自生系统。但它只适用于*类似的*事物，如计算机模拟的认知，这种模拟的认知没有嵌入自我平衡的稳态设备中，在那些设备中"表征"发挥着适应功能，以保持其特有的存在形式。我强调，这是"表征"一词的技术性和规定性用法。

为了将事物表征为这样或那样，一个生物体需要两种类型的东西。第一个是*表征系统*；第二个是特定的表征，在*表征载体*的意义上，有机体通过这个载体将事物视为表征 A 而不是表征 B。可能的表征载体类型的空间是由表征系统生成的。表征系统由一些元素组成，这些元素具有追踪世界、生物体或其界面（即可供性）中不变因素的功能。以下这些可能包括它跟踪的资源：

- 对象种类或事件状态
- 对象属性
- 个体
- 关系
- 状态转换

一个表征系统可以包括其中一些元素而不包括其他元素。例如，一些有机体在感知中跟踪特定的对象，但在多次相遇后无法将它们重新识别为完全同一的物体，因此缺乏追踪个体所需的那种资源，而不是缺乏追踪种类-实例所需的那种资源。一个表征系统也可以包括一些类似的非语义机制，如逻辑连接词和模态运算符。（我所说的"非语义"是指它们不具有跟踪意义或指称的功能，当然它们有助于复杂表征的语义属性。）

让我们举一些不同水平的认知复杂性的例子。

*科学模型：*一个科学模型，如引力理论，可以被视为一个表征系统。从这个意义上说，它是一个系统，为表征和推理特定类型的事态提供资源。一个特定的引力模型会有一些特定的领域，如有质量的物体，并且引力模型会以某种特定的方式为它的对象建模，例如，点质量或者具有分布式质量的延展物体。它将跟踪诸如质量、形状和大小等特定特性，但不跟踪电荷或颜色等其他特性。它会采用一种特定的几何学（如欧几里得或洛伦兹）来定义一个可能的位置空间。它具有动力学定律，其功能是跟踪由于引力而随时间变化的状态。其他的科学模型会有不同的内部本体（如生物体）、不同的属性和关系（如亲属关系）和不同的动力原则（如选择原则）。

*常识模型：*一个社会情境的框架-类型模型，比如在餐厅里的行为，将有一个范畴，包括角色（顾客、服务员、主人）、菜单、菜肴、器具、家具、账单等。它的属性、关系和转换包括坐在桌子旁、点餐和付账单等内容。"动态原则"将

采取类似于尚克的脚本的形式，跟踪特定时间模式的状态和转变。

*感知模块中的模型：*感知中使用的模块，例如涉及颜色感知的 V4 层，也可以被视为表征系统。例如，一个颜色系统在视网膜主题图中产生一系列的颜色表征，跟踪视野内颜色特性的排列。这样的模型包含了单元的空间排列，具有内部的几何结构和拓扑结构，并且每个单元都能够由颜色实体为一系列状态建模。感知流的后部区域用来表征空间几何的区域，并提供了一个可以用几何规则描述的模型，几何规则用于表征空间中的物体。

表征系统为可能的标记表征（token representations）定义了一个可能性空间。一个特定的引力模型严格地定义了一种思考或谈论空间中物体随时间变化的位置、运动和动态相互作用的方法。这反过来又为描述一组特定的天体（如太阳和地球）提供了资源，以描述它们的位置、质量和惯性，以及用于计算其动力学的结果引力成分。餐厅脚本定义了脚本上可能发生的一系列事件和行动（以及关于它们的想法和话语）。这为描述、理解和恰当地在各种特定场合的就餐提供了资源。在这些场合中，不同的特定事情在脚本的限制下发生。V4 层的架构定义了一组可能的彩色环境的视觉表征，也许还有色彩体验。特定的色彩体验可以定位在这个空间上。一个关于引力情境的特定话语或判断，从这个可能空间中选择一种可能性。同样，对餐厅事件或彩色体验的判断、话语或感知也是如此。在某些情境下，表征标记会在最细精度的层次上发现一种可能性。例如，在任何时候，一个人的主观颜色数组具有完全确定的值。在另一些情境下，一个表征标记会缩小可能性空间，同时留下一些不确定的东西。例如，在一个特定的引力模型中描述太阳和地球，我们不必肯定或否认其他具有质量的物体的存在。尽管模型理论上允许无限精确地描述，但位置和质量的描述可以用一个有限的近似值来描述。

一些神经实现的表征系统，如那些参与调节自主神经过程和本体感觉系统的表征系统，具有追踪有机体内发生的事情的功能。其他模型，像物理模型，具有追踪世界上事物的功能，尽管有机体本身也可能被表征为世界上的一个物体。还有一些具有追踪可能性的功能，即与有机体相关的环境的显著特征。（像苍蝇等较简单生物的认知系统大多属于这种类型。同样地，人类的系统也可以用来追踪头部、眼睛和躯干的位置，用于定位世界上的事物并调节感知。）

虽然每一个表征系统都有其内在的范畴，但它们的"客观性"程度各不相同。我的意思是，在不同程度上，内在范畴是关于有机体自身制造的产物。例如，人类的颜色空间并不能精确地映射到电磁频率上，它在很大程度上受视网膜中人类锥状细胞和神经节细胞的特性的制约。这可能是进化史上形成的一种选择的产物，用来跟踪一组特定的视觉不变量，这些不变量与物种在其祖先或一系列这样的环境中的适应表现有关。在另一个极端情况中，当代物理学中物体和属性的范畴被精心地发展，以尽可能排除人类感知和认知的影响。物理学追踪物体具有的与我们如何感知或思考它们无关的属性。这样的"对象化"（objectification）从来都不是完全完整的，因为我们必须以某种特定的方式来思考对象，而可用的方法也受到我们认知架构的限制[例如，我们倾向于用具有离散属性的物体来看待世界，这可能是由于人类认知的一种深刻偏见。当我们转向量子现象时，这种偏见被证明是有问题的。即使我们对量子现象的描述也反映了人类通过隐喻转换从其他领域引入概念（例如"波"）的能力，人类心智适合处理这样的数学概念。但是，事实上，许多人似乎根本无法理解没有经典对象的系统。]

每一个表征系统都有自己的形式形态。在某些情况下，如物理学中的理论，形式形态是明确的，这就是由数学方程部分定义的系统。在其他情况下，它是不明确的，只有通过形式化的建模才能使其明确，比如计算心理学和计算神经科学中的研究。

有些表征系统可以被修改或替换，而其他的则不能。我们可以从大众物理学到经典物理学再到相对论和量子物理学，或者在相对论模型中调整引力常数。我们可以学习餐厅礼仪的新规则。但是，如果没有精确的（或生物化学）措施，我们可能无法调整主观色彩空间。事实上，即使当我们学习科学模型时，它们也只是在更严格的替代意义上取代我们的大众物理学，而不是在我们忘记了如何用大众物理术语来思考的意义上。

第五节　模型和理想化

模型是抽象的和理想化的。模型是（一般地，也许是普遍地）组成世界的某些特定的特征、对象、过程和事件的子集的模型。它从构成世界的大多数特征中抽象出来，只关注少数几个特征。这就赋予了对特定不变量的理解，无论是显性的还是隐性的情况下，这通常与一些语用目标一致。鉴于知觉和认知的事实，这种抽象是必要的。一方面，一个有机体必须通过传感过程获得有关世界的信息，而传感器只对特定类型的信息敏感。另一方面，认知加工能力有限，不适合立刻掌握一切信息。此外，通过采取特定的方式，并将其组织在更一般模式下，我们对复杂而混乱的世界中的各种秩序变得敏感起来。

理想化是一种特殊的抽象形式。我将使用"理想化"一词来描述抽象的类型，这些抽象的类型导致模型可能会以重要的方式错误地描述世界的实际情况。当然，理想化与特定范例的目标有关这一点是重要的。像我们在某些物理模型中将对象视为点质量所做的那样，这可能突出了某些问题，而弱化了其他问题。在其他地方（Horst，2007），我区分了几种类型的理想化：

• 搁置理想化：这些理想化忽略了现实世界中存在的特征。例如，引力模型搁置了电荷和风阻等其他力。大多数有质量的物体也会受到这些力的影响。因此，物体一般不会像引力模型所描述的那么精准地移动。餐厅脚本搁置了许多其他事实上可能发生在餐厅里的事，如噎住的顾客，或者火灾警报响起。

• 扭曲理想化：这些理想化是以不完全准确的方式对其主题领域进行建模。例如，将物体视为点质量，或使用不反映时空框架相对性曲率的经典引力模型。

• 有限近似：当数学上精确的模型应用于计算时，常数值通常被其有限近似值所取代。

第六节　审美情操的两种类型

因为模型（a）定义了一个表征载体的可能性空间，（b）是理想化的，所以我们必须谈论两种类型的审美情操（alethic virtues）[1]。一种应用于表征系统，另一种用于标记表征载体。一方面，我们可以评估一个模型在完成其任务方面有多好。经典引力对于某些类型的问题来说已经足够好了。但是，对于以相对论的速度运动的物体来说，它不是一个好的模型。笛卡儿对重力的理解是空气中粒子向下压的效果，这根本不是一个好的模型。一个人从丹尼那里学到的餐厅脚本，不足以模仿他在白金汉宫参加国宴时的流程。我将一个模型与它所模拟的现象之间的契合程度称为它的*适当性*。适当性通常是根据特定的案例或案例类别来判断的。

一个模型（或它的表征系统）定义了一个可能表征事物的空间。（因此，许多甚至所有关于事物是如何的表征都会在特定模型的语境下被构架起来。）正是对这种标记表征我们才使用了"真"和"假"这样的词。模型和表征系统（对特定的问题）是适当的还是不适当的。个别表征是（或至少能够是）真或假。当我们谈及像科学理论这样的东西为"真"时，我们真正的意思是它是*适当的*，或者说它是适当的*那个*主张是真实的主张。对真假的评价一般意味着：对于给定的模型和特定的目的而言，给定的事物状态表征是不是可用的最佳表征。此外，通常只有在模型提供的*一些*可用表征合格时，才是正常的。当一个特定模型提供的表征事物的标准方法*都不能*胜任任务时，我们通常会限定真的主张，或者指出需要一种更恰当的方式来描述情况。例如，当两个女人来到所罗门王面前，每个都声称自己是某个婴儿的母亲。鉴于她们对母性的共同理解，谁才是孩子的真正母亲这个问题只有一个真正的答案。但在当代的案例中，第一个女人提供了卵子，第二个女人提供了子宫，而且这两个女人都是在希望成为合法母亲的第三个女人的要求下这样做的，我们过去对母性关系的理解不足以解决这个问题。同样地，如果有人问，电子在轨道内的什么位置，那么在当代物理学中，这个问题再也不能无条件地回答了。

通常（也许总是如此），只有当人们确定了什么模式在起作用之后，才能评估一个主张的真实性。我们假设，史密斯目睹了一场交通事故，并证明轿车静止不动，是公共汽车撞上了它。在法庭上，如果对方律师指出，根据我们最好的物理模型，不存在绝对静止，因此轿车不可能静止不动，那么这将不算对史密斯证词的反驳。"静止"*意味着*什么取决于我们是采用一种常识模型，即相对于地球表面来判断运动，还是采用一种适合物理学和宇宙学的模型。常识模型是法官可能认为与交通法律有关的，而这很可能是史密斯在作证时想到的那种模型。

第七节　错误的类型

与真理评价的两个层次（适当性和真实性）相对应，有两种表征方式可能会出错。其中，一个错误涉及表征的标记，该表征不是最佳匹配，它在可操作范围内可用，以追踪它要追踪的功能。当被要求给出 π 的值时，我说它是 17。或者说，我既知道牛又知道马，把牛误认为马。这也许是因为光线不好。或者我说，错觉图形中的两条线长度相等，但它们的长度是不同的。在这种情况下，这种表征是错误的。

但是，还有另一种情况，在这种情况下，一个给定的模型根本没有足够的资源来产生一个适当的表征。也许，我缺乏（而且可能无法掌握）一个能够这样做的模型。例如，我只能得到 π 值的有限近似值，但是完全精确地表征需要无限的十进制序列。或者，我的主观动物学范畴区分了牛和马，但并没有扩展到区分不同品种的牛，所以我无法识别这头牛是泽西牛还是黑安格斯牛。或者，我发现自己无法用经典物体的概念来表征世界，发现量子力学的问题和模型是深不可测的。

这两种类型的错误都是*强迫的错误*，即无法避免的错误。如果我没有一个能够适当地表征情境的表征系统，我就不能适当地表征它。如果我不能拥有这样一个表征系统（比如说，我不能表征一个无限的十进制序列），那么这个错误是*强*

强迫的。如果我没有这样一个表征系统，但可以学习一个，那么这个错误是*弱*强迫的。第一类错误，即导致*错误*判断的错误，也可能是强迫的。例如，在标准的视觉错觉中，像缪勒-莱尔错觉，其中有两条相等的线段，由于以向内和向外的箭头终止而看上去不相等，问题不是我不能表征等长的线段，而是我的视觉系统是以特定方式连接起来的，*这种*类型的刺激系统产生对相对长度的错误表征，而且这种错误表征的产生是封闭的，在认知上是不可渗透的。这个错误*对于系统来说*是强迫的，对于*我来说，当我只使用那个系统时才是强迫的*。但是对于我来说，它又不是强迫的，因为我还可以通过其他方式评估长度。（这是拥有多个模型可以帮助我们更好地掌握世界的几种方法之一。）

第八节　知识和理解

　　一方面是模型及其表征系统之间的区分，另一方面是模型与标记表征载体之间的区分，这两方面进一步区分了不同类型的审美情操（分别是适当性和真理）和相应类型的错误。区分对世界的认识论上的把握也是有用的，这来自两方面：一方面，发生的认知状态是单一表征的认识"大小"，即句子大小；而另一方面，发生的认知状态是由一组特征的系统模型提供的。

　　我把表征大小或命题大小的单元称为*判断*或*信念*和（适当情况下）*知识*，而模型大小的单元（当它们适合时）称为*理解*。这种用法再一次是规定性的。这些术语都是几个世纪以来哲学家们以各种技术方式使用的术语（如果我们把希腊语和拉丁语中对应的词计算在内的话，也有几千年的历史了）。我倾向于将"信念"和"知识"这两个术语应用于命题大小的单元，这在很大程度上受到了近代认识论的影响，这种认识论将单个命题或命题内容视为信念和知识的单元。（如果有人遵循古代、中世纪或早期现代的用法，那么"知识"可能会对应于不同大小的单元。）事实上，许多融贯主义者也使用确证的真信念这一表达来计算知识，尽管他们称这样的"确证"（justification）是整体论的。但是，无论是融贯主义者还是基础主义者，当他们转向给予确证性或正当性时，他们都会寻求更系统的东西。我们还不能评价认知多元主义对确证问题的影响。但是，模型明确地提供了一种与认识论问题相关的认识单元，其中基本单元既不像单个命题那么碎小，也不像整个认知网络那么整体，而是模型大小的。由于对模型的掌握，我们能够对一个领域进行许多推理，所以使用*理解*这个词似乎是恰当的。

第九节 展　　望

在第二部分的章节中,我将对认知多元主义进行简要介绍。首先,我将对一般的模型和特殊的心理模型的概念进行更协调的直觉发展,然后,观察心理模型之间的关系。第二部分以两章为结论,考虑为什么使用大量心智模型的认知架构是发展智能生物体的好策略,以及心智模型如何与心智的其他能力相关,特别是与公共语言和类语言思维的方式相关。第三部分则转向认知多元主义对理解、直觉推理、认知错觉、认识论和语义学的统一的启示。

第二部分
模型与理解

第六章 模 型

认知多元主义的一个重要论题是，理解分析的基本单元是*心理模型*。第五章概述了我所说的心理模型及其在认知多元主义中的作用：模型是理想化的领域大小的理解单位，每个模型都有自己表征其内容域的对象、属性、关系、事件和过程的内部范畴，以及它自己关于这些性质和变换的推理规则。也许一些读者会发现，这些清晰的、直觉上可能的主张，它们最初是以这种形式呈现的。但是，心理模型的概念可能还需要更仔细地解释，这不仅是因为它对认知多元主义如此重要，而且因为我要发展的这个概念很容易与其他同名概念混淆。

在过去三十年左右的时间里，基于模型的理论在认知科学和科学哲学中越来越受欢迎，尽管它们对哲学的其他领域，包括心智哲学的影响很小。这些理论的倡导者都同意一件事，那就是"模型"和"心理模型"在不同的文献中有许多不同的用法。其中，有些与我的观点大不相同，有些与我的观点大致相同，有些根据我的标准，可以算作模型的*类型*，或者是关于模型在人类认知结构中*实现的*狭义理论。

因此，基于一些理由，更有条理地探讨心理模型的相关概念似乎是谨慎的。我将尝试直观地发展这个观点。首先，在本章中审视被称为"模型"的几个常见实例。然后，在下一章继续研究具体的心理模型。在本章中的实例，我们可以称之为*外部*模型：比例模型、地图、蓝图、计算机流程图和计算机模型。这些将被用来说明我所认为的模型和建模的重要特征，并将作为直觉泵，来说明将某一事物称为心理模型的含义。在第八章中，我将探讨心理模型的概念与"模型"一词的其他用法之间的关系。

第一节 比例模型（目标域、理想化和适当性）

我们都曾与这样或那样的比例模型互动过，从儿童玩具到化学课堂上使用的分子模型。重要的是，比例模型的典型特征是其在结构上与它们作为模型的东西相似，我们可以称之为模型的*目标*。1964 年的福特野马模型与 1964 年真正的福特野马有着几乎相同的形状和比例，只是小得多。在这些模型中，相似性仅限于表面轮廓，也许还有颜色。其他模型车可能会在微型车上复制其他特征：车门、行李箱、可开合的发动机盖、可旋转的方向盘和可转动的车轮等。非常精细的模型甚至可以由与真实汽车相匹配的部件组成，包括形状像发动机、催化转化器、支柱和横梁等的小部件。有些模型车可能有动力，这样模型就可以靠自己的动力运动。

但是，其他许多特性当然不会被模型化。即使是一辆有动力的模型车也使用电池（形状和相对大小不同于汽车电池），而不是使用微型内燃机；零件通常不是由相同的材料制成的，所以平衡和尺寸重量比会有所不同；等等。在为不同目的而设计的模型中，这些特性中的一些也可能被模型化。设计汽车或飞机的工程师会先建立一个比例模型，然后用它来测试风阻和稳定性等性能。如果一个模型用于这样的目的，与儿童玩具相比，它需要对目标的更多属性进行建模。设计这些模型也不同于生产汽车的模型或飞机的模型，因为它们通常是在目标*前*制造的。

比例模型也用于科学和科学课堂。例如，有一些工具可以用来建立分子模型，用不同大小和颜色的球来做原子，用棍子来做化学键。它们被用来大致地模拟分子的几何构型。因此，学生和研究人员都可以理解所建模分子的结构特性，并探索在结构上可能存在的分子构型。它们是真实事物的易感知和易理解的替代物，实现了启发性、解释性和预测性的功能。当然，模型元素与目标之间的一些关系纯粹是遵循惯例的，例如，表征碳原子的球可能是黑色的，表征氢原子的球可能是红色的，等等，而原子本身根本就没有颜色。球之间的比例可能与原子之间的大小不匹配，原子本身不是带有孔的均质球体，而化学键也不是物理固体。建模工具只提供它用于模型化分子的一组属性——物理的、结构的和几何的，而这些只是粗略的特性。

一、理想化

无论模型多么逼真，它都只是对目标系统的一个子集进行建模（如果它*真的*像 64 年的福特野马，那它就是真的福特野马，或者是一个工作的原型机，或者是一个复制品，而不是一个模型。如果我们用碳、氢和氧原子来构建与甲醇同构的东西，那么我们就是在构建一个甲醇的实际分子，而不是一个模型）。在这个意义上，我们可以说，模型是*理想化*的。它们具有与所建模的系统某些元素相对应的元素，并允许有与目标系统的某些特性相对应的关系和转换，而其他属性则不同。我们可以使用这些模型作为真实事物的替代品，以达到各种目的。但是，它们能有效地用于什么目的取决于哪些特征被建模。因此，要有效地使用这个模型，就必须了解它是如何被理想化的，它忠实地再现了什么。一个比例良好的火车模型可以提供有关发动机和尾座相应比例的信息，但不能用来准确预测火车在碰撞中的结构完整性。一个有机分子的课堂模型可以提供关于它的形状和它能与什么结合的信息，但不能提供关于真实分子的化学键是如何形成或断裂的信息。

二、适当性

我们需要一个术语来描述一个模型是否适合作为给定任务中真实事物的替代品。如第五章所述，我将此称为一个模型的*适当性*。适当性总是与目的有关。火车模型适合于模拟一些特性（如外观和比例），但不适合于模拟结构完整性之类的特性。一个分子的课堂模型适合于模拟分子的大致几何结构等特征，以及用于确定什么样的分子构型是可能的，但不适合于模拟其他特征，如化学键的性质或强度。实际上，模型本身可能允许目标系统中不可能的配置或转换，或者禁止真正可能的配置或转换。例如，用棍子连接两个球是可能的，以此表征分子间的特殊联系，但事实上分子不能这样连接。这是对模型适当性的一个限制，也是对它可能适用的目的的限制。如果使用者理解这些限制，那么相当于进一步将模型理想化。但是，如果使用者不知道潜在的问题，那么模型可能会误表征所建模的内容。事实上，如果模型构建得不好，那么它可能强制误表征所建模的内容。

三、多模型与不可通约性

当然，同一类型的物体可以有多个比例模型。例如，火车模型由不同的比例定义，产生不同的轨距尺寸。工程师设计的汽车或飞机模型与玩具模型不同。两个为分子建模的工具可以是不同的大小，使用不同的材料，使用不同的习惯颜色，以及使用不同类型的连接。从同一类型的两个模型（例如，两个HO-比例火车模型[①]或使用同一工具的两个有机分子模型）获得的信息，将提供关于比较（一个引擎比另一个长）或组合（两个分子可以或不可以组合成一个更大的分子）的信息。但是，不同类型的模型的使用更为复杂。人们不能用一个HO-比例的模型和另一个O-比例的模型来直接比较两辆火车引擎的长度，尽管如果知道每个模型的比例，人们可以通过使用模型、测量和应用代数计算来计算和比较原件的尺寸。用不同工具构建的模型分子可以执行一些类型的比较（几何结构、碳原子的数量），

[①] 在火车模型比例中，HO 代表 1∶87，HO 比例在火车模型中是最常见的比例——译者注。

但不允许模型用于其他目的。两个模型未能组合成一个更大的分子模型,可能是因为不同的大小或连接体不匹配,而且这不能告诉我们是否存在化学结合的可能性;或者说,如果连接体偶然结合在一起,那么它们这样结合的方式可能与实际的物理可能性不符。如果组件具有不同的比例,那么生成的模型的几何样式是不正确的。组合的模型类型之间的不匹配可能因此导致伪制品。两个模型可能在它们实际上无法组合的意义上是不可通约的。

第二节 地 图

作为*测量*模型,比例模型具有目标的物理维度和几何比例。人们也可以有物理环境的比例模型(例如,人们用模型士兵重现历史战争,通常会建立他们重演的战争地形的比例模型)甚至整个地球(地球仪)。然而,更多的时候,我们使用一种不同的模型来表征地理信息:地图。或者也许更好,正如我们将看到的,我们使用*各种类型的*地图。尽管地图作为一个类别,具有广泛地理特征的二维表征,但它们有着令人困惑的多样性。我们可以从两个变量的角度对多样性进行排序:地图表征*什么*特征,以及地图*如何*表征它们。

一、表征系统和用途

观察图 6.1 至图 6.4 中的地图,所有这些地图都大致地表征波士顿及其周边地区的相同地理区域。第一张地图是按比例绘制的道路和轻轨线路地图。这里的地图是灰色比例的。但在其原始形式中,地图使用特定的惯例颜色来表征土地、水、道路和波士顿地铁(MBTA)的每条列车线。它还为次要道路使用纯文本*标签*,州和联邦公路使用特殊的常规符号。这样的地图提供了测量波士顿各个点之间的距离(至少粗略地)的能力,无论是通过特定的道路上,还是在乌鸦飞行的时候。如果地图显示一些道路是单向的,那么它让使用者绘制驾驶路线(在波士顿生活过,我可以保证一个事实,那座城市的街道地图如果*没有*这样的指示,那么开车去那里基本上是没用的)。它让人非常容易地看到地铁可以到达的站点,并规划涉及换乘地铁的轨道路线。

第二张地图(图 6.2)与第一张地图非常相似。它再现了城市和地铁线的粗略空间特征,但不包括主要公路以外的街道。它确实注意到有记录的地铁站,第一张地图只显示了几个主要的站点,而没有标记这些站点。人们已经知道车站在哪里，或者知道目的地的车站名称，但不知道如何到达那里。这种地图是为已经知道车站位置的人在铁路导航中使用的。正是因为地图忽略了其他信息，所以一个人如果不需要这些其他信息，那么使用起来就更容易了。另外，如果需要确定哪一个车站离已知的街道交叉口最近，则该方法就没有那么有用了。

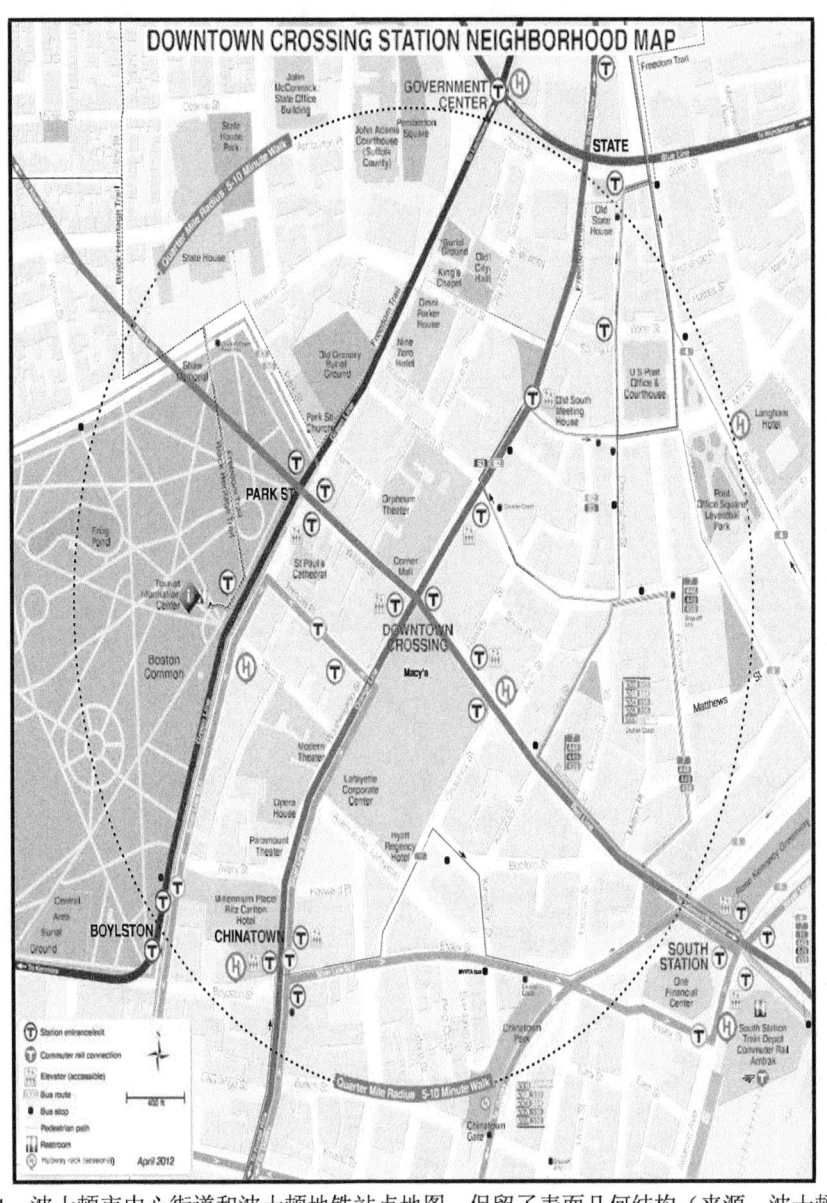

图 6.1 波士顿市中心街道和波士顿地铁站点地图，保留了表面几何结构（来源：波士顿马萨诸塞州海湾交通管理局，2012 年 4 月）

图 6.2　波士顿地铁网络地图，保留大致的地面几何图形，没有街道。（来源：波士顿马萨诸塞州海湾交通管理局，2009 年 10 月）

第三张地图（图 6.3）是我在波士顿时，在地铁上看到的地图的更新版本。它没有保留车站之间的空间关系。列车线（在原版中）和以前一样用不同的颜色表征，而站点用标记的点表征。但是，这些线路并没有保留南北和东西方向路线的几何特性，也没有保留站点之间的相对距离。地图*拓扑地*而不是几何地表征地铁系统。这实际上是以一种优雅的方式来呈现快速确定如何从一个地铁站到另一个地铁站所需的信息。在乘地铁旅行时，人们实际上需要*拓扑地*考虑问题。

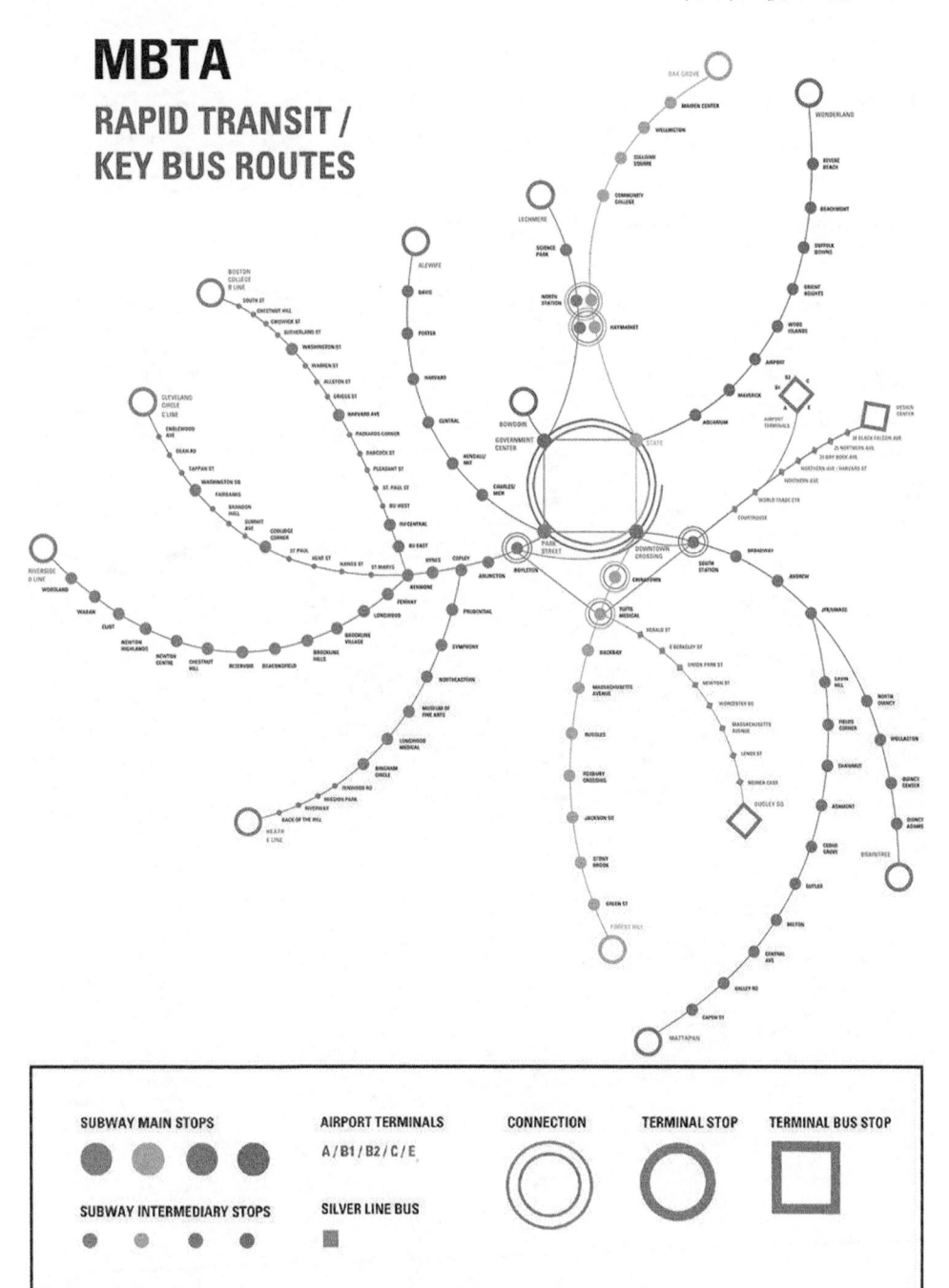

图 6.3　波士顿地铁系统拓扑图。（©曼莎·哈瓦斯（Samantha Havas）通讯社，2012，经许可使用）

第四张地图（图6.4）是波士顿有限地区的等高线地形图。它用特殊颜色的线表征等高线标高，用颜色标记地形类型，用标签标记地标。地形图对于从二维地图的图景重建三维特征特别有用。虽然它们的使用是一种后天习得的技能，但它们有助于确定人们所处环境的方向，并计算与海拔有关的可供性，如路线的陡度、无线电和微波塔的最佳位置，以及水流的模式。

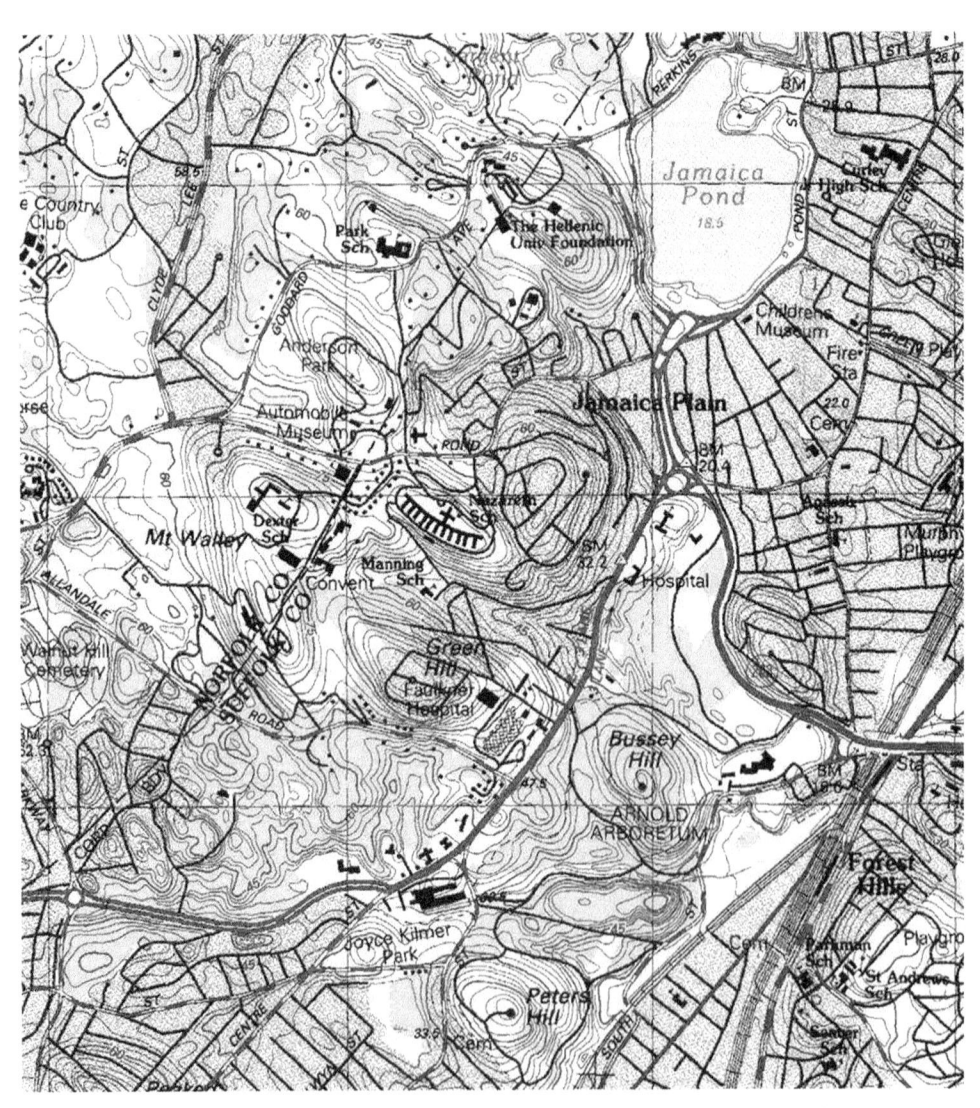

图6.4 波士顿牙买加平原地区地形图。（来源：美国地质勘探局信息）

这四张地图中的每一张都表征了它所建模的区域的某些特征，并将其从其他地图中抽象出来。只是所建模的*东西*因地图而异，选择包含哪些内容和忽略哪些内容，对于每个地图恰当地使用的目的而言，都会产生影响。事实上，可以肯定的是，每一张地图都是精心设计的，都有一套特定的实际用途。地图制作者则试图优化每一张地图，以便在一组特定的任务中使用。司机、地铁乘客、越野徒步旅行者和城市规划师所需的信息种类不尽相同。通过从地图中排除所有不必要的信息，我们可以最容易地获得给定类型的信息。

现在考虑第二组地图（墨卡托地图投影和正弦投影图）。这两张都是地球表面的地图。它们最明显的区别在于将球体表面投影到平面上的方法。球体的表面不可能简单地平铺到平面上而不变形。我们必须要么拉伸它，要么在它身上做切口，要么两者兼而有之。墨卡托地图投影是拉伸球体表面的结果。墨卡托地图投影会生成一个矩形地图（或者更准确地说，是圆柱体弯曲部分的曲面，它被展平到一个矩形平面上），其中每条纬度线都等长，从左向右延伸。不同的纬度线实际上在球体表面的长度不同，这会导致几何畸变。墨卡托地图投影不能直接用于计算距离（沿南北轴除外）或面积。但是，墨卡托地图投影确实保留了地球上除地图边缘的点之外的所有其他点间的连续关系。此外，它对航海也很有用，因为它使人们很容易绘制出恒定的路线，即所谓的铅垂线。

正弦投影图基本上是通过将地球表面切片而不是拉伸来保持地球上各区域的比例。它产生了一个图形，该图形有许多不连续的地方，很难定向，违反直觉。正弦投影会扭曲两点之间的距离测量值，但位于同一平行线上的点除外。然而，对于保存区域信息，正弦投影比墨卡托地图投影有优势。

这些例子表明，像地图这样的模型有许多不同的方式来表征其主题，但每种方式都必须以某种特定的方法来表征。没有投影*既是*墨卡托地图投影又是正弦投影。人们所做的选择将会对哪些信息被保留、排除或扭曲产生影响，从而使一些信息可以可靠地从模型中提取出来。拓扑轨道地图剔除了有关地面几何和大小的所有信息。墨卡托地图投影和正弦投影包含这些信息，但形式不同。人们需要有一套技术从一个特定类型的地图上读取信息，并使之适合于该地图。当面对地球表面小区域的大比例尺的地图时，如大都会波士顿，许多制图技术将产生保真度高的距离信息的地图。人们可以通过测量地图上的距离来计算真实世界的距离。（如果知道使用什么类型的投影，可以用更复杂的方式计算更大的距离。）同样的技术在拓扑图上不起作用。

二、模型之间的关系：不可通约性与组合性

表征系统的差异也会影响不同地图的信息组合。如果地图具有相同的投影系统和比例，则可以将一个地图的透明度放在另一个地图上，以直观地结合信息。但是，这不适用于几何街道地图和拓扑地铁地图。事实上，没有铁路或车站位置指示的街道地图和没有街道位置指示的拓扑轨道地图，在没有附加信息（如独立的火车站位置信息）的情况下，不能组合在一起规划旅程。同样，具有不同比例或投影方法的地图需要更多这些变量的知识。如果要成功地组合这些地图的信息，那么我们需要知道如何在它们之间进行转换。不遵守这些限制会导致错误。

第三节 蓝 图

建筑架构蓝图与地图有很多共同之处。它们都是三维物理现象的二维表征，都通常按比例绘制。因此，至少在水平轴上，蓝图中的几何关系通常反映建筑中的类似关系。当然，蓝图通常是在建筑物建成前绘制的，而地图通常是用来描绘已有的地理特征的。但也不尽如此：人们可以绘制已有建筑物的蓝图，规划师可以绘制尚未建成的城市和道路系统的地图。

与地图一样，建筑蓝图使用特殊的符号来标注其领域的标准元素：门、窗、电线、照明、管道等（图 6.5）。它们还可以指示电器和家具的位置。与标记墙的图线不同，这些传统符号并不总是反映它们所表征特征的几何图形。例如，电源插座的符号与其所在的墙的表征相比，插座符号按比例大于墙上的实际插座。门符号中使用的圆弧表征门的打开方向，而门不是弯曲的物体。同样，用于指示材质（木材、金属）的不同着色图案不是物体在空间上的精确表征，而是表征所用材质的惯例。

蓝图，像地图一样，使用标签。但它们也使用了一种特殊的标签，这种标签并不一定能在地图上找到：指示尺寸的标签。实际上，虽然蓝图一般是保持几何比例的绘制图，但它们不一定以这种方式绘制。标注尺寸和特征的手绘草图也包含建筑师和建设者所需的信息。

现在很多建筑设计都是用计算机辅助设计（CAD）软件完成的（图 6.6 和图 6.7）。这些程序使用的"深层"表征系统通常无法用于用户，但用户可以通过许多不同的"视图"与表征进行交互。例如，蓝图视图（可以使布线和尺寸等不同特性可见或不可见）、线框视图（描绘没有表面特征的轮廓的三维特

征)、渲染视图(添加了纹理、材质和颜色等表面特征,以模拟建筑物在特定有利位置的外观)。然而,建筑师或建设者必须根据蓝图构建三维结构及其外观的心理模型,而 CAD 软件则生成三维表征和二维视图,其中包含或抽象出不同的特征。

任何给定生产–模型的建筑架构软件程序都使用一些专有的表征系统,并且在一个程序中设计的规划可能无法被另一个程序读取。然而,这些程序通常基于一些更通用的 CAD 惯例集合,它们的数据类型和算法是更通用的 CAD 惯例的超集(superset),这就像其他程序中的算法集合可能是打包编程环境中包含的算法的超集一样。因此,特定 CAD 程序的建模语言是更通用的 CAD 惯例的一种特例,其特点是其特定的数据类型和算法。

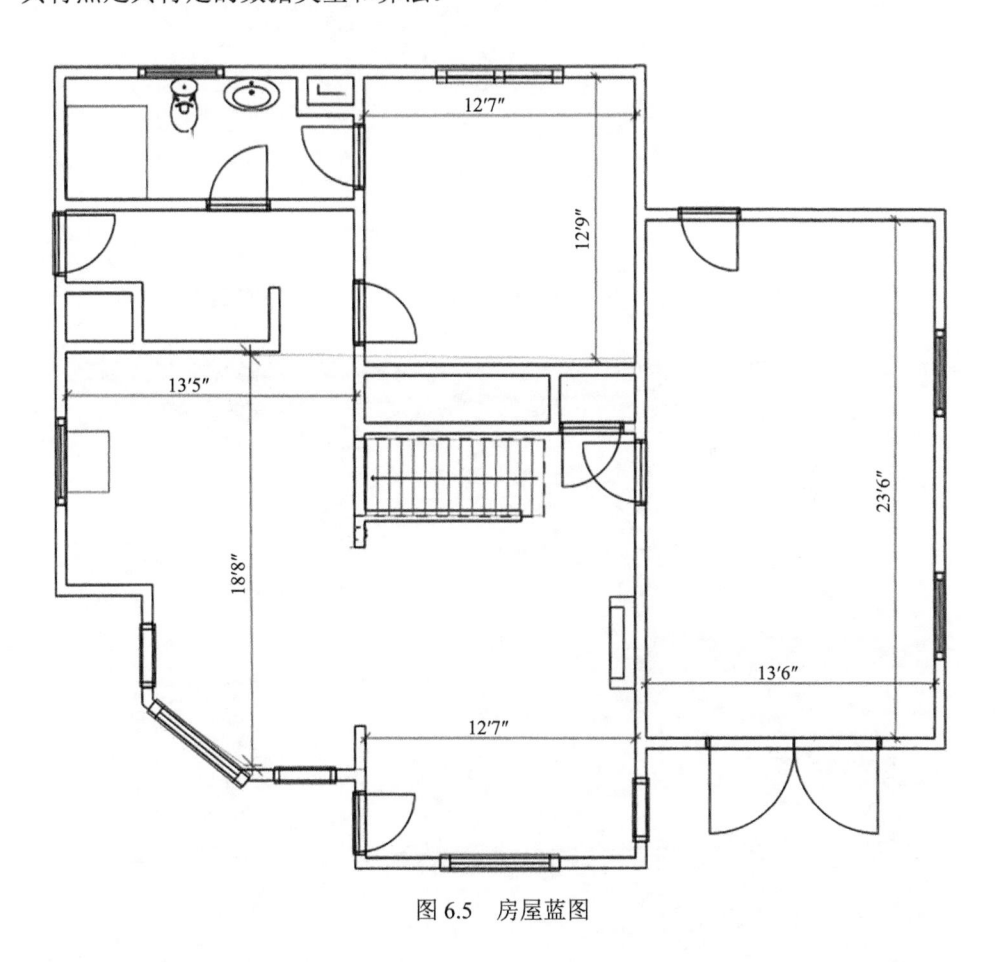

图 6.5 房屋蓝图

·90· 认知多元主义

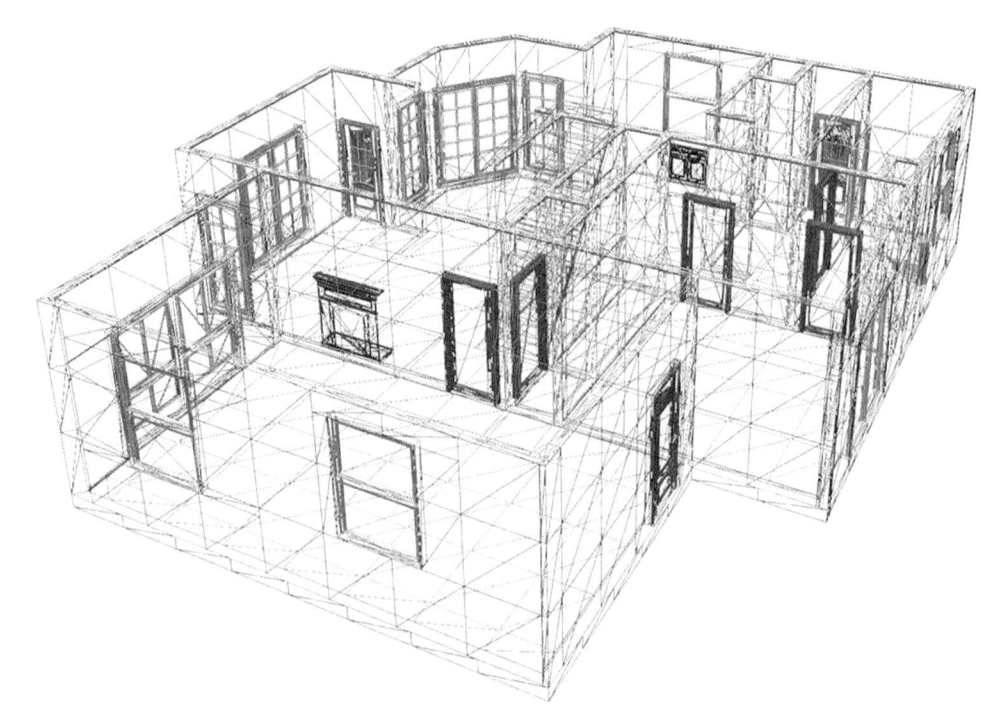

图 6.6　作者（史蒂文·霍斯特）利用 CAD 软件生成了房屋的线框视图

图 6.7　作者（史蒂文·霍斯特）用 CAD 软件生成的房屋渲染图

第四节　程序代码和流程图

在程序设计和工程中，过程通常用流程图建模（图 6.8）。这些是功能定义过程的二维表征及它们之间的关系。这些关系既有逻辑性又有动态性。它们是动态的，因为流程图中的箭头表征按时间顺序进行处理。它们是合乎逻辑的，因为流程图包括分支点，程序的实际行为取决于特定的条件，用布尔术语来理解。例如，在程序的某个特定位置，如果变量 V 的值为正值，则该值可能会显示在屏幕上，但如果该值为负值，则可以先将其乘以-1，然后再显示出来。

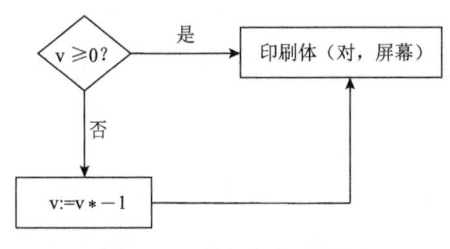

图 6.8　计算机程序流程图

这种操作也可以用程序代码以非语法方式表征。例如，可以这样表征这种操作：

```
IF（v>0）（如果 v>0）
    PRINT（v,screen）印刷体（对，屏幕）
ELSE（否则）
    v:= v*（-1）
    PRINT（v,screen）印刷体（对，屏幕）
END IF（判断结束）
```

一、格式与执行

相同的操作可以用各种通用编程语言或给定计算机的机器语言来表征。而且该程序可以以无限的方式被*执行*，就像尽可能多地使用支持操作的硬件和软件变体的方式。因此，"程序"的概念被理想化了，脱离了其可能的执行方式。当一个程序被设计得很好并被明智地使用时，理想化就不重要了。然而，执行有时会很重要。例如，在一种程序设计语言中，像加法这样的运算（或者我们想用它的计算机模拟）可以应用的值域是开放的。但在任何实际执行中，对可表征的序数有一个限制（例如，2^{32} 或 2^{64}），如果超过了这个序数，那么不同的硬件和操作系统可能会表现出不同的行为。

二、生成性

软件动力学的流程图或编码语言表征也可以用第二种方式理想化：程序本身就是一组潜在的真实事件。例如，你每次使用字处理器时，字处理程序*实际执行*的操作都会不同，因为你输入的符号不同，执行的编辑操作也不同，等等。但*程序本身*没有改变。

流程图和程序代码都可能涉及多个抽象层次。例如，程序的高级流程图可能用一个方框表征复杂的算法。但是你也可以在这个方框里画出操作流程。类似地，代码通常是"模块化的"。一个重复使用的算法只需在源代码中编写并命名一次。然后，在进一步的代码中，使用该名称来"调用"该算法，而无须重新生成代码行。（即使是最低级的编程语言操作，也通常由解释器或编译器翻译成一系列指令到处理器芯片。程序员可能对其正在编程的硬件的机器语言一无所知。）

第五节　计算机模型

计算机程序也可以用作非计算过程的模型。例如，晚间天气报告可能会显示第二天或下周的天气图。这些是由模拟气象现象的程序产生的，并且该程序对它们可能的演变产生预测性模拟。例如，如何跟踪风暴，或者碰撞的锋面将如何产生大风和降水。计算神经科学、人工智能和认知心理学的研究人员使用程序来测试有关神经和认知现象的机制假设。经济学家们用计算机模拟各种可能的经济后果，例如降低最优惠贷款利率或改变石油供应。

为了建立这样一个程序，我们必须从一系列假设开始。假设哪些对象、属性、关系和过程与要建模的真实世界现象的动态相关。然后，我们为这些变量创建计算替身，其形式为数据结构和算法，旨在反映内容领域的相关属性。例如，一个台球碰撞的模型，需要对球台的尺寸，以及球的位置、尺寸和动量进行一些表征；而一个复杂的模型可能会表征出更多的因素，如球和桌边的弹性系数及台面的摩擦系数。它还需要计算轨迹时间的量化表征的算法，如摩擦的影响、碰撞定律。这样一个模型在许多方面是理想化的。真正的台球桌的表面不是绝对规则的。一阵风可能会影响现实世界中击球的运动，或者有人可能会干扰比赛中运动的球。这个程序可能无法建模自旋效应（"英语"）或许多物体引力变量的混沌效应（我听说过这种观点，它主张在相当小的碰撞次数下可以产生宏观效应）。它也可能没有准备好处理高强度碰撞中的变化，在这种碰撞中，球的结构特征变得很重要，因为它们可能在冲击下显著变形，或者事实上失去了结构完整性。这些特征也与科学模型本身有关。而这种计算机模型最终是以科学模型为基础的。

第六节　模型特点

　　模型是认知工具，允许人们随时理解它们所建模*的*对象或系统的某些特征。模型可以被分析成与目标系统的各种特性相对应的部分或方面：对象、属性、关系、过程和转换。因此，它们提供了一种表征这些特征并对其进行推理的方法。模型并不是简单地表征一个对象或系统的一个事实，而是提供了一个框架来表征关于它们的各种事实，并对这些事实进行推理。因此，模型本身不是简单的物体或系统的表征，而是一种关于它们的事物的*表征系统*。

　　需要特别注意的是，模型所提供的理解与它们作为*系统的*方式有关。在这种情况下，模型不同于命题清单。如果你有一个命题清单并删除其中一个命题，那么你可能会失去一些依赖于该命题的推断事物的能力，而其他所有命题都会保留下来。但是，如果从地图中删除公路或铁路，或者删除标签，那么使用地图作为从一个点到另一个点的导航能力会受到更大的全局性影响。如果你丢失了关于地图是什么类型的投影，或者各种符号和线表征什么的信息，那么地图就不能用于相同的目的，并且可能成为完全无用的地图。如果从程序中删除一段代码，那么它可能会完全停止运行，或导致截然不同的行为。如果你改变了科学理论中一个理论术语的含义或改变了其中一条定律，那么你通常也必须做出一系列其他的改变。否则，由此产生的理论将不再与它作为理论*的*现象契合。

　　模型对于理解是有用的，部分原因是模型为目标对象或系统提供了一个替代（stand-in），在目标对象或系统中，其特定的一组特征可用于以易掌握的方式进行检查、推理、模拟和操作。这几乎无一例外地涉及理想化，远离被建模的真实世界系统的其他特征，以减少复杂性，从而减少认知负荷。当然，也会有一些问题，对于那些问题，已经被理想化了的东西会很重要，这将影响模型对此类情况进行思考和推理的适当性。对真实世界系统的特性或方面进行建模的*方式*也可能与它们的实际性质背道而驰，这也会影响模型的适当性。通常，这种扭曲的理想化会使系统更容易被掌握。在易于理解、推理和计算，与另一种建立系统的精确拟合之间存在权衡。与模拟带电粒子行为的模型相比，分子的球结构模型更容易让人理解，而且对于一个特定的应用来说，它是更合适还是更不合适，则取决于我们是否在处理差异很重要的情况。（而重要则是一个实用性的问题，这又取决于实践的、描述的、预测的和解释利益。）

通常，在某种意义上，同一现象可以使用多个模型：具有不同投影、比例和表征类型的地图；使用不同比例和模型建立不同特征的比例模型。不同的模型提供了系统的不同种类的信息，并且对不同的目的有用。如果我们要寻找它们共同提供的所有信息，那么我们可能需要不止一个模型。但是，模型的理想化使其有助于理解，也可能导致模型难以组合、不可通约或不一致。在墨卡托地图投影和正弦投影之间进行转换，需要仔细地计算，而且从一个投影转换到另一个投影，最简单的方法可能是回到导出它们的球面几何学。

第七节　模型作为认知工具

我们考察过的所有类型的模型都可以被视为理解、预测和作用于世界现象的*认知工具*。它们能够使人理解和实际控制它们所模型化的现象。其中一些模型，如比例模型，是可以感知和操纵的物理对象。在计算机模型中，我们的科学理解被编码到计算机程序及其数据结构中，而计算机在模拟和预测任务中，为我们做了大量的计算工作。

从某种意义上说，*所有*的模型都已经是*心理*模型了。也就是说，它们之所以成为模型，只是因为它们是由人类主体在各种认知和实践任务中，以特定方式*使用*的。事实上，我们甚至可以说，模型的概念本身就包含着这样一个观点，即某个事物只是通过与一个或多个心智相关而成为一个模型。但这并不能真正帮助我们澄清这样一种说法，即认知通常是通过心理建模来完成的。这并不是说我们在思考事物时，总是使用*外部*模型（如比例模型、计算机模型或蓝图）。事实上，如果我们要理解心理模型的概念，那么必须去掉外部模型的使用。

这里也存在一个潜在的问题，因为我们所研究的各种模型都有一些特性，如果我们假设这些特性也必须在心理模型中找到的话，那么它们将是非常有问题的。首先，使用比例模型、蓝图或地图作为模型，需要我们使其成为*关注的对象*。但是，如果我们在日常生活中通过心理模型来理解事物，比如餐厅场景或核心几何体，那么*这些"模型"*并不是我们典型地关注的对象。它们根本不是我们能用感官感知到的东西。我们也许*可以*把它们当作理论来*考虑*。但是，不管我们是通过什么机制来理解世界的，我们通常*不会考虑*这些机制。也许更恰当的说法是，我们*通过*它们思考，在某种意义上类似于我们*通过*透镜看问题，而我们思考这些问题的能力并不取决于我们之前对它们的关注。事实上，恰恰相反。只有反思它们的*使用*，我们才能把它们当作模型来看待。

其次，模型是某物*的*模型。对于我们的外部模型，使用它们作为模型需要我们将*它们作为*某物的模型。孩子可以玩分子建模套件中的各种元素。但是，对于孩子来说，这不是一个分子建模练习，而是更像是在玩一个小摆设。要把它用作分子模型，你必须对目标域有一个了解。要明白与之相互作用的东西，将其用作该域的模型。但是，如果将这个特征当作任何事物作为模型的必要特征，那么我们就不能仅仅用心理模型来解释我们对世界的理解。要使用这样的模型——将其用作模型——我们需要对要建模的领域有某种独立的理解形式。在我们已经对 X 有了某种其他的理解的情况下，我们*可以*有心理模型，就像对自己说的那样，"我将把它作为 X 的模型"。但是，如果理解应该是"自始至终下行的模型"，那么这是不可能实现的。在《符号、计算和意向性》（Horst, 1996）一书中，我提到了类似的关注，即试图使用"心理表征"的概念来解释人类思维的语义。所以，我应该小心不犯我指责别人犯的同样的错误。因此，如果我们要在这里使用"模型"这个词来描述在认知中广泛发挥作用的心智的一般特征，那么我们需要说明这个词是如何以一种可识别的方式使用的，从而避免潜在的不连贯问题。

第八节　进一步的考量

作为实现这一目标的第一步，让我们首先判断——我们研究过的*所有*类型的模型事实上是否都需要是：（a）被关注的对象，（b）被理解为一些独立理解领域的模型。至少在计算机模型的这个例子中，我认为我们发现了这个规则的一个例外。的确，程序的*设计者*需要把它理解为某种现象的模型，如天气系统。但是，程序输出的*用户*或*使用者*不必这样做。当我在电视上看天气预报时，我意识到图表表征了明天的天气预报。但我一般不太清楚它们是由气象学家的模型产生的。事实上，我完全不知道程序是*如何*完成它所做的事情的，甚至在它处理的变量层次上也是如此。另一位观众甚至可能不知道这些地图是由计算机模型生成的。

当我使用家用电脑上的天气小软件查看天气预报时，情况也是如此。存在一个模型程序在某处运行。但对于我来说，小软件和它从中获取信息的程序更像是一个认知假肢。我有一种获取明天天气信息的技能，就像我有一种从窗外看现在天气的技能一样。但我不知道天气预报是*如何*产生的，就像我不知道我的视觉系统是如何让我看到无云和晴朗一样。事实上，人们可以想象在不久的将来：有一天，人们将能够购买直接连接到大脑的芯片来提供这些信息，而无须关注电视或电脑屏幕等外部物体。如果这样的假肢在生命早期就被植入，那么儿童实际上可能必须*学习*他查看天气预报的能力，这种能力取决于在另一个地方运行模型的计算机。关键是，确实有一些方法可以使用某些类型的外部模型。这不用关注模型，也不用理解某个地方存在一个外部模型在运行，而这外部模型是我们的信息来源。这样的模型仍然需要由理解它们是模型的人来设计，但这不限制它们的使用。这是思考心理模型的一个有用的类比：*拥有*和*使用*心理模型并不需要我们理解建模或信息提取的基本过程，甚至不需要我们认识到有一个心理模型在工作。

第七章　心理模型

作为从外部模型到心理模型的转换，请考虑当你熟练地掌握模型或建模系统时会发生什么。从某种程度上说，你开始考虑在建模系统中找到各种结构，而无须实际感知或操纵外部模型的元素。也许你一直在使用我所描述的那种建立模型分子的工具来了解分子的结构。现在你想找到一个问题的答案，比如说，两个碳原子链上可以形成多少种不同类型的有机分子。在这样的任务中，模型工具将是一个有用的辅助工具。但是，假设它不可用，或者你正在参加一个不允许使用它的测试时来考虑这个问题。

你很可能会发现自己能够非常生动地*想象*通过建模工具熟悉的各种结构（人类对图像的理解能力差异很大，有些人似乎完全缺乏这种能力。如果你属于后一类，那么你可能会发现接下来的讨论与你的经历格格不入，尽管这对于许多其他人来说是很熟悉的）。也许你想象自己在*处理*一个由两个球组成的链条，它们表征着工具中的碳原子，或者也许你会在没有触觉或本体感觉的情况下想象出这样的结构。也许你真的想象你自己在使用这个工具，或者你只是想象你认为的分子结构（就像悬浮在眼前一样）。如果你已经学会了很好地使用这个工具，那么你就不会简单地把这些零件想象成一个立体的几何图形，就像是在脑海里的快照一样。它们作为建模系统的一部分提供的*可供性*也同样适用于你：球和链条可以以特定的方式组合在一起，从而用于构建更大的构型。事实上，你可能会发现外部建模工具中与建模分子无关的部分属性。比如说，球和链条的材料和颜色根本没有表征出来，只是将结构和关系属性表征出来了。你可以在你的想象中"构建"不同的结构，遵循从建模工具中学到的原则。

同样，不同的人做这样的练习存在许多个体差异。有人只有在有一个碳原子的情况下才能成功，另一个人可以在两个或三个碳链的情况下成功，以此类推。上限是多少可能是一个经验问题。也许，有学者能想象出比你我大得多的分子结构。我们每个人都有可能通过实践来扩展我们的上限。一个 DNA 分子可能是过于庞大和复杂的，以至于任何人都无法详细想象。但是，这是一个关于*性能限制*而不是*能力*的观察。这类似于这样一个事实：即使你有必要的语法能力，你分析句子大小的能力也有限。你可以理解"挪亚是拉麦的儿子"和"挪亚是玛土撒拉之子的儿子"这两个句子。你也理解"……的儿子"结构的迭代性质。但在某个时候，你会因为超出了某种存储或解析能力的限制而失去对世代的追踪。类似地，你也许可以具体地想象一个或两个碳原子，以及它们如何结合在一起。尽管你完全有能力想象和思考一个非常大分子中任何一小部分的性质，但你可以具体想象出多少个碳原子是有上限的。

当你完成一个任务，比如想象一个由两个碳原子组成的链条，氢原子占据其余位置时，我们应该如何描述你在做什么？将其称为"建构（或使用）这种分子的一个*心理*模型"似乎很自然。你用一个氧分子或一个 OH 基团代替其中一个狭缝，就产生了一个不同类型分子的心理模型。但是，更深层次的事情也在发生。你想象特定类型的分子并对其进行特定的转换。这与建模工具提供的结构可能性和转换性相对应。假定它设计得很好，分子的实际构型方式也是如此。你的能力表明你已经将设计到外部模型中的结构原理和可能性内在化了。现在，你拥有了以前所缺乏的通用而灵活的能力：*在你的心中为分子构型建模*。在外部模型中，各配件的机械特性——球中可插入支撑杆的槽的数量和位置、支撑杆的长度——决定了它们的组合"规则"，并产生了一个可能的模型分子空间。如果你的纯心理模型与外部模型在可能性上相匹配，那么你必须有一些*认知*原则，根据这些原则，你可以将元素分类为不同的类型，理解它们可以以一种很小且确定的方式组合，想象复杂的结构，并对它们进行心理转换。

无论你用什么原则和机制来做这件事，几乎可以肯定它们是你无法有意识地得到的。当你做这个练习的时候，你只需简单地按照碳原子的类别来*思考*，并且*理解*这种类型的元素在特定的位置上有四个键槽。像"添加一个 OH 基团"这样的操作，只存在于你的脑海中，你可以自动地执行这些操作，这就像你练习使用外部模型添加这样一个基团的手动技能一样。

认知科学家在研究你所获得的能力时，可能会从不同的抽象层面提出你是如何做到这一点的理论。例如，描述如何组合配件的规则，或者可以实现这些规则的神经结构。比方说，有些理论可能会假设，你在某种无意识或潜意识的水平上，*遵循*着必须自己表征出来的规则。我怀疑这个假设是错误的，即使这个假设是真的，从你思考分子的经验来看，你也肯定看不出来（当然，除非你所做的*不仅仅*是我所描述的那种建模。比如，用一系列如"碳原子可以形成四个键"这样的*语言规则*，作为一种记忆辅助来补充尚未完全内在化的建模过程）。为了直观地发展心理模型的概念，让我们暂且不谈它是如何实现的问题，把它看作一个真实而有趣的现象，也许还有其他的解释。

第一节 两种观察

既然我们已经达到了心理模型概念的直观发展阶段，对于我所描述的这种情境，有必要稍微注意一下两件事。

一、语义学

首先，要注意的是，上一节所述的心理建模能力是通过使用外部模型而产生的（通过一些无形的学习过程）。但是，我们在心理建模方面所体验到的思想不需要保留对外部建模工具的任何参考。我们可以很好地把我们正在建模的东西*作为*碳原子和甲醇分子，就像我们在使用外部模型时考虑碳和甲醇一样。这是模型的一个特殊属性，即我们用它们来思考其他事情。当我们把它们当作模型时，我们*通过*它们思考，而不是思考*关于*它们。当然，在许多情况下，我们也可以将模型视为对象。我们可以把分子建模工具的各个部分想象成不同大小和颜色的泡沫球和棍子。这些球棍以不同的方式组合在一起。在学习如何使用这些工具的过程中，我们可能要停下来思考这些黑球应该表征哪种原子。

二、模型和建模系统

我们一直在探索的例子表明了模型和*建模系统*之间的区别。从建模工具中构建的特定形状是水分子的模型，但工具本身并不是特定对象的模型。相反，它是一种形成更具体类型事物模型的系统。此外，在某些情况下，最自然的说法是，像单个分子那样的"模型"是表征，但建模系统不是表征，而是*表征系统*。

我认为这里有一点是非常正确和至关重要的：建模系统本身不是表征，而是为生成表征提供资源。但是，我在第八章中指出，模型和建模系统之间并没有严格的区别。同一个事物可以是某语境中某个事物的模型（因此可能是一个表征），也可以是一个用于建模的生成系统，即在其他语境中的状态。例如，医学上使用的那种解剖模型在某种意义上是人体解剖学的模型，但它也可以作为一个框架来模型化更具体的东西，比如损伤的影响或进行外科干预的可能方式。

第二节　超越内在化

在上一章中，通过探索外部模型，我介绍了心理模型的概念。在本章中，我探索如何使用外部模型或建模系统来培养形成纯心理模型的能力。但是，获得一个心理模型并不是真的从一个外部模型开始的。如果一个儿童得到了一个化学建模工具，却不知道它是为分子建模而设计的，那么她仍然可以玩这个工具，并学习这些组件如何组合在一起。而且，这样做之后，她可以将所学的内在化，以便能够"离线"思考相同类型的结构——比如，当化学工具被放在一边过夜，而她忙碌的大脑却在抗拒睡觉的时候。事实上，学习使用化学工具的过程很可能涉及一个心理模型的形成，该模型是一个由球和棍子组成的系统，可以以各种方式组合在一起，即使*那个*模型后来很少被使用，或者可能是在无意识中被用来指导我们构建我们所*以为*的分子目标系统的模型。

我们学习在我们所经历的各种事物中所发现的系统规律，利用这些规律来组织我们之后与这些事物的互动，并在这些事物不存在时，以忠实于这些事物实际行为的方式来离线思考它们。在感知和互动基础上形成心理模型，实际上是人类学习的一种普遍形式。外部模型内在化的唯一区别在于，*作为其他事物（比如分子）模型的属性*，是从外部模型转移到心理模型的（即使是分子这样的我们从未直接感知和互动过的事物）。从外部模型开始将其内在化有助于我们通过类比更熟悉的外部模型的例子，对心理模型的概念有一个基本的了解。但是，并非所有的心理模型都是这样形成的。这样的关系可能真的朝着相反的方向发展。与外部模型合作的能力可能取决于形成和使用心理模型的能力。事实上，许多心理模型的倡导者认为，形成心理模型的能力最初是作为把身体与世界接触过程中遇到的规律性内化的一种方式而产生的。

心理模型也可以通过其他方式形成。正如我已经提出的，有些模型是在没有外部模式的情况下，通过经验形成的。有些模型是发育渠化（developmentally canalized）形成的。有些模型是通过口头学习、社会互动或明确理论形成的。在接下来的几节中，我将介绍每种方法的范例。

第三节　我房子的心理模型

试试下面的练习。想象一个你非常熟悉的物理环境。为了便于比较，我将以我从小到大住着的房子为例。这是一个我可能已经 30 年没有进去的地方了，尽管我从 2 岁到 17 岁一直住在那里。我常常觉得我能把那个房子想象得多么生动。当我说"想象"的时候，并不是指体验心理上的掠影。我的想法更像是一种情境空间想象。我可以生动地想象自己*在*房子里，在一个特定的位置，对周围环境有视觉、本体感，有时还有触觉和嗅觉的想象。在我的想象中，我可以转身和移动，然后新事物会出现在我的视线中。我可以说是*探索*我曾经住过的房子。我不是说什么阴森恐怖的东西，也不是说某种精神世界的投射。我说的是对以某种方式存储在记忆中的事物的探索，这些事物的形式需要探索和利用，其方式往往与我亲临现场时的方式并无二致，*只是这不是通过房子本身，而是与我自己的思想和脑中的东西进行互动*。所以，让我们试着用一种方式来解释这个问题。我希望，至少那些有着类似我想象形式的读者可以模拟。

问问你自己：客厅的窗帘是什么颜色的？对于我来说，无论是口头回答（"红色"）还是视觉形象都发生得如此之快，以至于我怀疑我有不止一种方式将这些信息储存在记忆中。但是，如果我问自己它们的质地，或者它们是怎么挂起来的，或者有多少块饰片，我发现"回忆"的过程肯定需要更多的想象力，而且很可能需要一些*重构*。例如，在考虑质地的时候，我想象自己在看着窗帘的同时也*感觉*到了窗帘。也许，其中的一些是基于我小时候接触过它们的情景记忆的（事实上，从某种意义上说，它必须基于此）。我也能想象以某种方式处理它们，我可以用某种方式处理窗帘——拉开或关闭窗帘、向外拉窗帘、把窗帘从钩子上提下来（啊，我想起来了，它们就在那些被拉绳拉着的钩子上！），以此类推。在某种程度上，我可以想象这些窗帘的特性反映了我与它们互动的实际方式，或者说，可以与它们互动的方式。

现在，从某种意义上说，这似乎与这种观点相一致，即认知是以身体与世界接触的能力为基础的观点。但是，它也与这种观点的最极端形式相矛盾：认知只通过身体与世界的实际接触而发生，而世界的特征却没有被储存在心智中。事实上，对于我来说，要想让我能够想象出与通过身体进行的类似互动一样，能够提供某些相同信息的互动。在我的心智里似乎一定储存了*某种*东西，它与我曾经在记忆中发现的可供性相呼应。

在想象我童年的家时，我也可以做其他事情。试着问问你自己家里有多少个电源插座（或者选择的环境）。当你试图回答这个问题时，你的脑海里会发生什么？对于我来说，它涉及一种视觉或空间想象。在这种想象中，我感觉自己每时每刻都在熟悉的家里的某个特定的位置和方向出现，并且在房间里面移动。好像我的目光从一个地方集中到另一个地方，并注意到我正在寻找的特征。事实上，我想象的是在客厅、餐厅、卧室里走来走去，寻找插座，边走边记，边走边数。

从现象学的角度来看，这与我真的在探索我所在的家，以及我会做什么有很多共同点。但是，当然，有一个关键的区别：当我在想象这些时，我的身体并没有在场。我可以对家里的任何其他特征做同样的事情，比如窗户或散热器的数量和配置、门道的大小、壁炉架中石头的类型、地板等。

  我要指出的是，我预料到这种做法的结果是很容易出错的。有些人可能会犯错误，特别是在情节记忆方面。我可能会把这个房间改造成比实际更大的房间。因为我的许多记忆可能都是从我小时候那小得多的身体的角度来考虑的。其他人可能会失望，因为我们期望从更抽象的东西中*重构*更多的细节。但重构*从何而来*？在这里，答案似乎是一个抽象的、示意性的模型。这可能类似于架构设计程序使用的数据中的信息。当想象性任务产生模糊或含糊的想法时，这个答案就显得尤为明显。我的心智在窗户周围加上了*某种*外壳，但如果说实话，我几乎不知道外壳的轮廓是什么。我记得壁炉周围砖石结构的一些细节，石头之间灌浆的粗糙宽度，还有一些模糊的纹理。但除此之外，我对壁炉的记忆就像一个空白的模板等待填充。我记得从客厅可以看到通往二楼的几段楼梯，其余的楼梯消失在墙壁和天花板后面。但我无法告诉你，有多少楼梯没有重构。因为我无法进行超越记忆的重构或探索隐含在记忆中的东西的重构。

  然而，所有这些仍然表明，我对我儿时的家的认识基础不是仅仅以情境或命题记忆的形式存在，而是以某种心理模型的形式存在的。以这样的一种方式，我可以适当地探索它们——也许通过想象中的重述操作来探索它们，如果我身体在实际的房间里，那么我会收集相同的信息。而且，当我假设这样做的时候，我并没有与任何*外部*的心智、大脑和身体互动。这似乎意味着*在*心智、大脑和身体*中*有某种东西，以某种方式存储了房间本身的一些相关特征和关系。这样做的准确性和细节无疑是有限的。但很难想象，如果没有这个假设，我如何解释当我想起我童年的家时会发生什么。

  另外，我还可以想象其他事情。我可以想象从未发生过的事情。如果马丁·路德·金来拜访我们会是什么样子？我当然可以想象他在那里，想象从沙发上站起来到门口迎接他要走多少步，等等。如果墙壁被漆成黑色，房间会是什么样子？如果一扇窗户被墙隔开了，或者与房间相邻的门廊被封闭起来，而通往房间的门廊变成了一个没有门的拱门，事情会有什么不同呢？如果天花板是透明的，从天花板一角的摄像头看，或者从上面看，房间会是什么样子的？想象这些事情*几乎*和从我可能实际占据的视角想象事物一样容易。这表明想象运行时存在着与情景记忆截然不同的能力。

  现在尝试一个稍微不同的练习：想象一下你家一楼的蓝图。对于我来说，这需要一两秒的时间，但它很容易发生。这是很有趣的，因为蓝图中所呈现的是我们很少看到的，如果真的有实体房屋的话。我们并不是通过实际地从上面探索房屋来学习理解蓝图的。但是，这是一种对于我们很多人来说很容易理解的形式。而且，至少对于我们中的一些人来说，从一个蓝图的角度到位于一个房间里的角度是容易和自然的，反之亦然。一种直接提供的信息不同于另一种，但大脑似乎很善于从一种转换到另一种。给我一个房子的蓝图，我就可以很快地形成一个粗略的图像，从一个给定的位置和角度看，那是什么样子的。来回转换的能力无疑是一种技术诀窍，并与身体嵌入世界的方式密切相关。但是，"蓝图视图"并不是我们在无屋顶建筑上飞行所学到的东西。相反，我们有某种能力在对物理布局的抽象图解理解和允许透视的情境几何思维之间来回移动。

我认为最好的解释如下。我们通过情境的、具身的、嵌入的认知来认识这个世界。但是，这种认知必须有某种心理*形态*——一个或多个表征系统。这些系统的使用不仅限于通过在线感知进行认知，还可以采取各种想象的形式。这些当然不局限于一个人在这个世界上实际占据的视角。例如，我总是会问："如果我搬到那里去，那会是什么样子？"（而且，也许更令人惊讶的是，我经常可以很常规地设想它。）更清楚地说，它们并不局限于我目前所处的视角。它们也不局限于我真正能理解的视角。也许我现在可以俯视（比如说，从吊车或热气球上）一座正在建造的房子，这是我的多数祖先们所无法做到的。但是，我不能*真正地*从细胞器（organelles）之间的位置"看到"细胞器的样子。尽管我可以想象细胞器，并用这种想象去探索它。

现在，让我们试着更加小心和精确。我是在暗示我对我童年时期的家有心理模型。（也许在我的心里有一个完整的模型，也许是一个由各个部分组成的模型的组合，我可以在其中移动和协调。）但是，我的意思不是说"拥有一个心理模型"意味着在我的心中"有一些东西"具有与我的房子相同的几何特征。这的确会让我觉得这是一个分类错误。那么，我心中的"有一个模型"是什么意思？

我的意思是，在我的心里有一些东西可以让我储存和探索房子本身的特点。在这些例子中，我特别关注的是"探索特征"的形式。这些形式在现象学上有很大的相似性。如果我在里面的话，那我可以通过与房子的互动来获取关于房子的信息。从现象学的角度来看，我想象着站在房间的一个位置上，朝着一个方向看，注意窗帘的悬挂方式。这使我能够提取一些关于房间的相同信息（假设想象是准确的）。如果我真的以这种方式在房间里的话，那我就能提取出这些信息。从现象学的角度来看，我想象着右转45度，房间的其他特征就可以在我的心中出现。如果我真的处于这样的位置，那这些特征就可以被感知到。当然，只有在我对房间的心理模型是准确的情况下，所提取的信息才是准确的（因此只有规范意义上的"信息"）。它在细节上肯定是有限的，在某些方面可能是不准确的。心理模型是抽象的，也可能是错误的。但是，要想发生这样的事情，我心中想象的东西（一个心理模型）和我可能通过身体互动探索的现实世界系统之间必须有某种对应关系。从某种意义上说，这种对应关系必须是系统的。当我想象着向左拐进餐厅时，如果我沿着一条相似的路径穿过房子，我想象中遇到的事情与我实际看到的是一致的。我心中一定有*某些东西*在记录我现在没有想象到或没有注意到的信息，这方便在我需要的时候能够立即、经常地无缝地提供给我。对此，最简单的解释是，我的心理模型在抽象层面上，分享了它所表征的房子的各种特征。在讨论了外部架构模型（如蓝图和 CAD 模型）之后，我们很容易假设，这必须包括类似于蓝图的内容和三维结构模型，这些模型表征的是独立于视角的布局和特征。

现在让我们更进一步讨论。假设我正在调查关于我房子的一些问题，比如说，我想知道卧室里有多少个插座。想一想，如果我问的是我自己的房子，而不是一个不知名的建筑物，那这个任务有多大的不同。就我自己的房子来说，我知道它的布局，我知道我所处的位置，我知道哪些房间是卧室。因此，隐含着到达那里的有效路线。对于一个不知名的房子，我有很多事情需要去探索和弄清楚，才能知道如何执行这项任务。拥有一个提供所需背景信息的心理模型会从根本上简化任务。事实上，在我看来，形成一个包含如什么房间是卧室之类的信息的心理模型，是计算一个以前不熟悉的房子的卧室中插座数量的必要任务。

现在让我们转向另一种形式的想象：创造性想象。假设我是一名建筑师，我的任务是建造一座符合特定指标的房子。我不会先随机地把墙拼在一起，然后再去摸索。相反，我会想象房子，想象我设计的结果。根据这些，修改设计，绘制蓝图，然后交给建筑商。建筑师可以对一个房屋了如指掌，并在地基铺设之前对其进行具体的想象。蓝图、纸板模型和 CAD 模型可能真的有助于这一过程。但是，一个有着丰富想象力的建筑师很可能在没有这些辅助设备的情况下，构思和设计一个家。整个设计过程可能发生很少或不发生身体与被设计的东西的接触。这也不局限于建筑。任何作为设计产品的东西，在它真正存在之前，都是想象出来的。不仅仅是因为在心中有它的形象，而且从它被理解的意义上说，是与它的成功完成的方式有关。无论这在多大程度上取决于身体的互动，它都不能依赖于*实际*的身体与正在设计的东西的互动。因为（或多或少根据定义）正在被设计的东西*还不存在*。

这似乎导致了关于心理模型的两个结论：

1. 许多类型熟练的身体互动都是"熟练"的，从某种意义上说，就是使用抽象的心理模型来进行互动。

2. 人类的心智在不同程度上能够将这些心理模型的使用与身体的相互作用脱离，并提供想象、信息提取、模拟和推理的能力。

第四节　国　际　象　棋

假设我想学国际象棋。我可以从阅读游戏规则开始（虽然这可能不是最好的开始方式）。然后，我坐下来在棋盘上和另一个棋手或一个计算机象棋程序对弈，并开始尝试在实际比赛中应用规则。首先，我可以经常查阅手册。（或者，我可以坐在棋盘对面，从一个已经了解游戏规则的人那里学习下棋。我在逐渐了解规则的同时，练习在棋盘上用特定的棋子下棋所涉及的感知和运动技能。）但随着时间的推移，我开始简单地将兵和马*视为*能够进行特定类型移动的棋子，并将游戏状态视为提供特定类型的战略发展。随着这一进程的推进，我对国际象棋有了某种内在的理解。

把这个过程想象成一个记住规则的问题，这可能很有诱惑力。当然，有些人确实从一本关于国际象棋的书中记住了一套规则，而这是一个人在国际象棋比赛中所能达到的一个最低限度，即可以决定哪些动作是允许的，什么构成俘虏和对决，等等。但是，一个人可以背诵规则手册而不知道如何正确地应用它的原则，一个人也可以学会应用原则，而不必把规则当作口头公式来记忆。一个人*的确*最终会得到*某种*形式的理解来反映规则，但这种理解不需要涉及*对*规则的任何反思。相反，我们*通过*一种由规则塑造的认知模板来感知棋盘。我们甚至可以说，这种对象棋不再有意识地理解，实际上是有了一种"象棋形的理解"。也就是说，在这种理解中，各种类型的心理表征和操作都具有与游戏原理相同的抽象形式。

理解国际象棋似乎需要一个游戏的心理模型，这反过来涉及许多种能力。至少，这将包括一种将棋盘表征为可能的棋子位置的几何和拓扑描述空间的方法，在任何时间一个棋子最多可以占据一个方格的理解，各种棋子的表征类型和允许的移动规则，初始状态的定义，以及回合转换、捕获和结束状态（将死、平局、认输）的规则。这些因素共同产生了一个丰富（但也受到严格限制）的可能空间，包括可能的游戏演化和可能的游戏状态。（请注意，游戏可能的合法状态是由游戏演化产生的。并不是所有空间中的棋子排列都是合法的。专家可以识别，但新手却不能。例如，一场国际象棋游戏不会让一个棋手的棋子占据离他最近的那一排。）

理解国际象棋的不同要素是紧密交织在一起的，甚至是构成要素。我对棋子类型**骑士**的理解离不开对运动规则的理解。改变骑士的移动规则，你也重新定义了**骑士**类型，反之亦然。改变棋盘的大小或配置，**王车易位**类型必须改变或完全消失。可以肯定的是，你可以从国际象棋开始，改变棋盘、棋子或规则，而产生*另一种*游戏。但是你现在拥有的是一种新的游戏，它需要一种独特的心理模型，尽管这种模型可能是从国际象棋的模型开始并进行改变而*产生*的。

当我超越了对象棋的基本理解，能够按照规则下棋时，我也逐渐开始理解战术和策略。这些都是规范性的，而不是允许性的或结构性的。它们涉及规则允许的一系列动作的集合，并最终以对方将死（或者，如果不可能的话，强制平局）作为最终状态的指导。无论是底线能力还是对竞争的日益掌握，一开始都可能受到*显性*规则和启发法的指导。但是，我越精通，这些想法就越自动地浮现在我的脑海中，也就看起来越直观，计算也越少。

虽然学习国际象棋的典型方法可能仍然需要坐在另一个棋手的物理棋盘对面，但理解国际象棋也涉及从这种语境下进行的重要思考。我可以用一组特定的棋子来学习这个游戏。但是，即使棋子看起来很不一样，我也可以把它认作是同一个游戏。只要棋手能记住什么替代品用于哪种棋子。几乎任何东西都可以作为象棋棋子使用。象棋棋子的*类型*学完全独立于其物理特性。事实上，棋子和棋盘甚至不必是物理细节：有许多计算机程序可以下棋，好的棋手可以下心理象棋，在这种情况下，既没有真正的棋盘，也没有真正的棋子，每个棋手都在他们的心里记住棋步和棋局的状态。

第五节 社 会 语 境

人工智能的知识表征中最著名的一个项目是罗杰·尚克基于脚本的模拟，模拟人们对餐厅就餐的理解（Schank and Abelson，1977）。与其他框架类型的模型一样，这涉及对象类型（菜单、用具、餐具、食品和饮料、支票、桌子、椅子）和活动（男主人或女主人到达、为客户安排座位、接受订单、带来订单、带来支票、支付支票、小费）的特殊类型的表征，以及特殊的社会角色（顾客、主人、服务员、厨师）。程序的"脚本"部分是由按典型顺序排列的事件的原型序列（或流程图）组成的（见第四章的图 4.7）。

尚克的程序模拟了一种*特定类型*的社会语境（尽管这种模式允许不同类型的餐厅有更多的变化）。但是，它的一般特征似乎是理解任何类型的社交文本所必需的。在我们对社会语境的理解中，人们通过*角色*，通常是特定于该语境的角色来理解事物。当我们知道某人是服务员、法官、教练或保姆时，就会对他或她可能会做的事情抱有期望，其中一些期望可能仅仅是联想或偏见。我可能期望服务员会有舞台抱负，因为他们生活在失业演员通常会工作的地方。但是，更重要的类型期望是与角色相关的期望，期望服务员会带上我点的东西。这不仅仅是一种联想或偏见，而是我对服务员角色理解的一部分。这些期望通常与服务对象无关：*任何*服务员都应该在用餐结束时带上账单。我们对这个人在角色*内*可能会做些什么的理解，对于预测他在这个角色之外的行为通常没有什么指导意义。事实上，在特定的语境下，让机器人"按剧本"扮演角色可能比让服务员扮演法官或保姆更容易混淆。

一个语境中对象的类型学可能与来自其他语境的类型学是垂直相交的。法官的长袍可以是一件衣服，也可以作为学术长袍或传教士的长袍出售。同样的叉子可能会被用作一道菜的沙拉叉和另一道菜的甜点叉。我的甜点叉可能是米卡萨做的，我的就餐伙伴的甜点叉可能是莱诺克斯做的。在紧要关头，我可以用各种各样的棋子下棋。如果我这样做的话，那它们的不同形状以及它们作为象棋棋子合法移动的方式与它们作为棋子的印记无关。执行的活动也是如此。一个四分卫和一个边路接球手在比赛中可能会做同样的动作，他们只是在烧烤时把球扔来扔去，但只有在比赛中，这些动作才算作向前传球。

我们了解许多具有特殊角色、局部本体和活动的社会语境。每一个都需要一个单独的心理模型，虽然有些模型可能与其他模型相关，也可能是其他模型的变体或特殊情况。有不同类型的就餐语境和不同类型的餐厅，而且有经验的食客知道，比如说，在*这家*餐厅有一个特殊的人叫侍酒师，他负责斟酒，而支票直到被要求时才被送来。不同文化之间的社会语境有很大的不同。大量的文化素养涉及理解这种文化的特定社会语境。此外，不同文化在其实践的严格仪式化程度，以及日常生活在多大程度上是由角色和语境定义的，差异很大。在中世纪的欧洲或儒家的中国，一个人被期望的行为方式以及人们真正的行为方式似乎很大程度上是由家庭关系、行会和社会阶层的角色来定义的。

有时候，一个人的角色可能会发生冲突，并提出相反的期望。在戏剧《安提戈涅》（*Antigone*）中，主人公面对相互矛盾的期望。安提戈涅作为一个虔诚的妹妹，她应该确保她兄长的尸体被妥善埋葬。安提戈涅作为一个公民，她应该遵守执政官的命令，他们应该留在他们背叛国家的地方。这种情况构成了许多古典悲剧的基础。要把它理解*为*悲剧，就必须理解角色之间的冲突。这会使一种文化的故事很难让另一种文化的不同角色的人理解。有时，这种冲突本身就是进一步规则的材料。法官应当回避她有利害关系方的案件，例如涉及其家庭成员的审判。

与大多数模型一样，社会模型为替代事件和事件序列提供了可能的空间。在餐厅里，人们不总是点同样的东西。有时，他们可能只是去吃甜点或喝饮料。案件在不同的审判中会发生不同的事情。如果有不同的律师，一个特定的案件可能会产生不同的结果。即使是像戏剧这样受到严格限制的事件也允许有自由度。李尔王（Lear）在第五幕第三场中把科迪莉亚（Cordelia）的尸体抬进来时，他一定是疯了。尽管注意到这是一种戏剧性的"必须"的感觉，而不是暗示身体的或逻辑的必要性，演员必须说出莎士比亚所写的台词；但是，一个演员可能会扮演李尔王哭泣，另一个可能会把他的疯狂当成一种精神完全分离的状态，他以为科迪莉亚只是睡着了，高兴地看着她一会儿。与其他模型一样，社会模型为解释特定类型的情况提供了一个*框架*。但在这个框架内，事情可能会以各种方式进行，其中一些可能是建立在模型本身中的，其他的可能是在模型上即兴创作的。当然，在任何真实世界的情境中，会有许多其他事情发生，其中一些可能最终影响模型的适当性。例如，我可能会在餐厅里待上几分钟后发现，坐着的人并不是真正的用餐者，而是戏剧中的演员。或者，我可能会走进《李尔王》的即兴彩排，误以为我真的看到了一个老人在哀悼他女儿去世。

然而，社会模型与其他许多模型不同，它们不仅塑造了我们对世界的解释，而且塑造了社会世界本身。当我们的化学键模型改变时，化学键的行为不会改变。但是，法庭上的行为会随着审判法的变化而改变，这些改变是由法官和律师使用的。对日本茶道文化缺乏了解的人们，不管他们喝多少茶，都没有融入这种仪式。

第六节 道 德 模 型

模型影响行为能力尤其明显的一个例子是规范性模型，如道德模型。从社会学的角度来看，仪式化行为（甚至习俗）与伦理之间的界限是模糊的。事实上，希腊语中 *ethoi* 一词的意思是"习俗"。只有在哲学家的手中，它才成为我们今天所说的"伦理"（ethics）或"道德"（morals）的意思。专业哲学家通常区分三种广泛的伦理评价方法：结果论、道义论和美德论。每一种理论都为评价个人或人们的行为提供了一个总体框架。结果论根据其效果来评估一个行动：与替代行动相比，现有的结果是善与恶、帮助与伤害、快乐与痛苦的整体平衡。道义论（源于希腊语中的"责任"，*deon*）评价行为是否符合自己的责任。美德论是根据人的美德（有益的性格特征）来评价一个人，而*行为*则是根据他们是否出于一种美德的性格特征来评价的。（当然，对于不同阶层的人有什么样的职责以及什么样的性格特征算是美德，有着各种各样的文化和理论模式。）

虽然哲学家们主要关注作为*评估*框架的主张，但它们也可以用来指导行为。每个人都可以尝试预见各种替代行动的后果，并评估其可能的成本和收益。她可以评估她认为自己应该承担的责任，并提出人们对她的要求。一个人可以通过实践来获得一种特殊的美德，如耐心，也可以检查自己的动机，否决未来的行动计划，而这些计划是出于不耐烦等恶习而实施的。

被称为元伦理学的哲学分支学科包含了大量的文献。元伦理学试图判断这些框架中的哪一个更能说明什么是道德上的善。然而，就我们的目的而言，更重要的一点是，每个框架都为评估和塑造行为与性格提供了独特的工具。每一个框架都会挑选出与这些评估相关的不同因素：结果、责任和性格。每一个理想化的观点都远离另一个的关注点。在我看来几乎可以肯定的是，普通人拥有多个人类善良的模型，而不是只有一个。我倾向于怀疑，即使是细致的理论公式也不足以将所有三种类型的模型的所有见解构建到一个框架中。除非这是一个元框架，通过在它们之间来回转换来使用它们。对于一些我们有概念的事物，比如*善*，我们需要从不同的角度，通过一些不同的（有时是相互冲突的）模型来处理。

第七节　心理模型和科学理解

我试着去探索一些日常理解的例子，以使它们的基本概念由心理模型所支持，并在直觉上清晰可信。我选择了一些读者可能熟悉并能"从内部"思考的例子。希望花些时间浏览这些例子，能帮助读者形成一个基本的、非理论的关于心理模型应该是什么的想法，并评估这个想法对他们自己的直觉合理性。

然而，这些例子有两个共同的特点，可能会导致对心理模型的一些不必要的狭隘假设。第一个特点是，它们都是采取中间立场去理解从中期到晚期的儿童期或成年期获得的认知类型的，而不是婴儿和幼儿的认知类型，也不是需要非常专业的理论学习的更为精细的思维形式，像高等数学或科学理论。第二个特点与第一个相关，都是通过某种无形的学习过程来获得心理模型的，这种学习过程是基于身体和社会对所建模领域的参与，或是通过外部模型，或是通过现有的社会和语言思维与谈论它的方式来实现的。我们所讨论的模型类型可能确实是以不同的方式获得的，例如，有些模型可能主要是由个体身体和知觉的参与而形成的，还有一些模型来自监督学习，但没有一个例子来自在很小的儿童身上发现的思维方式。这些思维方式太早，根本不可能是学习的结果，也没有一个比抽象理论理解的更高领域。

这可能向读者暗示，心理建模是一种在常识理解中普遍存在的东西。但在婴儿认知和更高层次的理论中却不存在。如果是这样，那这将是一个误导性的建议。事实上，读者可能还记得，在第四章中描述的以领域为中心的理解的一些主要例子，包括早期发展中出现的几种思维形式以及科学理论。在那种语境中，这些例子的重点是要表明领域特异性并不是福多式模块所独有的。我们需要超越"模块化"和"中心"认知之间的分歧，找到一种恰当的方式来描述理解。虽然正是这种思维方式导致了另一种基于模型的观点，但我们还没有谈及一个自然的结论：这些理解形式也是基于心理模型的。

理解是以模型为单元的这一观点，显然与20世纪60年代开始在科学哲学中产生影响的观点有着强烈的相似性。这种观点认为，科学*理论*是一个完整的单元，它提供了对特定范围的现象进行构思和推理的相互关联的方式。这一时期的哲学家们不再把科学理论看作是建立在理论中性语言之上的一系列命题，他们开始把一种理论的理论词汇看作是与它的规律和其他承诺紧密联系在一起的。科学理论对现象有自己独特的表征和推理的方式，内部紧密相连，但与其他联系较为松散。这正是我所说的关于心理模型的更一般的说法。我并不认为这是一个完全新颖的见解。在我之前的许多学者都建议我们从科学理论的模式来看待理解，甚至婴儿的理解（Gopnik, 1996）。我只是想换一种说法：科学理论是一种特殊情况，来说明我们通常是如何通过心理模型来理解世界的。在过去的三十年里，基于模型的观点在科学哲学中越来越流行。我将在第九章中讨论科学哲学中的一些观点与我自己观点的关系。然而，在这里，我将尝试发展这样一个观点，即科学理解是建立在心理模型的基础上的，就像我在其他心理模型中使用的那种直觉方式一样。

在我们已经探讨过的大多数类型的模型中，模型是包含与目标系统中的对象、特征、关系和过程类似元素的东西。一个建模系统必须具有反映目标领域关键属性的特征，以使其适当。科学理论和定律也是如此。这些假定实体及其特性和关系与不变量，都是由定律和物理常数表征的。与其他类型的模型一样，理论和定律是一种替代品，它们允许我们以一种理想化的方式，以一种既能理解又能预测的方式处理世界的特征。从这个意义上说，引力理论或类似平方反比定律是引力效果动力学的模型。有关碰撞的理论和定律是物体碰撞时行为的模型。

像其他模型一样，科学理论和定律也有几种理想化的方式。第一，它们使用*悬置理想化*将一些因素排除在它们的范围之外。引力模型只考虑引力相互作用，而不考虑碰撞或电磁作用。这提供了对自然界中一个不变量的洞察，但其代价是在非引力发挥更大作用的情况下，产生一个越来越不适合运动学预测（即物体实际如何移动的预测）的模型。第二，它们使用*扭曲的理想化方式*。例如，一个特殊的粒子碰撞模型可以把它们视为理想的弹性体。我们知道这个假设是错误的，但这样的模型可能仍然适用于某些类型粒子之间的低能碰撞。第三，科学定律通常用常数来表示力的值。这种方法只能近似于力的实际值。当抽象地考虑这些定律时，只需使用一个字母表示常量就可以避免这种情况。但要使该定律在计算中发挥作用，必须对该值进行一些*有限近似*。这通常是无害的，但会导致预测得不准确，特别是在混沌系统中。

与其他类型的模型一样，科学理论可以被认为是两个层次的真实世界过程的模型。首先，就狭义相对论本身而言，它可以被看作是自然界中非常普遍的不变量的模型，也是整个时空的模型。但是，它也可以作为一个框架来模拟更具体的问题，例如几个实体之间的相互关系。

但是，科学模型与我们所探索的其他类型的模型也有一些不同之处。与前几代一些哲学家的设想相反，科学理解并不仅仅是从先验感知中归纳联想的结果。科学的概念和原理往往与常识有很大的不同，它们必须通过艰难的实验设计和理论构建过程来构造。虽然所产生的模型最终是一个漫长的过程的结果，是从构想世界和与世界互动的普通模式中自举（bootstrapping）出来的，但这一自举过程需要发展一些高度专业化和系统化的思维方式，包括新的数学形式和实验验证方案。因此，许多科学模型采用了高深精妙的数学表征形式，这种表征形式具有大多数其他模型所没有的精确性，而且科学推理和实验的方式旨在将误差降至最低，这远远超越了日常生活中的误差。

我们也经常说科学是"客观的"。这是一个棘手的词，一经考证就有许多不同的含义。但它可能意味着一件事，即个人和集体的特质和偏见最小化。这似乎确实适用于科学理解。如果我们假设认知首先是作为一种让有机体更适应环境的方式而产生的，那么很自然就会得出这样的结论，即任何心智的基本的"默认设置"都是针对有机体在生物学上显著的性能而优化的。从范式上讲，这些是与生存、营养、成熟和生殖有关的事物。从生物学的角度来看，一个有机体的心智适应于危险的事物、可食用的事物以及社会化有机体的斗争或合作，这实际上是件*好事*。但是，像这些特征（吉布森称其为*可供性*[1]），不仅仅是关于对象的事实，而是关于它与有机体利益的潜在关系的事实。这些事实因个人和物种的不同而不同。蝴蝶的食物不是狮子的食物。对我来说危险的东西可能对你不危险。这些事实是"主观的"，不是说它们取决于意见或品味，而是从某种意义上说，它们实际上是*相关*事实，关键取决于你是谁、你是什么类型的有机体以及你的兴趣是什么。动物的心智（包括人类的心智）已经进化，使得世界的某些与兴趣相关的属性变得突出。这甚至延伸到我们如何概念化物体和世界本身。例如，我们"自然而然"地将*上下*理解为优先方向——这对于居住在行星表面的有机体来说是一种构建空间几何学的有用而有效的方法，但长期以来，这种方法一直是令人满意的宇宙学的障碍。在我们思考物体世界的成熟常规方式中，黏性固体的优越地位同样是一个有用的框架，尽管它使当代物理学违反直觉。不同物种的颜色视觉系统无疑将这些物种调整到对它们的生活模式重要的方向上，但颜色并不是理解科学光学的一个好框架。

我们称科学为"客观的"，我们的意思是获得科学理解，我们常常不得不剥离"主观性"的层面，这种主观性涉及以我们作为个体或物种所特有的与兴趣相关的方式来理解事物。然而，这并不意味着有一个"完全客观性"的终点。科学的解释性兴趣仍然是*兴趣*，这是一个特定物种的成员所拥有的兴趣，也是在特定的历史和文化语境下的。我们科学地构思事物的方式，甚至是我们的数学理解，仍然是从像我们这样的心智能够思考的各种方式中汲取的。并且，科学也受到我们调查和处理世界的方式的制约，即使这些方式通过技术得到了极大地扩展和改变。

科学的"客观性"也并不意味着单一的理论视角。科学家使用许多不同的模型：相对论和量子模型、波和粒子模型、进化和分子遗传模型。就像不同类型的地图一样，科学模型可能彼此不可通约，它们具有不兼容的表征系统和背景假设，并允许相互矛盾的预测。这是被描述为"科学的不统一性"的主要现象之一。我们将在后面的章节中探讨认知多元主义对这种不统一性的原因和统一前景的展望。

第八节　核心系统和大众系统

在科学模型的认知复杂性的另一端，我们发现了早期出现的、发育渠化的思维形式，如第四章所述的核心系统和大众系统。这些都是以各自的内部范畴所构成的领域为中心的。这些领域以不同的方式表征和推理[2]。例如，核心对象系统有一个内部范畴，它包含一个单一的类事物（"对象"）、属性（位置、形状、运动）、关系（联系、碰撞）和过程（因果效果、以连续路径移动）。核心对象系统的特征是引导预期的构成性"规则"。例如，对象是内聚的和连续的，在连续的路径中移动，并且只有在受到作用时才会运动。将核心对象系统和代理系统（也许还有核心几何系统）视为广义和通用领域的模型是很自然的。它们包含了对理想化的概括和扭曲，并使用了具有不同表征类型和推理规则的表征系统。

存在几个核心系统和几个大众系统。它们把握了物理世界、心理世界、社会世界和生物世界的不同系统特征，提供了系统框架来表征涉及这些特征的事实。两种系统通常适用于同一对象：苏格拉底可以被构成一个对象、一个代理（行动者）、一个思想者、一个有机体。但尽管如此，不同的系统可以以不兼容的方式构成它们的共同指称。一个孩子的玩具或玩偶可能在某一时刻被构成一个对象，另一个时刻又被构成一个代理。但是，没有什么东西能够真正完美地回答对象系统和代理系统的规则，因为它们对于如何启动运动有着不相容的规则。

考虑到大众理论的扩展发展序列，它们的习得，就像我们已经讨论过的其他几种心理模式一样，似乎极有可能依赖于对物理、生物和社会世界的扩展参与，尽管有重要的警告，它们的物种典型特征表明可能有强烈的发育偏见。核心系统似乎需要更强有力的发育渠化。有证据表明，核心系统在婴儿期就已经存在了。以至于儿童似乎不太可能从观察中推断出像凝聚力和局部因果动力学（对于对象）或目标定向的运动[对于代理（行动者）]这样的原则。这严重限制了人类婴儿可控制的互动能力。

第九节 结 论

142

心理模型提供了理解特定内容领域的系统方法。模型作为一个单元，由连接的组件跟踪目标系统的显著特征。这允许我们使用模型作为其目标的内部替代，并以跟踪其不变特征的方式对目标进行思考和推理。一个模型或多或少地反映了与某些特定的理论和实践利益相关的特征。在某些方面，模型可以更好地描述为*建模系统*，因为模型提供了表征和推理其目标域内的特定情境的工具，生成这些状态的一组可能的表征，以及提供有关这些状态的有效推理形式，如模拟其动态。

第八章　模型之间的关系

在本章中，我将探讨五种不同类型的关系，它们可以在不同的心理模型中找到：

1. 两个模型可以通过抽象程度进行关联。
2. 一个模型可以是另一个模型的变体。
3. 一种模型可以通过隐喻转换从另一种模型中产生。
4. 两个或多个模型可以串联使用来三角测量对象、状态或整个领域。
5. 两个模型可能在不同的方面相互不协调，例如，不可通约性、形式上的不相容性，以及在应用于特定情况时产生矛盾的解释或预测。

这是五种非常不同的关系。我把对它们的讨论合并成一章。这主要是因为将它们合在一起就有了一个合理的章节长度。关于模型的三角测量和方法之间不协调的讨论，虽然比较简短，但特别重要。这两个问题将在第三部分中再次讨论。

第一节　抽　象　度

从某种意义上说，两个模型可以通过抽象程度联系起来，这并不让人感到意外。一些模型的范例情形，如科学中的那些模型，有不同程度的抽象性，甚至可以纯粹地从这些模型的经验内容中抽象出它们的数学表达式来看待它们。然而，真正让我关心的是更具体的事情。我把心理模型描述为提供可能的对象和状态的表征空间，并将一些一般和抽象的框架算作心理模型，例如，核心系统和大众系统、用于空间想象的系统，以及棋手对象棋的理解等。事实上，我所举的一些外部模型的例子，例如分子模型工具和计算机辅助设计系统，它们也相当抽象。

但是，有人可能会反对这是对"模型"一词的牵强和不自然的用法：我可能建构或想象的单个事物是分子的模型，但作为分子的心理模型建构基础的建模工具和心理能力的组件却不是。建模工具和心理能力可能是*形成模型*的特定资源，但这并不能使*它们*成为模型。我们反而称它们为建模*系统*。其他的一些例子也有同样的含义：我所掌握的象棋相关技能是一个建模*系统*，可以用来建立特定游戏或特定游戏状态的模型；我想象和旋转物理实体的能力构成一个建模系统，我用它来形成特定实体及其变换的模型；大众生物学的**动物**概念本身不是动物的模型，而是一种模板，可以用来形成单个动物或动物类型的心理模型，从而对它们进行推理；等等。

我认为，X 模型与建模系统之间的区别是非常有用的，后者为许多不同的可能 X 提供了建模资源。但是，我们是否应该将模型和建模系统视为相互排斥的类别还不清楚。它是分析的一个重要区别，但不是一个分类系统。

从某种意义上说，化学建模工具是一组用于建立*特定类型分子模型*的资源。但是，在更抽象的层面上，它也可以被视为各种类型的原子、化学键及它们结合形成分子的方式的一般模型。它是分子间的分子键合电位的一个模型（the molecular bonding potentials of molecules）。从这个意义上讲，一个特定分子的模型（也）是在空间中的一种*表征*，这种表征由更抽象模型的表征系统生成。

同样，从某种意义上说，象棋的心理模型是一组下棋的资源。因此，它提供了一个框架来表征特定的游戏状态，以及特定游戏在连续的回合中演化时的心理模型。从这个意义上说，它是一个*建模系统*。但是，它也可以被看作是更广泛意义上的"博弈"模型。"博弈"模型提供了一个模型系统，该系统是一个框架，用于表征特定的运行、移动和博弈状态。

想象中用于实体物体的想象变换的系统，在某种意义上是一个建模系统，该系统为形成特定实体的模型和想象其变换提供了资源。但从更广泛的意义上讲，它本身也是一个模型。这个系统描述了几何空间中物体的结构可能性、功能可见性、变换和结果。它也可能是一个一般*物理空间*的模型，该模型不同于其他数学上可能采用不同几何或拓扑原理的模型。它既是一个抽象模型，也是一个建模系统。这个系统用于提供更具体的事态和过程的表征与模型。

相比之下，人体解剖学模型通常不是作为各种解剖结构的生成系统，而是作为标准人体解剖学的模型而使用的。可能有些模型有可以修改、删除或重新排列的部件来模拟非标准组件。但据我所知，这不是它的标准或首选用途。然而，它可以用来模拟特定的情况和过程，例如切除部分骨骼或器官的解剖结果，或不同的外科手术方法。

我们在这里界定术语"模型"的界限，在一定程度上是决定哪些将提供最有用的理论资源。我倾向于在使用这个术语时，把"模型"视为提供了一个可以表征事态发展的空间。但是，这种用法非常广泛，这允许模型具有不同程度的通用

145

性和抽象性。模型 A 可以为 B 提供表征空间，在这种情况下，B 可以被称为 A 所提供的表征系统中的表征。但是，如果 B 定义了自己的表征空间，那么它本身也可以是模型。即使是一个特定物体的模型也可以做到这一点：汽车或火车的比例模型可以被操纵来表征各种状态，如车门打开或关闭、与发动机挂钩或解钩，也可以允许其他类型的表征，如车辆的长宽比。或者一个 1961 年林肯豪华轿车的模型（肯尼迪总统遇刺时所乘坐的那种汽车）可能被用来作为暗杀事件的*表征*，或者作为阴谋论者的模型系统，试图证明枪声不可能来自一支枪。

因此，模型可以按抽象程度分等级，就像概念可以从一般到具体分等级一样。这种思想在知识表征中也很常见，在计算机科学的面向对象编程中更为常见，作为*继承*类概念，一种对象基于另一种对象。例如，面对一个特定类型实体的心理模型的计算机模拟，可以使用更通用的几何对象模型的类特征来定义，并使用更通用的代码在空间中旋转对象和生成透视图。

第二节 变 体

一个模型可以算作另一个模型的变体，因为它们共享许多相同的表征系统和规则。一个关于我们如何比较两个模型的特性的简单观察，本身并不是特别有趣，即使它确实提出了关于模型应该如何个性化和相互区别的问题，类似于两个人是否真的说"同一种语言"或拥有"相同概念"的问题。我对变体模型的概念感兴趣的，与其说是按相似性分类，不如说是按病因学分类。也就是说，我对心理学的事实感兴趣，我们可以*为了某种目的*改变模型。

通过改变创建新模型至少有两种情况。在第一种情况下，我们对一个模型，比如一个科学理论不满意，然后对它做一些小的改变。如果改变成功，我们可能不再使用之前的版本。我相信，有理由把这个心理模型的"前"和"后"状态看作是一个心理连续体的两种状态，随着时间的推移发生了变化。从其*特征*的角度来看，t_1 时刻所拥有的模型，至少与 t_2 时刻所拥有的模型有细微的不同。在这个意义上，可以说是一个不同的模型。但是，如果把模型看作是一种*心理结构*，那么我们可能更倾向于说，一个人为了理解世界的某些特征而对结构进行了调整。

第二种情况发生在我们观察*第二个*模型的用途时，第二个模型非常类似于我们已经拥有的第一个模型，并且通过将第一个模型作为基础进行调整而生成。非欧几里得几何学的发明就可以被这样看待。像伯恩哈德·黎曼（Bernhard Riemann）这样的数学家从一个他已经很好理解的模型（欧几里得几何学）开始，然后改变了其中的一部分（平行假设）。结果他得到了一个具有不同性质的新模型。我们在科学变革中，也看到了这种情况。前者或多或少是库恩所说的渐进式变革，后者则是革命性的变革。

当然，我所用的例子是那些涉及科学和数学系统的例子，这些系统也被明确地提出并进入了公共领域。而且，情形似乎可能是，一种形式的模型，无论是私人的还是公共的，都可以被有意识地审查，那么它就有可能促进对其进行修改并产生变体的过程。但是，我怀疑这是否是模型改变的必要条件。可以说，人类和许多非人类动物经常通过学习改变其在日常生活中使用的模型。一个动物可能使用非常相似但不完全相同的方法获取不同的食物资源或躲避不同的捕食者，它的学习历史可能是先建立一个模型来处理一种情况，接着在第一种情况的基础上，发展另一种模型来处理另一种在许多细节上有所不同的情况。

第三节 隐 喻 转 换

最近认知心理学中比较有趣的和令人惊讶的研究方向之一，是隐喻在学习如何思考新内容领域中的作用。乔治·莱考夫（George Lakoff）和马克·约翰逊（Mark Johnson）（Lakoff and Johnson, 2003）认为，我们对世界的思考，在很大程度上是通过使用相对较少的理解事物的方式来隐喻其他领域的经验的。他们首先引入了一个对于哲学家来说特别令人悲伤的隐喻：争论是战争。

为了解释一个概念是隐喻性的，以及这样一个概念构成日常活动的含义，让我们从概念争论开始，概念隐喻的**争论是战争**。这种隐喻在我们的日常语言中通过各种各样的表达方式反映出来：

争论是战争
你的主张是*站不住脚的*。
他*攻击*了我论证中的*每一个弱点*。他的批评*正中目标*。
我*驳倒*了他的论点。
我从来没有*赢过*他。
你不同意？好吧，*开枪*！
如果*你那种战略*，他会把你*干掉*的。他驳倒了我所有的论点。

重要的是要看到，我们不只是*谈论战争*形式的争论。事实上，我们可以赢也可以输。我们把和我们争论的人看作是一个对手。我们攻击他的立场，保卫自己的立场。我们有得有失。我们计划和使用策略。如果我们发现一个立场站不住脚，那么我们可以放弃它，采取新的进攻路线。我们在争论中所做的许多事情，其部分是由战争的概念构成的。虽然没有现实战，但有言语战，争论的攻击、防御、反击等的结构反映了这一点。从这个意义上说，**争论是战争**的隐喻是我们在这种文化中赖以存在的隐喻，它构成了我们在争论中所采取的行动。（Lakoff and Johnson, 2003: 4）

也就是说，我们用我们理解战争的方式来提供一种理解争论的方式。

隐喻的本质是用另一种事物来理解和体验一种事物。争论并不是战争的一个亚种。争论和战争是言语冲突和武装冲突。它们是不同种类的事物，所采取的行动是不同种类的行动。但是，**争论**在部分程度上是从**战争**的角度来组织、理解、执行和探讨的。概念是隐喻结构，活动是隐喻结构，因此，语言是隐喻结构。（Lakoff and Johnson, 2003: 5）

在隐喻中，语言和理解资源领域（在本例中为战争）的方式被视为理解目标领域（在本例中为争论）。

莱考夫和约翰逊对隐喻的看法与我所说的心理模型有很多共同之处：每一个隐喻都*系统地*运作，并模糊（理想化）某些事物，从而突出其他事物。

正是这种系统性使我们能够从另一角度理解一个概念的一个方面（例如，从战争的角度理解争论的一个方面）。这必然会隐藏概念的其他方面。在允许我们专注于概念的一个方面（例如，争论的斗争方面）时，隐喻概念可以阻止我们关注与隐喻不一致的概念的其他方面。例如，在激烈的争论中，当我们打算攻击对手的立场，捍卫自己的立场时，我们可能会忽视争论的合作方面。与你争论的人可以被看作是在努力相互理解的过程中给了你他的时间，提供一种有价值的东西。但是，当我们全神贯注于斗争方面时，我们往往忽视了合作方面。（Lakoff and Johnson, 2003: 10）

此外，我们可以使用多种隐喻来突出目标域的不同特征。莱考夫和约翰逊为理解思想（如人、植物、产品、商品、资源、金钱、切割工具、时尚）和爱[作为一种物理力量、一个（医学）患者、魔法、战争]表明了几种不同的隐喻框架。

莱考夫和约翰逊的著作（可读性强，值得一读），包含了比这里所能探讨的更有趣的观察和理论。从基于模型的认知多元主义的角度来看，这个重要的一课看起来是这样的：有时，我们可以汲取某个完全不同领域的模型，并将这个模型的结构转换为新模型，以此为基础来形成一个领域的模型。资源模型已经理解的类型、连接和推理模式的系统，为另一个领域的模型提供了一种现成的框架。这是一种非常强大的学习技术，因为它提供了一种获取新领域模型基础的方法，不必通过对目标领域的艰苦探索从头开始构建它。

第四节　三　角　测　量

我们通过使用许多领域特异的模型（这些模型具有专有规则、表征系统和内部范畴）来理解世界的论题，可能解释了关于理解的重要事物，但也带来了问题。我们可以使用许多不同的模型来理解世界上不同的事物，但我们不能*只*使用一次模型，不能将其他模型孤立地使用。在身体与世界的互动中，我们采用了许多不同的感知、运动和认知系统。这不仅是同时的，而且是以合作和综合的方式进行的。即使在离线思考中，如想象、推理和理论化中，我们也可以从不同的角度，根据不同的模型，来思考一个对象、现象、事件或一般类型的问题。这就提出了以下问题：①我们如何能够适应性地协调它们；②我们如何通过多个模型来思考，如何识别一个事物和*同一个*对象、现象等；③我们如何通过推理将不同模型的见解结合起来，这样我们得到的理解是作为一个整体的，而不仅仅是我们从同时进行的几个不同的基于模型的过程中，得到的结果的总和。

如果我们思考世界的*唯*一方式是通过个体模型，那么至少第二和第三个问题可能被证明是不可能的，甚至第一个问题也需要一些解释。我们假设模型（或者至少那些构成对象的模型）都有自己的隐式内部范畴，都有特殊类型的事物、属性、关系、过程和转换，那么它们就有可能最终成为在各自轴上旋转的独立齿轮，而它们彼此之间没有啮合。假设我在下国际象棋。我在国际象棋模型中，认出一个棋子是骑士。我还认识到它是一种特殊的物理实体。它是我能捡起的一块小木块，或是一个需要用重型设备移动的大混凝土雕像，或者如果是由人扮演的象棋的话，那么极可能是一个穿着服装的人。但是，如果基于模型的认知是整个故事的全部，那么我不会认为*一个单*一事物既是骑士又是混凝土雕像。相反，我会有两种不同的表征：一种是象棋骑士，另一种是混凝土雕像。或者我会把它们看成*两种不同的*东西，无法将它们联系起来。或者，我甚至根本无法跨模型进行整合，只需记录"国际象棋骑士在场"和"骑士雕像在场"，就像汽车的仪表盘上有独立的指示灯，而汽车无法将这些指示灯的信息合并一样。如果没认识到它们是同一事物，那么我就无法实现我的国际象棋骑士的计划。我就不能伸手去移动那块小木块，或命令穿着制服的人向前走两个空格，向左走一个空格。但是，很明显，这不是事实。我可以思考*一个*物体，对于这个物体我*通过*两个或更多的模型来思考，而且我把我通过各种模型思考的物体，看作是*同一个物体*。

我还可以协调来自不同模型的信息。如果骑士是一个沉重的雕像，而不是一小块木头或一个穿着制服的人，那么我知道我将需要使用不同的技术来移动它。我知道我真的有办法移动一些棋子，而不是其他的东西。我可以拿起 50 磅①重的士兵雕像，而不是 3000 磅的骑士，或者我知道有一个木块棋子在棋盘上。这可能会影响我的棋法。如果我知道人类象棋游戏中的某个角色必须很快离开，那么我可能会故意牺牲他正在扮演的棋子。我甚至可以思考一些似乎跨越模型界限的想法，例如，我可能想知道，在人类象棋游戏中，当棋子被捕获时，他们的感觉如何。

我将谈及思考同一事物——同一个对象、事件、过程、现象等——通过不同的模型作为*三角测量*（triangulation）。我们通过不同的模型进行三角测量似乎是无可争辩的。我们做到这一点要困难得多。事实上，我建议需要*不止一种方法*，我将在本节中概述几种方法。然而，这还不足以描述发生的各种类型的三角测量的*机制*。这是一个困难的经验问题。在某些情况下有一些候选答案。但是，我认为在另一些情况下，我所概述的是一些重要和基本的开放性问题，有待于认知科学的进一步研究。

一、三个大问题

三角测量问题在哲学和认知科学中已经多次以各种形式被触及。事实上，至少有三个著名而重要的问题似乎是它的特例：胡塞尔所说的"休谟问题"、绑定问题和德雷福斯所说的"框架问题"。

二、休谟问题

伟大的现象学家埃德蒙·胡塞尔将哲学中的一个中心问题确定为"休谟问题"。休谟是一位英国经验主义者，他把感知和思维看作是一些独立的印象和思想，并通过联想联系在一起。尤其是，休谟在其早期著作《人性论》（Hume，1738）中*否认*了我们有一种物质概念，这种物质概念可以用来将我们对世界的各种感官印象——红色、圆形、柔软等作为单个物体的属性联系在一起。胡塞尔指出，这种对感知和思维的描述并不能提供足够的资源来解释：为什么我们不是简单地思考各种印象、想法或属性，而是想到一个随着时间推移而存在的*客体*的世界。

至少有两个不同的问题在起作用。第一个问题，胡塞尔通过对时间意识的研

---

① 1 磅=0.454 千克。——译者注

究对这一问题产生了浓厚的兴趣，即我们如何能够在连续的感知或思考中，不断确定某个事物为*完全同一的对象*。即使我们能够在时间 t_1 将某物构成一个物体，在时间 t_2 将某物构成一个物体，我们又如何能够将这两种思想作为对*同一物体的*思想联系起来呢？简而言之，为什么我们不简单地认为 t_1 处的"一个 X"和 t_2 处的"一个 X"（或"另一个 X"），而是在 t_2 思考"我们在 t_1 所思考的同一 X"？第二个也是更基本的问题是，我们如何能够思考，哪怕是在一个单一的时刻，不仅仅是这个属性和那个属性，而是一个同时*具有*这两个属性的*单一*事物。我们显然能够做到这一点。但像休谟的心理学那样，其资源仅限于个人印象和想法的呈现，无法解释我们是如何做到这一点的。

三、绑定问题

神经科学中出现了一个相关的问题。亚里士多德以来的哲学家们一直认为，除了视觉、听觉、触觉、嗅觉、味觉之外，还必须有一种额外的能力，即*共同感觉*，或"常识"，在那里，这些模态的传递融合在一起，形成一个物体的多模态表征。对大脑的科学研究揭示了不同的神经解剖区域，与各种感觉模式相对应，但这不是*共同感觉*，在那里"所有的感觉都是在一起的"。事实上，我们当代对大脑的理解只会使事情变得更加复杂，大脑中不仅没有视觉与所有其他形式的单一表征形式结合的区域，而且视觉的不同方面也有不同的区域：颜色、形式和运动。

所以问题就这样形成了：假设一个物体的颜色在大脑的一个部分被表征，形状在另一个部分被表征，而没有颜色加形状的下一个区域，那我们怎么知道形状和颜色是一起的呢？如果我们看到的是一个红色的三角形和一个蓝色的圆圈，那么我们怎么知道**红色**与**三角形**（而不是与圆圈或实际上根本没有任何形状）和**蓝色**与**圆**搭配呢？同样，如果我们用眼睛和手观察事物，探索一个模糊的三角形和一个平滑的圆，我们怎么知道**模糊**与**三角形**、**平滑**与**圆**相伴，而不是相反，或者说不同形式的表征应该完全成对？克里克和科赫（Crick and Koch, 1993）提出了一个关于大脑如何完成这种不同性质的"绑定"的重要假设。其基本思想是，当不同感官区域的两种表征结合在一起时，所结合的表征各自同步出现。因此，我们的建议是，至少在感知上，同一事物的表征的绑定是通过一种*相位锁定*来实现的。

绑定问题是休谟问题的一种科学变体。具体地说，它是这样一个问题：它是关于把不同的表征同时统一起来，作为知觉中单一事物的表征问题。据我所知，像克里克-科赫假说这样的解决方案，并没有被扩展到非知觉的意向状态（例如，想象一个红三角），也没有被扩展到知觉状态随着时间的推移而整合为同一个持久物体（我昨天看到的*同一个三角形*）的表征。

四、框架问题

如第四章所述，第二代人工智能遇到的一个基本问题就是德雷福斯所说的框架问题[1]。即使我们假设日常思维是通过应用明斯基所称的"框架"和我所称的心理模型的方法来完成的，进一步的问题是，我们*如何知道该应用哪种模型*。在我看来，德雷福斯认为这个问题不可能通过标准的计算方法来解决。对于任何一种认为认知*只不过是*计算的理论来说，这似乎都是一个重要的问题。然而，这不需要反驳基于模型或框架的方法。一方面，基于模型的理解方法不需要坚持基于模型的认知单纯是计算的。另一方面，即使我们假设基于模型的认知（在模型*内*思考的意义上）是计算的，这也与决定应用哪个模型的过程是*非计算*的这一论点相一致。然而，德雷福斯的论点似乎确实表明，即使需要一个基于模型的叙述，也不可能是整个叙述。

乍一看，框架问题似乎与休谟问题或绑定问题没有太大关系。它通常表现为一个问题，不是关于对象的构成，而是关于应用*哪个*框架或模型的问题。任何一个框架或模型都有自己的内部范畴来考虑对象。然而，还有一个重要的联系：我们不仅仅使用*一个或另一个模型*来思考一个对象、一个事件、一个事态或一个情境，我们经常使用*几种*模型，将它们应用于同一对象或情境。要做到这一点，我们需要一些方法来协调它们。我们将它们应用于同一个对象或情境。这是一种使"情境"和对象独立于模型的方式，这种方式不完全依赖于任何一个模型构建对象和情境的方式。

五、与三角测量的关系

每一个问题都是关于我们如何将不同类型的表征整合到对单个事物的表征中的，以及如何协调不同模型和感知系统所提供的信息和理解的类型。可能有些属于休谟问题和绑定问题范围内的感官信息并不是以模型为基础的。如果是这样的话，那么三角测量的问题就不在于*通过多种模型*进行三角测量。或者，如果我们最终有理由把休谟的概念和早期的感性表征看作是嵌入模型中的，那么问题更普遍地说就是通过模型进行三角测量的问题。

六、案例

协调来自不同知觉区域和心理模型的信息的能力，是语言或类语言的心理媒介中存在"中央处理"的主要论据之一。可以肯定的是，我们确实用语言思考，并且有类语言的思维方式。这可能不同于在思考中使用公共语言。但是，这并不是完成这些任务的唯一途径，在某些情形下，这也不是一个合理的假设。似乎确实有几种不同的情形。我将梳理我在这里觉察到的那些案例，并指出解释其中的一些建议。

七、知觉绑定

154

知觉绑定问题可能是最受科学关注的案例。像克里克和科赫的阶段绑定假说这样的提议，解释了大脑不同区域所表征的信息是如何联系在一起的，比如，颜色和形状的视觉区域是如何耦合的。不同知觉模式的信息整合还会使用皮层的相关区域，这些区域接收来自多种来源的输入。然而，这些似乎不是泛模式表征意义上的*共同感觉*。相反，将不同模式的信息整合到一个单一的感知中，这似乎是不同领域如何*协调和行动一致*的问题，而不是由一个额外的领域来完成的。*共同感觉*像弦四重奏一样，成为小提琴、中提琴和大提琴的结合，而不是在此之上的一种乐器。此外，这种解释并没有涉及类语言的表征，而是以一种动态共振模式调用神经系统。类语言表征支持在单一介质中组合表征两种类型的信息，阶段绑定则将这种情境视为涉及在不同的表征系统和表征媒介中协调单独的表征。

八、感觉运动参与

感知通常不是像摄像机记录图像那样的被动过程。感知通常是作为与世界接触的一部分发生的，这通常是有目的的，而且包括有机体作用于世界的运动过程。即使是在感性地探索世界的过程中，也是这样的。感觉运动的参与不仅仅是将来自不同感知流的信息绑定在一起，它还包括以一种方式协调感知、运动和定向系统。这种方式由有机体的动力和兴趣推动，并受其生理和认知能力的制约。即使这些过程主要是"知觉的"，但它们也会随着时间的推移演变为动态过程，它们根据当前状态调整，以探索新的信息。

"具身和嵌入认知""情境认知""生成方法"的倡导者利用动态系统理论等资源，为描述这些过程提供了一般框架。例如，西尔伯斯坦和切莫罗（Chemero）写道：

我们提出将延展现象学-认知理解为一种生态位建构,所建构的其中之一是动物的认知和现象学的生态位。在生物生态位的构建中,某些生物种群的活动会改变其自身的生态位和其他生物的生态位。……这些由动物引起的生态位变化在进化过程中具有深远而广泛的影响。现象学-认知生态位的构建在较短的时间尺度上会产生其影响——动物的活动会随着动物的经历而改变世界,这些现象学-认知生态位的改变反过来又会影响动物的行为、感知和运动能力的发展,这又进一步改变了现象学-认知生态位。

我们在图 8.1 中描绘了一个延展的现象学认知系统。遵循生成的和生态的认知科学家的思想,我们将动物视为自组织系统。……动物的神经系统有一种内源性的动力,它产生的神经集合既构成了神经系统,又构成了动物的感觉运动能力。这些感觉运动能力是动物的生态位与动物神经系统的动态耦合和调节的手段。这些感觉运动能力与生态位(即动物……可利用的能力网络)相耦合,并在多个时间尺度上与其相互作用。随着行为时间的推移,感觉运动能力产生动物行动,而这种行动改变了可用的可供性的布局,而且可供性的布局干扰了感觉运动与环境的耦合(这引起了神经系统动力学的短暂变化,从而改变了感觉运动耦合,以此类推)。随着发育时间的推移,动物的感觉运动能力,即动物能做的事情,选择了动物的生态位。也就是说,在物理环境中所有可用的信息中,动物学会了只关注那些特定的能支持动物能力的信息。同时,动物所能获得的一系列信息深刻地影响着动物感觉运动能力的发展。因此,我们有一个三部分组成的、耦合的、非线性动力系统,其中神经系统部分决定并部分由感觉运动能力决定,而感觉运动能力则部分决定并部分由动物的可用的可供性决定。(Silberstein and Chemero,2011:7-9;图号修改为与当前文本相对应)

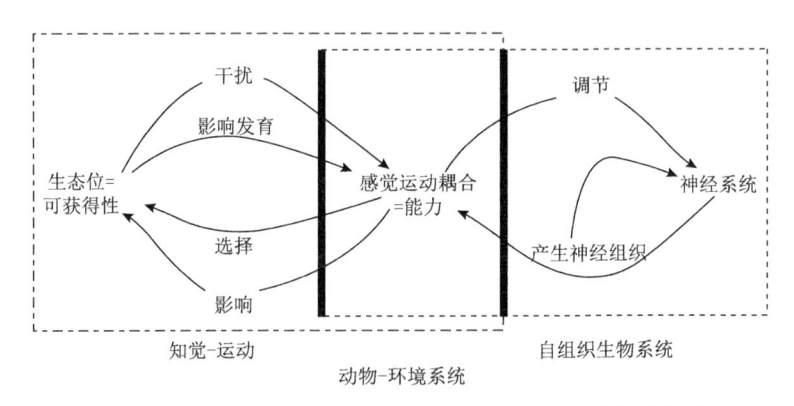

图 8.1 图式延展现象学认知系统。转载自:西尔伯斯坦和切莫罗
(Silberstein and Chemero,2011:8)

根据有机体与环境之间相互作用的状态，整体动力学的控制可能位于不同的地方：在某些神经子系统中，在调节耦合的过程中，在环境的特征中，或者在一个更分散的系统中，包括有机体和它外部的对象与过程。这样的解释并不主要集中在像心理模型这样的子系统的运作上。这主要是因为它旨在成为一个通用的框架，以适用于有机体和环境之间的许多类型的关系。这种生成进路不*否认*神经系统可以在功能上分解成为心理模型一类的子系统，也不否认这些子系统在某些任务的动态中起主导作用，也不否认这些子系统在这些任务的执行过程中与环境（被建模的系统）的更具体特征紧密耦合。以模型为基础的交互作用特有的耦合机制可能与模型的熟悉度和适当性密切相关。而学习中的神经变化动态则是解释模型习得的重要工具。此外，离线认知的能力可能一定程度上涉及将在线与外部对象的耦合替换为与充当外部对象代理的心理模型的耦合。（在这方面，我认为基于模型的认知方法提供了在线认知动态耦合主张的自然延展。）

九、完全同一对象

到目前为止，这些都没有真正解决胡塞尔认为的休谟问题的关键难点：我们如何能够以不同的方式，随着时间的推移，将某个事物构成*完全同一对象*，该对象会随着时间的推移而不断变化，即使我们对它的感知和信念会发生变化，它也会被理解为同一个事物。这种现象，我们可以称之为*对象导向的认知*，这实际上是一种特殊的三角测量，不同于串联使用的不同模型的实践协调。

我认为这里至少有两种截然不同的情形，它们似乎需要不同种类的主张。第一种是在一个知觉事件中跟踪对象。大脑具备一些相对较低层次的机制，特别是视觉系统，这些机制参与了随着时间的推移跟踪对象。这些似乎能够处理暂时被遮挡的对象，甚至可以根据气味或蜘蛛网中的振动等线索构成尚未被直接感知的对象。这样的过程不需要资源来设置命题之类的假设，尽管有时我们发现用信念来描述它们是最容易的。这样的过程在动物界中广泛存在。但是，它们并不能解释在*不同的*感知事件中，将某事物重新识别为完全同一对象的能力，也不能在除感知之外的思维类型中进行对象导向的三角测量。

一方面，目前还不清楚有多少动物物种能够在不同的场合将某事物重新识别为完全同一的个体，或在离线认知中将其视为个体。一只蚂蚁可以识别出另一只蚂蚁，比如它是否属于同一个蚁群、它的族群，以及携带食物回家等状态。但是，一只蚂蚁可能无法区分自己蚁群中的一个个体工蚁或雄蚁，与另一个个体工蚁或雄蚁。更有可能的是，每一次与另一个巢穴伴侣的相遇仅仅是一种象征（标记）——"工蚁""还是工蚁"。另一方面，哺乳动物和鸟类能够重新识别特定的个体，它们的这种能力似乎是必需的，可以用于识别配偶和后代，加强社会认知的内容，比如在社会性更强的物种中的地位等级。目前，还不清楚这种能力在系统进化树中的何处出现。也许，一只短吻鳄可以看到另一只短吻鳄，并把它记成一周前看到的同一只短吻鳄。或者，实际上，它只是认为，在某一个场合，"雄性短吻鳄比我大"，而不是把这两种标记看作是完全同一个个体。

至少有些物种似乎不仅能够重新识别特征，而且还能识别特定的无生命对象。例如，一只狗似乎能认出一个*特定的*玩具。当然，许多动物也能识别其他物种的特定个体。家养的狗既能认出自己喜欢的人，也能认出其他狗。有证据表明，即使是野鸟也能分辨出它们遇到的不同的人类。我猜测，重新识别个体的能力最初可能是对社会认知的一种适应，这涉及社会物种内的同种动物，也可能成为社会动物的关键先决条件之一。情形可能是，一旦具备了这种能力，将其扩展到其他事物——其他物种中的其他个体、无生命物体，这会自然出现，或者至少只需要感知能力就能区分不同个体的任何线索。（你和我有必要的认知资源来思考独立不同的个体，但我们的感知能力并不适合区分同一物种和族群的特定蚂蚁。）或者，这些可能需要建立在源自社会条件的基础上的进一步的认知能力。

重新识别特定个体的能力似乎需要一种特殊的认知资源：名称类的概念，而不是泛化的概念。种类概念（**狗**）和属性概念（**雄性、斑点**）本质上是可以应用于多个个体的。相比之下，名称类概念的功能只是挑选和跟踪一个事物。我觉得这很可能是一种*特殊的*概念，一种不需要追踪种类和可变属性的概念，一种可能在进化史上出现得比较近期，可能独立于几个广泛分离的分类群的概念。

十、信息传递

虽然在一个模型中思考往往或多或少是自主的，但我们也常常能够在模型之间传递信息。通过这种方式，至少一些基于模型的推理并没有完全像福多所描述的那样被封装在模块中[2]。我的社会状况的心理模型可能会提供关于预期的一般预测，但我可能需要不同类型的信息，而不是该模型提供的信息，对形势有更细致地了解并作出更好的预测。我的餐厅礼节模型可能会提供一些关于服务员行为举止方面的信息，至少在"按照脚本"的时候是这样的。但是，其他人可能会要求我了解他的个人心理：他是不是消极进取，他的文化背景是什么，他是一个有经验的服务员还是在培训中，他在餐厅里或外面扮演什么角色，他处于什么样的情绪中。这需要不同类型的模型来理解这些东西，但如果我真的掌握了它们，那么它们会影响我在这种特殊情况下如何运行餐厅模型。

我在这里建议的类比是计算机编程中的参数传递。现代编程通常是高度模块化的，不同的子程序用于不同的操作。然而，不同的代码模块并不仅仅是并行运行的不同操作。通常一个模块调用另一个模块，并传递和接收称为参数的变量值。例如，一个模块 M1 可能需要三角形的面积，但只有边的长度信息。有一个公式是根据边长来计算面积的，这个公式是海伦公式。

$$A = \sqrt{p(p-a)(p-b)(p-c)}$$

其中，p 是周长的一半，或 $p = \dfrac{a+b+c}{2}$。

我们可以输入代码来计算 M1 内的面积。但是，如果一个操作由多个模块调用，那么将其定义为单独的模块化过程更有效。因此，我们可以定义一个单独的**模块 M-海伦**，用于从边长计算面积。它需要三个输入参数（每边的长度各一个），并为计算区域传回一个输出参数。

当然，当我们进行明确的数学计算时，我们可以以一种非常类似于这样一个程序的步骤的方式进行。（图灵的"计算"概念毕竟是建立在人类数学家在计算中所做的模型上的）。但在大多数情况下，使用心理模型而没有这种明确的计算，与参数传递的关系可能只是类似的。一个模型可以通过某种方式"请求"另一个模型提供的信息，也可以通过某种方式获取并使用这些信息。

十一、语言与类语言认知

我试着在这里提出一个例子，即有一些形式的模型间的三角测量，不需要语言或类语言的思维过程。当然，这并不意味着我们也不拥有语言资源。至少在模型中发现的一些陈述内容*也*可以以语言或类语言的格式被"导出"表征（或"再表征"），以语法和通过语法组合思想的能力为代表，这些思想的内容可能来自不同的模型。这似乎或多或少与福多所说的"中枢认知"相对应。但这里有两个重要的注意事项。第一，这种类语言思维的替代方法不仅限于福多式模块，还包括各种各样的模型。第二，如果模型构成了许多直觉推理的基础，那么非感觉表征的*内容*就不能完全在中枢认知的语境下理解（因此不必是"奎因式和均质性的"），而是在很大程度上取决于它们的起源模型。但是，另一个关于类语言认知模式的主要假设，在*很大程度上*仍然完好无损。这一假设是一种非特定领域的普适的表征媒介。（它只在很大程度上保持完整，因为可能有许多模型约束的表征不能有效地整合到中枢认知中。考虑一下所有难以用语言表达的东西。）

语言，或者至少是一种类语言的思维媒介，似乎是特定*推理*形式的先决条件。最明显的是，它需要明确地论证，其中的句法形式的推理是至关重要的。名称类的语言是一种特定适应表征和利用个人信息的开放资源。但它似乎可以审查我们的表征和推理对象的能力，这种能力使我们可以检查、测试和完善。我将在第十一章进一步讨论这些主题。

十二、一个模型如何测试另一个模型

最后，通过多种方式帮助我们对各种模型的应用进行完善，并评价每个的适当性。特别是，应用两个模型（在下一节中讨论）产生的不同结果，尤其是相互矛盾的结果，可能会对一个或两个模型在特定语境中的适当性提出疑问。这可能对模型适用的案例类别提出更抽象的问题。在某些情境下，它也可能导致一个或两个模型的改变。这些情境通常需要一种元认知——用来*思考*模型，而不是简单地*通过*模型来思考——这对于非人类动物来说是不可能的。然而，我们可能也有理由认为，在不涉及元认知的情境下，模型之间的冲突会导致一个或两个模型的变化。

第五节 不 协 调

使用多个模型可以帮助我们理解比任何一个模型都更复杂的现实。但与此同时，有时我们使用的不同模式不能很好地结合在一起，这会产生困惑和悖论。有时，它们会导致相反的期望和预测。有时，它们实际上是彼此*不相容*的。然而，我们可以通过将模型的特性看作模型来理解其中的一些问题。

首先，考虑一个复杂情境下不止一个模型应用的情况，比如，纸飞机运动的重力和空气动力学模型；或者一位母亲正在一家公司工作，因为工作任务而需要工作到很晚，但她还必须从托儿所接女儿。如果我们只使用重力模型，那么它将产生一个预测，即纸飞机将以完全相同的方式下降，就像一张同等质量的纸团下落一样。如果我们只使用空气动力学模型，那么它将产生一个非常不同的预测。在第二个案例中，如果我们*只*使用职业责任的社会模型，那么它可能会产生一个预测，即女性将留在办公室，直到工作完成。如果我们*只*使用母亲责任的模型，那么它可能会产生一个预测，她将选择某个时间离开去接她的女儿，这个时间在最初预计的时间和托儿所关闭的时间之间。在这两种情况下，每个模型都包含了

与其他模型相关的因素。因此，任何一个模型都不能单独用作真实世界行为的现实预测的基础。当然，在某些方面，情况是不同的。在力学中，我们有通过向量代数求和力的技术，而这种方法在社会责任的情况下是不可用的。在这种社会责任的情况下，可能有其他的元技术，如评估一种责任如何胜过另一种责任，或者可能找到满意解决方案的方法。但在这两种情况下，所使用的任何一种方法都必须超出单个模型的资源范围。每个模型都包含与另一个模型相关的因素，而且这些因素都与实际情况相关。可能在物理和社会两种情况下，我们都没有一种运算方法来确保综合各种因素。

我们还要考虑一种更严重的情况，即适用于同一情况的两个模型要么不可通约，要么不一致。同一现象的波模型和粒子模型，面对光的传播，会产生对行为的冲突预测，因为它们使用不同的表征系统、推理规则和模拟过程。广义相对论和量子力学是不一致的，经典引力和相对论引力也是不一致的。我们可以将这些情况视为类似于欧几里得几何和非欧几里得几何之间的关系：所讨论的模型具有不兼容的表征系统和规则。每一种模型都适用于各种情况，但它们的形式化结构确保了当它们结合在一起时，问题就会出现。

从认识论和真理论的观点来看，而不是从心理学的角度，这可能是令人困惑的。我将在本书的最后一部分检验它是否应该是深刻而令人困惑的。每个模型都必须使用*一些特定的*表征系统。采用什么样的表征系统将受到这些限制：①需要建模的真实世界不变量的需求；②认知结构的一般约束（像我们这样的心智可以使用的表征系统的特定类型集合）；③实用需求，如提供理解、计算和预测的效用。由于这些限制作用于*单独*的形状模型，我们无法保证这两个模型会兼容。每一个模型都在特定的案例范围内能很好地单独工作，当它们结合在一起时，可能会出现困惑和悖论，而且这似乎是一种通过个体模型来理解世界的策略的自然结果，而个体模型对于特定的问题范围是次优化的。

模型之间的不协调将是理解统一计划中的一个重要问题。基于模型的认知产生不协调的原因，将有助于我们理解知识和科学不协调的案例。我将在第十二章重返到这个主题。

第九章　其他基于模型的方法

在前面的章节中，我试图以一种直观的、易于理解的方式，发展了一个非常广泛的心理模型概念。虽然我已经描述了心理模型可能需要的一些特征，但我有意将讨论保持在一个抽象的层次上，以避免我们需要做的各种技术细节——创建一个基于模型理解的计算机模拟，并测试它是否足以解释各种心理数据。我不仅不适合从事这种项目，而且不同的基于模型的知识表征或人工智能方法之间的差异也与我的目的相悖。这是概述一个关于理解的哲学论题，而且探讨它对哲学领域如认识论和语义学的进一步影响。在心理学、人工智能和理论认知科学中，许多正在进行的研究项目都将心理模型的概念作为他们工作的中心特征，本书更多的是为了补充而不是与它们竞争。

同时，这些学术领域中"模型"一词的用法也有很大差异。如果用模型的人同意一件事的话，那就是这个词很少有明确的特征，而且在一定程度上，它的用法有很大的不同。熟悉其他基于模型的认知主张的读者可能会希望对我的模型概念与其他模型的一致性或差异性进行一些澄清，这是可以理解的。我们不可能详尽地研究这些方法在多个领域的所有用途，但在本章中，我将介绍心理学、科学哲学和理论认知科学中几个有影响的项目。（或许，我应该提醒一下，本章似乎比其他大多数章节更具"学术性"。这可能主要是对于已经熟悉其他一些研究工作的读者来说感兴趣。）

第一节　心理学中的模型

苏格兰心理学家肯尼思·克雷克在认知科学中创造了"心理模型"这一表达方式，这似乎值得称赞。（即使其他人更早地使用了它，基于模型的方法的倡导者们也把他们对这个表达的使用追溯到了克雷克。）在心理模型文献中经常引用克雷克写的一段话：

如果有机体有一个外部现实的和它头脑中自己可能采取行动的"小比例模型",那么它就能够尝试各种选择,得出哪种是最好的,在未来的情况出现之前做出反应,利用过去事件的知识来处理现在和未来事件,并以各种方式做出反应,以更充分、更安全、更胜任的方式应对所面临的紧急情况。(Craik,1943:61)

克雷克在1943年发表的这篇文章,大大早于人工智能的研究。事实上,在当时,计算机基本上被掩盖在布莱奇雷公园战时破译密码项目的秘密之中。克雷克对控制系统非常熟悉,并在两篇遗著(Craik,1943,1948)中撰写了关于控制系统的文章,并寻求心理过程的生理学和"机械论"解释。早在心智的进化和适应性方法流行之前,他就开始论述了[当然,这一思路是由威廉·詹姆斯(William James)(James,1890)首创的]。但是,克雷克将思维的问题界定为一个有机体应对其环境中的问题。根据克雷克的说法,有机体能够通过"解释"这一智能行为做到这一点,这种解释可以预测世界上会发生什么,以及有机体可能对世界产生各种作用的后果。解释和预测的能力需要将外部过程"转换"成单词、数字或其他符号,然后用这些符号来"推理",再然后"重新转换"成外部过程,就像架桥一样。

虽然克雷克在某种程度上探讨了这种内部过程在语言学或言语表征上的作用,但他的中心解释策略是将其比作外部模型的构建和使用。事实上,正如我在本书中所做的,他通过首先讨论外部模型,为发展心理模型的思想铺平了道路。

因此,我们所说的模型是指任何物理或化学系统,它与它所模拟的过程具有相似的关系结构。我所说的"关系结构"并不是指那些关注模型的模糊的非物质实体,而是指它是一个物理工作模型这个事实,该模型以与它平行的过程相同的方式工作,在任何时刻所考虑的方面都是如此。(Craik,1943:51)

反过来,心理模型是心智中的某种东西,其结构与我们所思考的外部系统的结构"平行":

我的假设是,思维模式或平行状态、现实,它的本质特征不是"心智""自我""感觉数据",也不是命题,而是符号体系,而且这种符号体系与我们熟悉的机械装置中帮助思维和计算的符号基本上是相同的。(Craik,1943:57)

这种非命题的符号体系到底意味着什么还不清楚,我们也许应该避免这种诱惑,不去理解"符号"这个词在后来的计算思维方法中所产生的联想。约翰逊-莱尔德提出了可能与维特根斯坦的图式或同构观,以及皮尔士的图标符号有关的联系,这些符号通过结构相似性来表征。然而,克雷克的兴趣似乎并不在于语义学（更具体地说，是什么*让*某个事物表征另一个事物）。克雷克的兴趣是适应性认知：如果模型和模型化的系统之间的结构相似性很重要，那么这是因为通过模拟或非命题推理，模型可以作为离线认知中目标系统的心理替代物来发挥作用。克雷克认为，心理模型不仅包括世界特征的表征，而且还包括我们自身行为的表征。这也强烈地暗示了这样一种观点，即这种模型可以弥合理论推理和实践推理之间的鸿沟，并为理解的解释提供一个基础。

克雷克从未对这一理论进行过更详细的研究，因为在《解释的本质》出版两年后的 1945 年的一天，他死于一起自行车事故。他关于心理模型的总体想法，似乎与我提出的观点完全一致。但是，这在当时却很少受到关注，因为他是在心理行为主义的全盛时期写作的。从克雷克逝世后到 1983 年金特纳（Gentner）和史蒂文斯以及约翰逊-莱尔德出版的书中重新引入这个术语，"心理模型"的概念一直处于休眠状态。当代基于模型的观点的倡导者通常引用金特纳、史蒂文斯和约翰逊-莱尔德作为模型方法的先驱，但实际上他们对心理模型可能是什么样的事物持有截然不同的观点。

尽管金特纳和史蒂文斯（Gentner and Stevens, 1983）的文集名为《心理模型》，但他们的文章《流动的水或拥挤的人群：电的心理模型》中的"模型"一词只出现在标题和第一句话中，其中提到了"类比模型"（Gentner and Gentner, 1983: 99）。这篇文章的首选术语是"类比比较"，探讨了我们通过"生成类比"来思考电的观点，通过"结构映射"的过程将对一个领域（如流经管道的水）到另一个领域（电流）的关系系统的理解引入其中（Gentner and Gentner, 1983: 100）。

> 科学中使用的类比模型可以描述为复杂系统之间的结构映射。这样的类比表达了类似的关系系统在两个不同领域中的含义。基本域（已知域）的谓词——特别是对象之间的关系——可以应用于目标域（探询域）。因此，结构映射的类比可以明确肯定相同的操作和关系在不相同的事物之间存在。关系结构被保留，而不是对象不被保留。（Gentner and Gentner, 1983: 102）

关系系统及它们之间的结构同构可以用图表征（图 9.1）。

如果我们可以插入一些在后续出版物（如 Forbus and Gentner, 1997）中使用的"心理模型"语言，那么模型在两个图中被图示化的东西，包含了对系统内部关系的理解，这些关系被设想为驻留在长期记忆中，并用于推理和模拟（Forbus and Gentner, 1997）。因此，"类比模型"似乎是对储存在长期记忆中的关系系统的理解，这种关系系统是由另一个模型的结构到一个新域的类比转换而*形成*的。

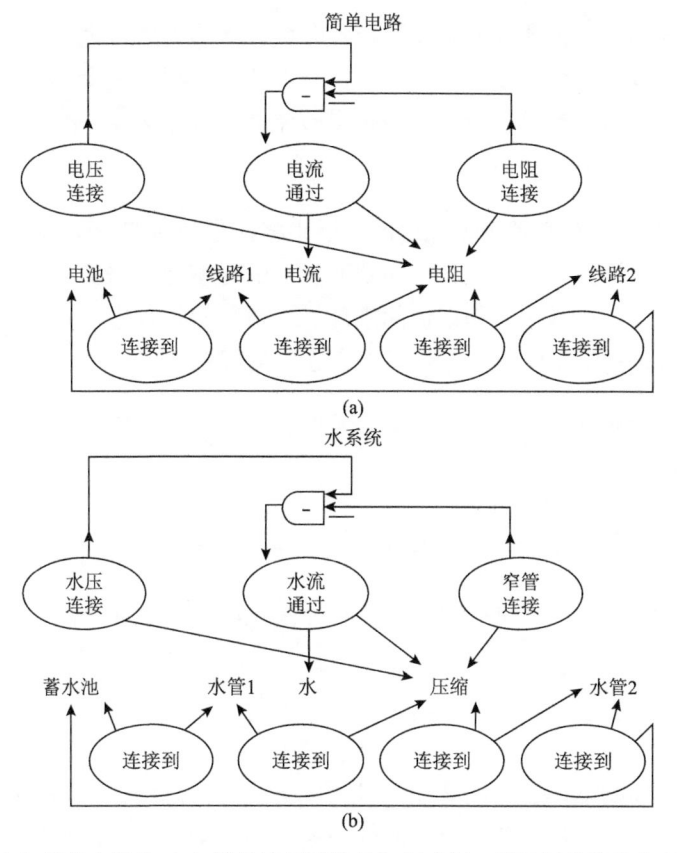

图 9.1 关于（a）简单电路和（b）简单液压系统的知识表征，显示相关结构中存在重叠。这个关系表征一种高阶的定性划分关系：输出（如电流）随着正输入（如电压）单调变化，负输入（如电阻）单调变化。转载自 Gentner and Gentner, 1983: 109, 图 3.3。

这种心理模型的观点与我所描述的观点有明显的相似之处。拥有一个模型就是拥有以系统的方式思考一个领域的持久能力。该模型是一个完整的单元，由其元素的系统性相互关系定义，并提供对目标领域中的现象进行构造、推理、模拟、预测和操作的方法。不同内容域的多模型的假设不仅隐含在不同模型的单独描述中，而且在柯林斯（Collins）和金特纳（Collins and Gentner, 1983）以及福布斯（Forbus）和金特纳对物理学中定性模型的讨论中也得到了明确的表述：

大多数定性物理研究的目标是建立一个理想化的物理推理机，这个系统可以像最优秀的人类科学家和工程师那样，对物理世界进行复杂的推理，而没有他们的弱点。这一目标导致人们倾向于最大限度地提高通用性和生成性的系统。也就是说，定性物理定律用与领域无关的术语表征，领域知识用与情境无关的形式表征。人们的心理模型似乎包括至少某种程度与领域无关的规律和原则，以及与情境无关的领域知识。但是，有充分的证据表明，人们对物质世界的了解以及他们对物质世界的推理方式比这更具体。……目前的定性模拟完全依赖于第一性原理知识，这使得它们不可能成为心理学模型的候选对象，除非在非常狭窄的专业性推理范围内。（Forbus and Gentner，1997：2）

约翰逊-莱尔德对心理模型概念的发展也将模型与命题和图像区分开来，并将它们视为关系结构的"类比"表征。然而，他的模型并不是储存在长期记忆中的系统关系的表征，而是在工作记忆的推理和语篇理解过程中动态建构并保存的。例如，考虑将下列句子中包含的信息组合起来的问题：

勺子在刀子的左边。
盘子在刀子的右边。
叉子在勺子前面。
杯子在刀子的前面。（Johnson-Laird，1983：160）

关于整个场景的信息可以用空间排列的图解模型来表征。

勺子　刀子　盘子
叉子　杯子

与句子不同的是，这个图解模型以一种格式对信息进行编码，这种格式使用的关系类似于本例中提到的对象之间的关系，即空间关系。进一步结论的推理过程在句子中没有被明确提及，比如，关于勺子与盘子或杯子的关系。这可以作为对句子的推论来处理（推论需要进一步的隐性知识，例如，"在右边的"关系是可传递的，以及如何结合在左/右和前/后维度的关系），还可以将空间推理能力直接应用于类比模型的基础上来处理（在类比模型中，借助建模系统的一般结构特征来呈现这些原则）。考虑另一组类似的句子：

勺子在刀子的左边。
盘子在勺子的右边。
叉子在勺子的前面。
杯子在刀子的前面。（Johnson-Laird，1983：161）

改变推理的句子和基于模型的假设所需要的演绎过程的性质，就是这两种明显兼容的排列：

勺子　刀子　盘子　　　　勺子　盘子　刀子
叉子　杯子　　　　　　　叉子　　　　杯子

在约翰逊-莱尔德的术语中,这些将是两个不同的"模型",每个模型都有一个特定的可能配置。伯恩和约翰逊-莱尔德（Byrne and Johnson-Laird, 1989）对这些例子进行了变换实验,认为被试的表现表明他们是在用模型推理,而不是对句子进行推理。

像约翰逊-莱尔德一样,我认为模型与类语言表征不同,并相信对语篇的理解常常涉及语言表征到模型的转换。我们也同意模型与类语言的表征的一个区别是它们的结构,这种结构与目标域有系统的对应关系。然而,约翰逊-莱尔德所说的"模型"是工作记忆中的临时结构,被用于理解和推理的具体的和暂时的任务中,然后被遗忘。相比之下,我称为"模型"的东西更像金特纳的模型：用于理解*各种*情境的结构,这些情境通常在获得后保留,并在需要时重复使用。当然,没有理由认为这两个假设必须相互排斥。事实上,似乎合理的是："建模引擎"应该能够生成系统关系的模型,当这些模型对反复出现的各种情境有用时,就可以添加到我们的永久性认知工具包中,或者只是暂时地建构它们,以便对更特殊的情境进行动态思考。

第二节　科学哲学中的模型

科学哲学文献越来越重视模型在科学中的作用,尽管"模型"一词被用在许多不同的方面,这一点使有关文献变得复杂,其中一些我将在下文中讨论。在介绍基于模型的科学方法时,标准做法是将基于模型的方法与以上方法进行对比,一般方法是将科学规律和理论视为一组陈述或命题,将科学理解视为对这些命题的认识和使用这些命题的推论。例如,罗纳德·吉尔（Ronald Giere）写道：

假设科学理论是一组陈述,这一假设与将科学表征理解为陈述和世界之间的一种二元关系的观点是一致的。对表征活动的这一关注更符合对科学理论的基于模型的理解。（Giere, 2004: 743-744）

南希·奈瑟西安（Nancy Nersessian）以类似的方式写道,"在标准的哲学主张中,推理是使用演绎或归纳方法来处理命题集的。对经典逻辑所提供的演绎推理的理解是这种模型"（Nersessian, 1999: 7）。她注意到认知科学中有一个类似的假设,并在随后的研究中通过比较继续主张,"在不同领域产生的大量研究,导致许多认知科学家得出结论,认为人类的许多推理是通过'心理建模'而不是通过将心理逻辑应用于命题表征的过程"（Nersessian, 1999: 9-10）。

在《科学的认知模型》文集的导言中,吉尔在同一卷中对奈瑟西安的一个条目的概述,以这种方式对几个基于模型的主张进行了语境化:

> 大多数有历史头脑的逻辑经验主义的批评家接受了科学理论主要是语言实体的假设。主要的例外是库恩,他优先考虑具体的范例而不是语言上的概括。奈瑟西安采用了"心理模型"的理论,例如约翰逊-莱尔德(Johnson-Laird,1983)阐述的理论。在这一方法中,以命题形式出现的语言可能不是用来直接描述世界,而是用来构建一个"心理模型"。这个"心理模型"是对现实世界或想象情境的"结构类比"。一旦构建,心理模型可能会产生"图式",它是从特定角度来看的心理模型。命题、模型和图式的这种相互作用,为科学家表征资源提供了一个解释,这种解释比逻辑经验主义者或他们的大多数批评家所使用的更丰富。它可以被认为是模型理论方法对科学理论本质的延伸,例如苏佩(Suppe,1989)、范·弗拉森(van Fraassen,1980,1989)和我自己(Giere,1988)所阐述的。在任何情况下,心理模型的认知理论都为奈瑟西安对科学中概念动态变化的解释提供了主要的资源。在科学哲学的认知方法中,一些这样的表征说明似乎肯定会成为标准。(Giere,1992:xvii–xviii)

吉尔和奈瑟西安的方法,作为认知主义科学方法的重要阐述,特别支持我的观点,即心理模型是科学理解的基础。基于模型的方法的其他支持者使用术语"模型"的方式,其认知主义承诺可能不那么明显。有些涉及具体的外部模型的使用,如沃森(Watson)和克里克(Crick)的 DNA 分子的锡纸板模型。其他人使用术语"模型"来表征理解的类比模式,包括使用图表、图像或模拟(所有标准称为"类比"表征),或基于实际*类比*的模型,如在台球模型上审视粒子碰撞。这种类比的使用通常被视为在理论建构中主要起启发性作用,并与实际的理论不同(Bailer-Jones and Bailer-Jones,2002;Hesse,1963,1974;Holyoak and Thagard,1995;Kroes,1989;Psillos,1995;文章见于 Hellman,1988)。类似地,一些作者使用"模型"一词来*简化*或*理想化*自然现象的描述,这些描述是在形成更充分理论的过程中使用的,并可能为了便于计算而保留下来。当然,科学中也有数学模型,包括计算机模型。

尽管"模型"一词的用法多种多样,但它们反映了一个共同的主题,即科学理解涉及使用某种替代品,无论是心理上的还是外在的,这种替代品与目标领域在形式或结构上有相似之处。此外,虽然"模型"一词的某些特定用法可能与指称外部模型或者涉及类比或理想化的思维方式有所不同,但它们出现的总体情况与我的认知主义建模概念,比最初模型可能出现时的含义更为一致。

使用外部模型和使用心理模型之间的区别并不是那么大。外部模型在某种意义上已经是"心理的"了，因为它们只是根据它们*在思考和推理*中的使用方式而成为*模型*的（当然，它们并不是"*纯粹*心理的"，那意味着没有外部模型）。此外，当一个人使用外部模型时，他实际上是在思考*关于*目标系统而不是模型：他*通过*模型思考目标系统。类似于粒子碰撞的台球模型也可以这样说：虽然该模型是由实际台球的碰撞*启发的*，但人们使用该模型来思考气体分子或其他粒子的碰撞，而在实践中，隐喻源会被遗忘或变得透明。使用这种模型的人思考气体分子碰撞的方式和她思考台球碰撞的方式*是一样的*，但这样做的时候她通常根本就不考虑台球。通过理想化的简化同样已经被构建到我对模型的描述中，而且，我不认为这是不同的科学认知模式之间的区别。一些模型、理论和定律比其他模型、理论和定律更简单，反映它们的目标也不那么准确，但它们*都*涉及对理想化的悬置和扭曲（在科学哲学文献中，有时这些不同的模型、理论和定律分别被称为"亚里士多德式"理想化和"伽利略式"理想化）。

　　一些科学哲学家将他们所称的模型（例如，可视化、外部模型或简化启发式算法）与定律和理论（有时区分为被构造为方程或命题的事物）区分开来。另一些科学哲学家则将科学理论本身视为模型或模型族（van Fraassen 1980；Giere，1988；Suppe，1989；Suppes，2002；不过，参见本章后面关于理论的语义说明的部分，以澄清其中一些作者所使用的"模型"概念）。还有一些科学哲学家将模型视为理论的补充，以填补抽象理论中缺乏的细节，但需要将其应用到更特定的语境中（Redhead，1980；Morgan and Morrison，1999）。同样，在很大程度上，这些语言差异并没有让我觉得与我的主张相反，即科学理解包括体现在定律和理论中的理解，最终取决于心理模型。从理论中区分模型的学者通常这样做是为了强调科学*推理*依赖于模型的方式（Magnani and Nersessian，2002；Magnani et al.，1999）。如果我们需要模型作为定律或理论[理解为"明确制定的原则"（Giere，2004：744）]与特定语境之间的"调解者"（Morgan and Morrison，1999），那么对理论的*理解*就需要这样的模型。我不希望主张，科学*也*不包括方程、命题表征和符号运算等。我的主张是，以纯粹形式化的方式处理的方程和其他符号表征的能力，它们本身并不等于对科学领域的理解，而这种理解是由心理模型提供的。

　　然而，科学哲学中"模型"一词的另一种用法与我的用法截然不同。这种用法是从逻辑和模型理论中继承过来的。模型理论用于数学和逻辑中形式系统的检验。一个数学的或逻辑的系统是一组公理及其在系统推导规则下的推理结果。这种系统是*形式的*，因为它们对所指派的术语没有解释。这样一个系统的*模型*是对系统术语的解释的指派。在逻辑中，这可能是将对象域指派给引用项，将关系域指派给双值谓词。在数学中，加法下的整数可以算作具有特定运算类型和传递性等性质的群论结构的模型。这种模型理论意义上的"模型"可以达到许多目的。

它可以作为一个启发式工具，通过一个更熟悉的特定数学系统来理解抽象结构。但是，它也可以用来测试结构的一致性和封闭性。

科学哲学理论中的"语义观"将这种模型概念应用于科学理论。不同版本的语义观已经被阐述了。苏佩（Suppe，1960）将模型视为集合论结构，范·弗拉森（van Fraassen，1980）将模型视为状态空间结构（关于语义观的变化的综述见于 Suppe，1989：第一章）。语义观的支持者将模型与理论的语言表述进行了对比，而且语义观的一些版本认为模型及其目标需要彼此是同构的（van Fraassen，1980；Suppes，2002）或部分同构的（DaCosta，2003）。但除此之外，与其他"模型"概念的相似性也就结束了。模型理论的模型是理论的*真理制造者*，而不是我们理解科学领域的非命题认知结构。这种模型的抽象程度通常*低于*所模拟的事物。事实上，它们是作为模型的形式系统的特殊实例。

第三节　理论认知科学中的模型

基于模型的理解是人类认知结构的一个重要特征，这一观点在人工智能和理论认知科学中最为明显。一些作者使用术语"模型"或其变体，如"比例模型"（Waskan，2006）或"图形模型"（Danks，2014），作为他们首选的技术术语。但是，存在一个同样庞大的传统，它假设系统的非命题结构形成了普通推理的基础，但使用其他术语，例如，明斯基和派珀特（Minsky and Papert，1972）的"微观世界"、纽威尔和西蒙（Newell and Simon，1972）的"问题空间"，以及我在第四章中描述的语义网、框架和脚本等。这些项目与我基于模型的描述有很多共同之处，特别是理解是以领域大小的组块形式出现的，并且以非命题的形式存储的。事实上，我认为他们是基于模型的方法的重要先驱。我与他们在 20 世纪 80 年代的相识可能为我自己的想法提供了很大一部分灵感。然而，我不会在这里重新描述它们，因为第四章包含了对其中一些的冗长描述，特别是明斯基的框架概念。

大约在同一时间，大卫·马尔（David Marr）（Marr，1982）出版了他有影响力的著作《视觉》，该书提供了一个计算运行的描述，可以解释视觉信息处理，包括从视网膜上的原始感知阵列到场景的三维"模型"。马尔仅在过程的最后阶段使用"模型"一词，尽管先前的处理阶段，即"2½D 草图"从某个角度是以观察者为中心的场景模型。但是，模型是以对象为中心而不是以观察者为中心的三维模型。从某种意义上说，这些"模型"更像约翰逊-莱尔德的模型，而不是我的模型，因为它们是随着感知者的感知和方向而变化的瞬态结构。然而，构建这种视图的能力需要拥有更符合我的用法的视觉建模系统。马尔的书是专门关于视觉的,并没有提出心理模型是一般理解中的一个重要单元,人们无法从他的理论中推断出一个更一般的基于模型的观点,因为三维视觉感知可能是认知的一个方面。对于这一方面,模型共享其目标的形式特征显然最适合。

马尔还对理解认知系统所需的三个抽象层次进行了区分,这一区分已颇具影响力。其中最抽象的,他称为"计算"的层次,指定了一个系统做什么及其功能。下一个层次,即"表征"或"算法",描述了如何通过使用何种表征和计算过程来处理这些表征。第三个层次是"物理"层次,具体说明了系统是如何在物理上实现的:就人类视觉而言,是神经结构;就计算机而言,是硬件实现。这个三层次系统已被后续的认知科学作者广泛采用(不过,有关其局限性的一些重要说明,请参见 Danks,2014)。

认知架构的讨论往往被视为包括马尔的计算或表征层次或两层次之间的交叉点,解决系统的数量和类型的问题,这至少是它们使用的表征类型(例如,模型或命题表征)的一个粗略说明,独立于它们的神经或物理实现的问题;至少在人们接受马尔的层次分类的程度上,我的说明也是这样的。我的说明致力于模型大小单元的存在,这些单元自主地进行一定数量的加工。因此,至少对所涉及的表征和过程的种类有一些限制。我的说明也致力于类语言的思维的独立系统,这需要不同种类的表征。然而,我并没有提出表征或表征系统的更具体的特征,也没有提出操作它们的算法。这部分是因为,我希望提出一个基于模型的认知多元主义作为一个似真实的和宽泛的论题,该论题与各种关于信息处理结构的更具体的假设相一致,而这些信息处理结构可能是使用心理模型的基础。但是部分原因在于,我对这类系统的"算法层次"描述真正提供了什么持更谨慎的看法:我怀疑认知是通过算法的*应用*而发生的,尽管认知过程可以用算法*来描述*(虽然我认为心理物理效应是由韦伯-费希纳定律*来描述的*,但我非常怀疑,这是由大脑表征并应用对数或幂函数方程表达的"规则"来实现的)。

然而,一些基于模型的主张在他们提出的模型的类型和性质上更为具体,我将简要讨论其中的两种。第一种是乔纳森·瓦斯康(Jonathan Waskan)(Waskan,2003,2006)提出的在认知中起着重要作用的"比例模型"。与大多数心理模型的支持者一样,瓦斯康构造的观点与"心理逻辑假说"形成了鲜明的对比,即"思维涉及句法敏感的推理规则在句法结构的心理表征中的应用",提出"另一种假设……思维需要构建和操纵认知等效的比例模型"(Waskan,2003:259)。

图像和比例模型属于更一般标准下的物理同构模型(PIMs),物理同构模型是一种具有一些与其所表征的东西相同性质的表征。因为经常需要预先思考对三维空间和因果关系的表征进行保持真实性的操作，所以在当前的语境中，人们最感兴趣的物理同构模型是比例模型。（Waskan，2003：261-262；删除内部参考文献）

和我一样，瓦斯康从考虑外部模型开始，比如在坐标纸上构建情境图，或者用乐高积木构建模型。

特别令人感兴趣的是，空间表征可以用来以某种方式生成预测，这种方式不需要规则（即框架公理）来指定对所表征系统的每一种可能改变的后果。例如，人们可以用一张坐标纸来表征哈里、劳拉和卡琳的相对位置。假设你想知道，如果哈里移动到一个新的位置，那么所有这些个体的相对位置会是什么，你可以简单地删除表征哈里的标记，并在对应于新位置的正方形中插入一个新标记。

二维空间媒介也可以用来表征对象的结构，而且这种表征的集合可以用来预测对象相对位置和方向变化的后果。例如，我的咖啡桌上的一个纸板剪纸（从上面看）可以与我客厅中其他物品的（同等比例）二维表征和房间本身的描述结合起来，以便预测这些物品的相对空间位置和方向的无数变化的后果。这类表征的一个非常理想的特征是，对表征的改变的副作用自动反映了对所表征的系统的改变的副作用——也就是说，这不需要它们的明确说明。因此，这种表征至少在有限维集上表现出对预测问题的免疫。此外，它们可以很容易地进行比例扩大，以包含更多对象的表征。（Waskan，2003：262；删除内部参考文献）

与其他关于"类比"模型的讨论一样，瓦斯康强调，比例模型在其目标域中再现关系系统，因此模型上的变换追随其目标域中的变换。瓦斯康还强调了这种模型在"预先思考"中的重要性——通过模拟或其他基于模型的推理过程来预测世界（通过自行或意向操纵）将如何运行。

就像马尔对视觉的说明一样，瓦斯康的理论在范围大小上比我的更为有限。瓦斯康的理论比马尔的更广泛，因为瓦斯康的理论包含了丰富的离线认知可能性和在线认知语境中的可能性预期。但是，由于瓦斯康的理论的性质，它仅限于对空间现象进行建模。因此，瓦斯康的理论只包括认知能力的一个子集。和我一样，瓦斯康并不否认也存在类语言的认知，但我认为也存在各种各样的非空间模型。这些非空间模型保存了理解的其他领域内的关系，并允许对其他领域进行非命题推理。此外，瓦斯康的比例模型似乎在很大程度上是约翰逊-莱尔德意义上的"模型"，而不是理解现象类别的固定框架。但是，形成和运用比例模型的能力的前提，是一个更通用的建模系统（或此类系统的集合）适用于此目的。

在最近一本关于理论认知科学中的心理模型的书中，大卫·丹克斯（Danks，

2014）认为，理解和推理是由图形模型支撑的（或者至少是大部分；丹克斯似乎在书的不同部分对自己的观点范围提出了不同的主张）。"图形模型"的概念比大多数模型的概念定义得好得多。因此，他的理论更直接地适用于对大量经验数据的检验。这是一个占据了本书大部分篇幅的内容。但是，图形模型的概念最初并不是作为一个心理模型的概念或者作为一篇关于认知架构的论文而发展起来的。丹克斯的书中的许多观点都是为了激发这样一种观点，即它仍然可以达到这样的目的。

在最初的意义上，图形模型是一种数学模型，用于表征变量之间的统计关系。

图形模型是用有向图或无向图定义的概率分布家族。图中的节点用随机变量识别，联合概率分布由节点连通子集上定义的函数的乘积定义。通过利用图理论表征，形式主义提供了计算边际概率和条件概率的一般算法。此外，形式主义提供了对这些操作相关的计算复杂性的控制。（Jordan，2004：140）

这种模型的一个显著特点是，它们使用了技术意义上的"图表"，即表征变量的结构"节点"和表征变量之间概率关系的"边"。（从图表上看，这些结构很像用于说明语义网和框架的结构。）该框架是灵活的，因为它可以适应涉及不同变量和关系的开放式语境。因此，图形模型为统计学家或经济学家在不确定条件下的推理提供了一种数学矫正。丹克斯认为，同样的结构已经作为我们认知结构的一个基本特征存在于心智中。

图形模型的核心可以被理解为关联关系的紧凑表征，其中不同类型的图形模型表征不同类型的关联（如信息型、因果型、概率型、交互型）。因此，它们解决了任一认知主体的一个关键挑战，即确定什么是重要的，通常更重要的是，什么是可以忽略的。术语"图形模型"包括许多不同类型的数学模型，包括贝叶斯式网络（也称贝叶斯网）、结构方程模型、随机马尔可夫场、隐马尔可夫模型、影响图、社会网络、指挥和控制结构等。这些模型的核心都存在一个*图形*：一个有节点和边的图，这个图对定性关系进行编码。

从纯数学的角度来看，节点只是对象，边可以是无向的（A—B）、有向的（A→B）或双向的（A↔B）。（Danks，2014：39-40）

丹克斯认为，图形模型假说可以用来解释因果演绎和推理，提供一个有用的重构主要理论的概念，并解释有效地在图形中利用相关信息编码的决策过程。此外，图形模型还包括一大类更为具体的模型类型，根据它们的特征做出区分，例如是否允许循环结构或仅允许非循环结构。

丹克斯的图形模型概念比瓦斯康的比例模型更广泛，因为瓦斯康的模型仅限

178 于空间现象。丹克斯的模型比我的模型更窄，也更精确。在很大程度上，这反映了我们书的不同的议程和预定受众。丹克斯的书主要面向的读者是理论认知科学家，丹克斯的书试图表明，图形模型所提供的具体特征可以用来解释广泛的实验数据，并用于包含这些数据的其他主张。相比之下，我想写的这本书，主要面向哲学读者，包括在认识论和语义学等领域工作的哲学家，他们对认知科学几乎不感兴趣。我的这本书将描述关于心理模型作用的非常广泛的假设，并探讨其哲学含义。因此，我故意留下了一个开放的问题，这就是如何在马尔的算法和实现层次上开发理解的基于模型的多元化结构的假设（可能针对不同的领域有各种不同的方式）。要在理论认知科学中进一步探索我的观点，需要对所涉及的模型类型作出更具体的假设，并且与我的观点相一致的是，一些或所有的建模可能会被纳入一些更具体的框架，如图形建模。

第十章　认知多元主义的似真性

认知多元主义最独特的主张是，我们通过不同内容领域的多种*心理模型*来理解世界。认知涉及使用一些特殊目的的系统来探测、跟踪并允许与世界的不同部分和方面相互作用的主张，可能不是一种共识；但许多先前的学者主张，非人类动物的心智主要由一些有用的认知技巧组成，并认为这是一个良好的策略，也许是进化智能动物的唯一生物学上可行的策略。更具争议的是这样一种观点，即一旦有了像人类这样拥有语言和明确推理能力的动物，进一步增加理解世界各个方面的特殊目的方式*仍然*是一种良好的战略。实际上，这里有两种不同的问题。第一个问题是我们经常看到的关于人类心智和非人类动物心智的讨论之间的特殊分离。通常，即使是那些认为动物的心智主要是由一些封闭的本能和良好的技巧组成，并且承认人类是进化的产物的学者，他们仍然谈论人类的心智，好像我们从零开始就被设计成通用的推理者一样。我觉得这在心理上是幼稚的，在科学上是不切实际的。第二个问题是，即使我们承认我们的推理能力、语言能力和类语言的思维能力是在一套较早的更专业的能力基础上*增加的*，但有一些相当合理的问题是：对于新的、更为复杂的思维和推理形式是否也采取了许多不同的理解领域的形式，以及那些不再局限于自然选择产物发展上的渠化能力的心智来说，这是否仍然是一个良好的设计策略。

第一节　进化更聪明动物的良好设计策略

最容易解决的问题是，为什么"更简单"的有机体的心智存在于或至少严重依赖于一种"良好的技巧工具包"。这是一个探索得很好的领域。第一，也是最根本的一点，个体适应能力明显的不同性状的累积是变异和选择的结果。我们没有理由认为，当所讨论的特征是*认知*特征时，它应该被证明有任何不同。这并不能使它成为一个*好*策略，但它确实意味着这是一个我们*有可能获得*的策略。

第二，作为进化和发展渠化产物的认知特征，也趋向于有专门和有效的神经回路，因此它们是*快速*的。当涉及一些重要的选择，如避免捕食，快速的就是好的。事实上，速度往往比准确性更重要。在检测捕食者的情况下，至少，假阳性（即认为捕食者存在，而实际上没有）比假阴性（即未能检测到真正存在的捕食者）成本更低。当云层多次掠过头顶时，动物可以承受多次迅速寻找藏身处来躲避的机会，但不能承受错失避开跟踪它的捕食者的机会，哪怕只有一次。它也承受不起站在那里仔细考虑是否一个刺激真的是由捕食者引起的。仔细地考虑对某些事情是有益的，但避免猛虎或猫头鹰俯冲捕食不在其中。因此，即使一开始动物就是通过深思熟虑的、通用的推理而不是反射性的好技巧表征世界的，它们也很有可能被老虎吃掉。

第三，对于具有适应性的特定目的机制，越多越好。正是因为它们有特殊用途，所以每一种机制都只在有限的情境下发挥作用。因此，积累能够做不同有用事情的个体适应性是一种合理的进化元策略。

第四，照顾幼崽需要其自身的特殊认知机制，而大多数物种都缺乏这种机制。因此，大多数动物（尤其是那些*没有父母保护的动物*）需要能够很快地做出适应性行为。因此，它们需要一套基本的"良好技巧"工具包，这些技巧是早期发育的产物，即使它们能够在足够长的时间内进行更复杂的学习。

第五，我们在动物身上发现的一些机制过于专门化，不能让我们去学习。这在与交配有关的感知和行为类型中似乎尤为明显。很难理解大多数物种是如何*学会*识别可能的伴侣，或者这些伴侣何时准备好*繁殖*的。大自然已经解决了这个问题，它使一个物种的成员对同一物种的异性成员极其特殊的生理、行为和化学信号敏感，其中一些信号也预示着准备交配。对于大多数物种来说，如果它们还没有先天机制来引导自身，那么学习如何进行交配行为可能会更加困难。一些物种的求爱和交配惯例相当复杂，从事这些惯例的动物无法从性教育或情色中学习到这些东西。

这些考虑实际上归结为两件事。独立的特定目的认知特征的*产生*是我们应该从进化变异过程中预料到的东西。这些认知特征的*积累*是我们从进化的选择过程中预料到的东西。

第二节　对于会学习的动物*仍*是一个良好的设计策略

单独的适应性认知特征的倍增是一种进化策略，这种策略的印记在*简单的动物*身上可以看到，这一点并不完全是有争议的。事实上，前几代哲学家和生物学家经常用鲜明对比的术语来看待人和动物的心智：非人类的动物拥有本能而非理性，而人类拥有理性而很少有本能。当然，这种分歧掩盖了不同非人类物种的心智之间的巨大差异。它也歪曲了人类的心智，并暗示了一个非常不切实际的进化历史。

事实上，人类的心智绝不*缺乏*特定目的的机制，这些机制是发育渠化和选择的产物。事实上，道德哲学经常认识到这一点，尽管主要是在道德哲学对那些行为受"欲望"支配的人的惩罚中。但是，特定目的的机制，从眨眼反射到厌恶传染回避反应和乱伦回避反应等，并不都是欲望的。许多机制仍然起着有用的功能。如果我们是"理性动物"，那么为什么我们还有这些非理性的认知机制呢？

一、进化是个囤积者

首先，进化有点像囤积者。是的，祖先的特征可能会丢失。人类既没有尾巴，也不像我们的祖先那样对外激素敏感。其他的一些特征失去了它们的功能，但仍然以残留的形式存在，如阑尾和尾骨。但总的来说，旧特征与新特征是混杂在一起的，比如人类拥有的三种视觉系统，或者拥有的从多个线索中提取深度信息的能力。这是我认为进化心理学家或多或少已经做得对的事情：具有里程碑意义的突变赋予了我们独特的人类特征，*也*导致了数亿年特殊目的本能的丧失，这是非常令人惊讶的。

另一种说法是，进化并不像工程师那样运作，工程师可以在模型之间进行大比例的修改，甚至可以回到绘图板上从头开始。进化受到基因突变范围的局限，基因可以产生有机体，而有机体在整个发育过程中都能存活并能够繁殖。这种进化局限也限制了有性繁殖的物种的变化幅度：如果基因变化使个别有机体更加成功，但这个基因变化在繁殖上与其他种群不相容，那么在除繁殖以外所有方面的这个突变将不会被传播开来。我们现在知道突变不需要像达尔文想象的那样微小和渐进。但与工程相比，进化仍然是一个渐进的增量过程。当性状特征由于不再具有适应性优势而*丧失*时，这很可能发生在进化作用于物种的冰河时期。也许，我们的后代将逐渐减少专用的渠化机制；但如果是这样，这一过程将可能需要数千年或数万年。（当然，如果我们在改编人类基因组方面发挥积极作用，这一进程可能会改变。）

二、"遗传"特征仍然有用

我们并不明确，*失去*这些特征中的一部分是否是件好事。以厌恶反应为例，科学家现在普遍认为，厌恶进化为一种高度灵活的机制，以避免传染源，如粪便、血液、开放性伤口、皮肤病、寄生虫和腐烂组织。这种机制是由许多刺激物触发的，运作迅速，使人很难强迫自身接触到任何被认为是厌恶的东西。当然，有时厌恶是由并不是真正危险的事情引发的。大多数滑溜的东西其实并不危险。当我还是个孩子的时候，我对蘑菇有强烈的厌恶，包括烹饪中使用的无害而营养丰富的蘑菇。事实证明，麻风病可能是一种典型的令人厌恶的疾病，折磨着人类——但事实也证明，它是传染力最低的疾病之一。

对生物学和医学等领域的更精确的了解，可以让我们更精确地理解哪些种类的事物具有生物危害、它们的运行机制，以及允许我们安全处理它们的规程。在有限的范围内，拥有这样的知识可以让我们要么抑制毫无根据的厌恶反应，要么甚至可以编辑引发厌恶的刺激。但是，这样的知识并不会导致厌恶的反应消失，可以说这是一件好事。厌恶的能力不能不学，因为厌恶不是一个知识库的一部分，厌恶可以被我们所学的其他东西深深地影响。厌恶本身就是一个根深蒂固的机制。它仍然是一种*有用的*机制，这种机制有可能把我们从传染源中拯救出来，特别是那些我们可能无法以科学的方式迅速应对的新传染源。

或者以性作为例子。人类的性本能远比在昆虫或具有特定交配仪式的鸟类中发现的固定生殖程序更"开放"。但是，它们是人类繁殖的重要动机成分。的确，从生物学和医学的角度来看，我们可以更准确地理解人类的繁衍。但是，一个对生殖*只有*这样科学理解的生物，就没有真正从事生殖行为的内在动机。它可能会在一些事情上受到很大的影响，比如识别合适的配偶和它们繁殖的可能性，因为我们识别这些配偶的能力在很大程度上取决于生物变化，如瞳孔扩张、嘴唇和生殖器的血流量增加，以及妊娠周期与兴趣的行为等线索敏感的特定生物机制的运作。（人们*可以*问对方："你愿意和我一起生孩子吗？"但是，我会让读者自己决定这是不是一个有效的性暗示。）当谈到自然选择真正关心的事情时，比如避免危险和繁殖后代，进化就提供了一套非常有效的工具。这很难被改变，缺少这些机制会使我们严重受损。

或者考虑检测和回应社会线索的能力，这对于我们这样的社会物种的成员来说非常重要。有些人，比如孤独症患者，在这些能力方面存在缺陷。一些高功能孤独症患者可以通过一种理论推理来*了解*这种能力，并在令人印象深刻的程度上进行补偿。但是，即使是他们也无法完全弥补大多数人所拥有的成熟的正常认知工具箱的不足。比如说，对于我们其他人来说，通过社会心理学的研究来学习*更多关于社会交往的知识*，*可能*会使我们更善于与他人交往，但这并不能成为人类社会认知专门能力的可行替代品。

第三节　模型增殖的优势

到目前为止，人们一直在探索，为什么像我们这样的心智，学习在其中起着如此重要的作用，仍然会有一种"良好的技巧工具包"。但是，认知多元主义的另一个问题正在等待解决。为什么我们拥有的*更灵活的*认知类型会以*许多不同模型*的形式出现？这个问题的答案基本上分为两类：①这是一个提高理解和智力的*良好*策略；②可能真的不存在其他任何选择，至少对于像我们这样卑微的生物来说是这样。

一、复杂世界，多种模式，有限心智

世界是一个复杂的地方。事实上，即使是我们在任何时刻用感官感知到的世界的一小部分，也是相当复杂的。在你读这句话的时间里，你所处的房间里发生的事情比你一生所能想到的还要多。也许上帝和天使的心智可以接受这一切，但你和我不可以。地球上没有任何生物可以。当与所有的事实和事件相比较时，或者甚至与我们的近邻相比较时，我们的心智不仅是有限的，而且能力也是相当有限的。

为了获得任何理解，一个有限的、具身的心智必须以一种抽象的、理想化的方式来表征这个世界，这种方式会将许多杂乱无章的复杂性压缩成有限数量的概念而忽略其他概念（Simon，1977）。为了对有机体有用，这些概念必须是对有机体及其利益有重要意义的事物的概念，并且必须在跟踪真实模式方面做得足够好（Dennett，1991b；Gibson，1966，1977），或者是在世界的"外面"，或者是在有机体和环境之间的界面上。随着心智变得越来越强大，"兴趣"可能会与生物的需求越来越脱节，跟踪的精确度可能会提高，比如对歌剧或物理学的兴趣。但即便如此，理解所采取的形式也必然会受到特定影响。比如，有机体碰巧拥有哪些兴趣，世界上哪些规律对于这些兴趣来说是显著的，以及有机体可以通过哪些规律来感知、构思和行动。

如果理解的单元是被它们追踪的规律，或者有机体感知和作用它们的方式，或者使它们相关的兴趣所个性化，那么理解就会以相应大小的"组块"出现。引力是单一理论的理想候选者，因为引力是物体运动的某些规律的统一特征，是我们经常遇到的规律，也是因为它是一种单一的基本力。如果你把其他的东西和引

力混合到一个模型中，那么不仅会使认知工作变得过于复杂，而且会模糊你对真实规律的理解。但我们可能使用了不止一种引力模型，有些是理论模型，有些不是理论模型。好在我们对落体有一个直观的理解，虽然这个理解不如广义相对论甚至经典力学那样的精确和可计划，但它更有利于接住坠落的花瓶或避免从悬崖上坠落。即使在科学语境中，我们也可能需要多个模型来描述不同能级的碰撞等现象，部分是因为粒子本身的行为不同，部分是因为我们观察、设想和作用于粒子碰撞的最有用的方法因语境而异。

因此，产生了多元化模型的第一个原因：*世界需要它*。世界上有许多真实的模式，最有效的方法也许是*唯*一的方法，就是一个接一个地给它们建模。（通常有一些方法可以将它们结合起来，如矢量代数，但前提是已经拥有个体力的模型。）

二、一个异议：大多数模式都不是基本的

现在，在某些语境中，人们可能会反对"许多真实的模式"都可能是单一的、更基本现象的结果。我们现在所说的万有引力曾经被认为是由两套截然不同的原理组成的：一套是关于在天空中盘旋的天体，另一套是关于在月球范围下的落体。电磁力和强弱作用力都包含在量子理论中，许多物理学家期望有一个统一的场论，将引力与其他三种基本力结合成一个单一的理论。这是科学哲学中一个合理的问题，我在第三部分中会回到这个问题。但是，这并不能作为一个关于*心理上*可能的论据。

上帝是否*从一开始*就创造出仅仅根据我们现在拥有的最佳理论或者统一场论来思考世界的生物？也许。打赌上帝能做什么从来不是一个好的赌局。一个以这种方式思考的有机体，只有以这种方式思考，才能由自然选择产生吗？可能不会。获得这种非常普遍理解力的有机体可能必须像我们这样做：首先，学习许多更具体现象的模型，然后通过推理和实验来获得更普遍的东西。如果没有多种这样的模型，那么就不可能得到更一般的理论。即使是为了科学的目的，电、磁、粒子碰撞、核内聚力、行星轨道、弹道等更为具体的模型仍然被使用，这是有充分理由的。一个更基本的理论可以把更具体的理论解释为特例，但对于捕捉更具体的理论所捕捉到的规律可能仍然是无用的。生物过程可能都是潜在物理过程的结果，但无论是进化还是克雷布斯循环，都不能从物理方程中"弹出"。试图用量子力学的术语来推理，比如说，物种的起源，甚至新陈代谢，将是一个非常糟糕的方法。

而且，一个*只*以一般和基本的物理术语来思考问题的生物，将不会很好地与

它的环境互动。找出什么是可食用的或危险的任务将是不可能的繁重的任务。这个任务甚至对于一个没有进食和捕食模型的动物来说*也*没有意义。由于有些领域不是物理学或数学、伦理学、美学的特例,有机体就不能用这些术语来思考。也就是说,它不可能考虑所有我们能想到的事情。简言之,对统一*理想*的诉求与心理学无关:统一是一种以预先存在的模型为前提的成就,而且一个在捕捉其他现象的因果或成分基础的意义上是"统一"的模型,在思考或与世界互动中,并不一定是其他现象的*替代品*。对于一个有机体来说,重要的是能够有效地跟踪*显著的*模式,而不是*基本的*模式,而且,大多数显著的模式都不是基本的。能够理解越来越基本的理论,使我们能够以启发性的方式思考新事物,但这并不能削弱以其他方式思考它们的重要性。

三、真实模式和可供性

我曾经谈到过心理模型跟踪自然界的"真实模式",比如两个物体之间的引力。把这种模式想象成"客观的"和"独立于我们的"是很吸引人的,也许是不可抗拒地吸引人的。而且有一些重要的方式可以使这种描述具有某种意义。通过比较引力和相应的质量属性与类似于*可食性*的属性,可以最清楚的看到这一点。可食性一直是有机体的一个相关属性。一种生物能吃的东西,另一种生物不一定能吃。对于狮子来说,肉是一种潜在的食物;对于蝴蝶来说,一滴花蜜是一种潜在的食物,但反之亦然。同样,什么是危险的、热情的,或适合交配的取决于你是什么样的有机体。因此,一些特性,包括那些在生物学上最重要的特性,既不存在于有机体中,也不存在于其环境中的物体中,而是在某种意义上存在于它们之间的界面上。

生态心理学的创始人 J. J. 吉布森将这种特性称为"可供性",并认为花蜜为蝴蝶"提供食物"——也就是说,以一种蝴蝶可以利用的方式供给(Gibson, 1966, 1977)。可供性*是*"真实"的,因为它们不是虚构的。勘查可供性不是犯错误,而是做正确的事情。它们是"客观的",因为它们不依赖于任何人相信什么或其对此的感觉。但它们又不是"客观的",因为*它们仅仅位于它们所归属的对象中*。(在一个哲学术语中,它们不是先天的。)无论在形而上学上还是在科学上,它们都与引力相当,尽管它们不是*基本的*,而且其中许多可能不会出现在任何科学的主要理论术语中。

另一方面,从心理学的角度来看,我们用来思考可供性的*概念*和*模型*,与我们用来思考*一个由物体和属性组成的世界*的模型可能有很大的不同。特别是,一个有机体可以检测和回应可供性,而不把它们想象成*事物*或*附着在事物上的属性*。当然,我们可以把可食性或危险性看作是事物的特性。但是,即使是那些可能缺乏任何类似人类概念甚至指向对象思想的生物,如果它们要做诸如进食和避免危险之类的事情,也需要能够发现并对可供性做出反应。蚊子对空气中二氧化碳含量的差异很敏感。蚊子利用这些差异,确定哺乳动物的方位以获取血液。蚊子很可能不会用对象和属性来表征这些东西。蚊子只是在它们微小的大脑中有一个类似电路的心理模型,让它们可以在可供性的轨迹上运行。我们的大部分无意识认知也包含在可供性检测中。例如,我们只是简单地记录一个特定的表面是否提供了一个稳定的立足点,并相应地调整我们的步伐路径。但是,我们的很多概念性思维也倾向于给人以可供性:我们把椅子看作是一个舒适地可以坐下的地方,或者把喷泉看作是一个潜在的解渴之源。当环境的特征和我们需要或做的特定事情之间存在可靠的联系时,可供性检测器也能识别出真实的模式。它们只是真实的模式,涉及我们特定的需求、欲望和能力,而不是不依赖于我们(或者至少远不依赖于我们)的模式,如引力。

四、真实模式,理想化模型

　　模型可能*旨在*跟踪真实的模式,但有些模型不能。那些在生物学方面取得成功的模型(也就是说,能够很好地追踪这些模式,以便对动物有用),可能无法完美地追踪模式。也就是说,模型是*理想化*的。我们已经讨论了一种理想化:悬置理想化涉及通过忽略其他特征来分离一组特征。但是,我们还没有解决*扭曲*理想化的问题,比如将物体视为质点或者将光的波长重新映射到主观的色彩空间。当然,当我们面对扭曲的情境(其中扭曲*很重要*)时,扭曲理想化可能是一件坏事。但是,在其他情况下,这些被视为扭曲的特征也能让人更容易理解和推理。从生物学的角度来看,无论是进化产生的认知系统,还是由不像科学那样有条理的学习形式所产生的认知系统,其形成过程都是趋同于足够好的模型,而不是为了精确而达到最佳效果的模型。

　　有时,为了使问题在计算上易于处理,需要通过简化假设来扭曲理想化。即使一个更精确的模型原则上是计算上易处理的,但对于每一个实际的心智来说可能并非如此。有些人能理解牛顿力学,但不能理解爱因斯坦的力学;有些人不能理解任何形式的数学物理学。好在我们绝大多数人有更直观的(学习或未学习的)模型,使我们能够预测落体和抛出的足球的轨迹。这些对于数学物理学家来说,这也是好事。数学物理学更适合于火箭科学,但不太适合于躲避落体。因为一个模型的适用性存在几个认识论和实践的因素，同一现象的不同模型可以适用于不同的目的，所以有更多的模型是好的。

因此，像人类这样的有机体，能够形成对他们*有用*的模型是一件奇妙的事情。而且，其中一些模型提供了更精确的理论理解。我们必须从那些包含了大量*我们自己*的模型开始——可供性模型，知道如何在世界上移动，以及如何用我们拥有的特定类型的身体操纵物体，还包括像以什么是好的（或坏的）食物、什么是危险的、谁是朋友或者是敌人等事物为中心的模型。每一种方法都提供了一种对世界独特的认知方式和实践方法，并对特定的目的有用。但是，我们也有能力将我们的*兴趣*提炼成为与生物学没有直接关系的东西，比如在自然界中，以我们越来越少地被这些模式所束缚的方式，发现越来越精确和普遍的模式，也就是说，模型越来越客观。事实上，我们已经在很多事情上获得了兴趣。而且，我们可以形成兴趣的东西似乎是非常开放的。但是，要能够以几乎任意的多种方式逐渐扩展一系列的兴趣，就需要我们能够形成任意多个不同领域的模型。

五、冗余：预期和意外的好处

模型的一种繁殖方式——冗余——有其独特的优势。当然，冗余所做的一件事是，让有机体在面对伤害时，通过损害其中一个冗余系统更有弹性。但是，冗余系统的功能并不完全相同。像那些可以提取深度信息的冗余感知系统，会对不同的线索做出反应，因此在不同的光学条件下都是可以使用的。冗余的认知系统可能以不同的方式表征它们的共同目标，从而给出不同的推论和分解模式。当目标相同的两个系统产生冲突的结果时，这就为更深入的实证和理论研究提供了动力，无论是这对它们所要跟踪的世界现象还是对认知系统本身而言，都是这样。冗余系统可以*产生*更多的理解。

六、多理想化模型、认知三角测量和被迫误差的补偿

更一般地说，假设一个有机体正在使用特定领域的理想化模型，它拥有丰富的模型自然是有益的。一方面，模型的悬置理想化意味着需要多种模型涵盖世界的不同方面。另一方面，正如我们所看到的，即使是一个目标领域的单一模型也可以由另一个模型进行补充，以不同的方式理想化，并采用不同的表征系统。不同的模型可以弥补彼此的局限性。其结果是更好地理解现实。这不是以一个更广泛或更准确的模型的形式（尽管有时也会产生这样的结果），而是以一种通过许

多不同的优势位置和视角对世界进行的*认知三角测量*。

在极端情况下,任何给定的模型都可能会受到*被迫误差*的影响:错误是由它处理和表征信息的方式导致的。在人类视觉系统中,标准视觉错觉的产生就是一个例子。但在这种情况下,大多数或所有模型都可能被迫产生误差。考虑一下我们根深蒂固的假设,即每个物理对象在任何时候都有一个确定的位置。这一假设被编码到经典物理学中,也被编码到核心对象系统、大众物理学中,还很可能存在于很多特定用途的介于两者之间的模型中。除非我们面对量子力学的一些问题,否则这一假设是安全的。在这些情况下,任何被迫将物体表征为具有确定位置的表征系统都会被迫出错。

然而,请注意,*我们*并没有被迫陷入这些误差,即使我们使用的特定模型是有误差的。我可以测量这对虚幻的线条,确认它们的长度相等。有了足够的智力和训练,我就能理解量子力学对电子行为的描述,避免坚持直觉和经典模型的假设。使我们能够超越给定模型的局限性的正是这样一个事实:我们可以拥有*多个*模型,并使用它们更精确地对世界进行三角测量。如果我们*只*能通过核心对象系统来思考物理对象,或者说,通过经典物理或量子力学来思考物理对象,那么我们将缺乏一些我们实际上拥有的认知灵活性。因此,如果有人倾向于认为单一模型的认知架构比多元模型的认知架构更可取,那就问问自己:你会选择*哪种*模型?抛弃其他模型会失去什么?

我想通过考虑这一思路的具体应用来结束这一思路。康德认为,迄今为止,感性的能力总是按照欧几里得几何学来组织感觉,这是一个关于感知心理学的经验主义主张。但他在一个先验论证中继续使用这个结论,即空间必然有欧几里得几何学。我认为这个论证是正确的,尽管我认为结论(和至少一个前提)是错误的。康德的一个假设是,我们在科学中所说的"世界"就是他所说的*现象*世界:通过感性的形式和理解的范畴来解释的世界。因此,如果形式和范畴迫使我们以一种特定的方式来表征任何可能的思想或经验对象,比如说,位于欧几里得式空间中,那么任何现象对象都将具有这种属性,这是关于现象世界的必然真理。因此,*如果*我们被迫用欧几里得式的术语来思考物理对象,而不能用任何替代的术语来思考它们,那么(人类的)现象世界确实必然是欧几里得式的。

这个论证实际上相当有影响力,以至于它使数学倒退了大约一代人。最早构想非欧几里得几何学的人之一是卡尔·弗里德里希·高斯(Carl Friedrich Gauss)。高斯是 19 世纪的一流数学家,他在微分几何领域有许多重要发现。然而,高斯并没有遵循非欧几里得几何的思想。为什么?因为高斯是康德主义者,他认为康德已经证明了空间是欧几里得的这一综合先验真理。(由于高斯对康德的尊重,我喜欢把高斯看作*微分*[①]几何学之父。）但是，其他数学家波尔约（Bolyais）、黎曼、罗巴切夫斯基（Lobachevsky）*确*实追求这个想法，并发现了一致的非欧几里得几何学。因此，即使康德是正确的，即我们只能通过一个特定的几何学的视角来*感知*事物，但是，我们仍然可以用另一个几何学的术语来思考。到了 20 世纪初，爱因斯坦根据经验提出了空间*不是欧几里得*的观点，这一论断后来得到了证实。

我的观点并不是要证明康德关于空间几何的观点是错误的。（很多以前的学者都已经这样做过。）我想指出的是，*如果*我们*是*"康德的认知者"——也就是说，如果我们的心智真的是按照康德所说的方式建立起来的，那么我们甚至都无法*设想*出欧几里得几何学的替代品。康德的心智不能具体地思考或想象与感性形式和理解分类相反的可能性。也许，其他生物也有我们的认知结构无法想象的方式来构想世界。但是，非欧几里得几何不是其中之一。

一个能用不同的表征系统来娱乐和创造多个模型的心智，比一个只有一个表征系统的心智，有更好的机会避免被迫误差。由某一特定模型所造成的误差不需要强迫在*心智*中，除非它无法通过不产生相同被迫误差的模型进行思考。*如果不诉诸*替代模型，就不可能在只有自己的情况下区分被迫误差和综合先验真理。我将在第十二章中，回到一个有点令人不安的问题，即我们所能理解的事情是否有原则上的限制。目前，问题的关键在于，多元化的认知架构是一个良好的策略，可以尽量避免这些限制。

---

① 这里原书有误，应该是 *defferential*，而不是 *deferential*——译者注。

第十一章　模型与语言的互补性

在前几章中，我探讨了人类理解是建立在以领域为中心的心理模型之上的假设。然而，基于模型的认知显然不是人类认知结构的*唯*一组成部分。基于模型的认知也不是人类所独有的东西。我已经以一种独立于它们是如何获得的方式来描述模型。可能存在一些相对简单的动物具有"先天性"（即物种典型的，发育渠化的）认知机制，这些认知机制以一种允许它们作为模型的方式来编码领域的系统特征。即使是通过学习（拥有一个*建模引擎*）来获取模型的能力，也在许多生物分类群中得到了明显的证明。这里提出的一类问题是，模型和建模引擎如何与认知和智能的其他组件相关联。要充分探讨这一问题，我们需要进行广泛的研究，需要从哲学和心理学扩展到认知行为学和进化心理学。我将以一种更为谦虚的方式来探讨这个问题，主要是为了说明，虽然人类和非人类动物的认知结构有不同的因素，其中一些可能是其他动物的历史先导，它们往往在认知中起着*互补*的作用，组合起来完成的任务比它们各自贡献的总和还要多。不同的认知系统可以互补这一基本取向，将作为讨论基于模型的理解与人类心智最显著的特征——公共语言和类语言思维——之间关系的基础。

模型和语言允许我们以不同的方式思考和推理，但它们并不是*简单*的不同的思维方式。基于模型的理解，为我们通常认为的语言的语义属性提供了基础。但是，语言不只是提供了一种交流不同类思想的方式，让我们可以仅仅通过基于模型的认知得到一些想法。它还提供了一种媒介，让我们可以思考不同的思想。它允许我们获得非语言生物无法获得的模型。它为新类型的推理提供了一个平台，不仅包括基于句法的推理，还包括各种类型的*批判性*思维，这些批判性思维要求我们将思维（或其语言表征）本身看作对象。在语言使用者出现之前，拥有建模引擎的动物可能已经存在了数亿年。但是，语言的加入大大增加了基于模型的理解的范围和能力。一些建立在语言基础上的思维形式，只有几百年或几千年的历史。

第一节 认知互补性

在探讨人类认知的独特特征之前,让我们先简单地考虑一下,我们与许多其他物种共享的认知和智力的一些组成部分。进化出的特殊目的机制和通过条件反射学习的能力,为大多数动物的认知提供了一个普遍的基线,甚至在像扁形虫这样简单的动物身上,也能找到这两种机制。还有其他一些策略远非普遍存在,但却在许多物种中以不同的形式存在:将环境纳入的扩展表现型(蜜蜂巢、蜘蛛网、海狸坝)、认知功能的社会分布(无论是在不同种类蚂蚁的不同操作中,这可能涉及一个共同基因型的差异表达,还是在群居动物中,如狐猴或草原地鼠轮流充当哨兵),以及拥有冗余的神经系统(例如我们的多个提取深度线索的系统)。这些系统不仅可以增加弹性,而且可以在不同的条件下,以不同的方式提取与相同目的相关的信息。在我们最近的进化谱系中出现了其他的进步,如哺乳动物特有的好奇心和探索游戏能力的增强,以及工具的使用,这些在许多物种中发现的基本形式,在人类中却得到了极大的扩展。

在认知行为学和进化心理学这一领域,显然存在着有趣的经验和推测问题,比如哪些物种具有特殊的能力,它们何时可能出现在进化史上,每个物种的适应优势是什么,以及其中一些是如何成为其他物种的先兆或有利条件的。然而,我想强调的是一个更一般的观点,这就是关于如何思考智力的不同组成部分*之间的关系*,这些不同组成部分最初可能在认知史上作为不同的分水岭出现。关键是,无论它们最初是如何出现的,它们今天往往不仅彼此*并存*,而且以*互补的关系*存在。

两种截然不同的互补性值得一提。第一种互补性发生在每种类型的系统都做了另一种不能做的事情时。"先天良好计策"为有机体提供了通过"白板条件作用"无法学会的做事方式。(或者即使原则上可以学会,但学习这些计策的成本也会非常高。)例如,动物或多或少*需要*通过对高度特定类型的线索做出反应来识别潜在配偶的发育渠化的方式;动物同样需要执行本物种的典型交配行为,而不必通过观察或试错来学习它们。绝大多数物种在出生或孵化时,比人类婴儿的感知和运动能力更接近成人的完全能力,这些物种*需要*立即具备这种能力,因为它们不能从父母的长期照料中受益。相比之下,能够通过条件作用学习恰恰提供了"先天"能力所缺乏精确性的东西,即增强有机体适应本领的能力,使之超出所选择的范围,并对其当前环境的要求做出反应,这种环境有时与其祖先的环境相比发生了重大变化。

但是，在渠化物种的典型能力和条件作用之间还存在第二种类型的互补性。有一些非常"封闭的本能"，比如*黄蜂*把卵放入瘫痪的蝗虫体内的常规操作。但是，许多"本能"更"开放"。在某种意义上说，它们可以通过条件作用进行微调。例如，有些种类的黄蜂可以在第一次尝试时筑巢，但在随后的尝试中构筑*更好*的巢。小猫有扑向移动的小东西的本能，但只有通过实践才能成为一个高效的猎手。"内置"能力和条件作用在某种意义上是智力的独特组成部分，但动物的适应能力很大程度上是它们相互作用的结果。

冗余系统也是相互补充的，它提供平行路径来提取至少大致相同种类的信息的系统，例如人类视觉系统获取深度信息的各种方式。当然，冗余带来的一个好处是，如果动物失去了一个系统，那么它的认知能力会更有弹性。失去一只眼睛的人不能再使用双目深度信号，但还有许多单目信号可以利用。但是，不同的系统也利用不同类型的信息，因此它们在不同的环境中是有用的。单眼调节（调整眼睛透镜的焦点）和会聚（在不同距离观察物体时眼睛的不同角度）在近距离时特别有用；单眼运动视差（通过移动头部）在中等距离时特别有用；线性透视图（如远处汇聚的道路两侧）和空中透视图（远处群山的蓝色朦胧外观）在远距离时特别有用。在一个单一视觉事件中，正确估计距离可能需要使用多个线索，而两个系统提供的信息之间的不一致，会促使眼睛搜索更多的信息。

其他物种无疑也拥有一些建模引擎，而且肯定有许多物种能够形成我们无法形成的事物模型，因为这些物种通过不同的感知器官和具身形式与世界上不同的可供性相协调，但人类在能够形成模型的事物的数量和种类上远远超过其他物种。也许，这部分是由于最终支持模型形成的神经机制的某些差异，或者是由于人类大脑皮层中有更多的可用的此类资源。但是，它似乎与我们拥有的其他与模型相辅相成的能力有关。使用工具的能力常常被认为是导致人类智力显著提高的主要因素，而使用工具的能力（特别是随时学习工具的用途、发明新工具并通过社会指导传授工具的能力），似乎与学习新模型的能力并行不悖。在某种程度上，这是显而易见的：一个人需要学习一个使用特定工具的模型来有效地使用它。但除此之外，还存在与更广泛的模型系统的联系。一方面，我们不只是为了锤子和锯子而锤击或锯切。这些活动是有意义的，只有在需要它们的一些进一步的项目集合的语境中，优化它们的条件才变得明显。通过木工与那些要求成型和特定连接类型的材料，锤击和锯切在更广泛的背景下才有意义。更普遍地说，兴趣范围的扩大，以及与这些兴趣相关的模型，为发明和使用工具的能力创造了市场。另一方面，工具扩展了我们认识和利用世界的可供性的方式。如果没有必要的工具，那么其中许多可供性不仅不可用，而且对于我们来说是看不见的。因此，工具改变了我们可以拥有的模型。这一点在科学仪器方面可能最为明显。显微镜、望远镜、棱镜和离心机都能让我们探索新现象，并以新的方式将它们分割开来。实验装置揭示了变量之间新的系统关系。但是，科学与普通生活之间没有明显的分界线。杠杆和滑轮等简单机械为现代力学提供了重要的过渡，但它们起源于更为平凡的方式。这些也许最终可以追溯到早期灵长类祖先出现的任何工具使用能力。今天在其他灵长类动物身上这些以较不发达的方式被发现。同样，木工工具开辟了一个可以用木头做的东西的全新世界，没有人认为只用眼睛和徒手与树木和树枝互动会产生这样的新世界。

积极的好奇心和探索性游戏似乎是哺乳动物的特征，它们至少在一些鸟类身上也有发现，与形成和完善模型的能力也是高度互补的。事实上，对激发系统探索新对象和环境的方式的好奇，似乎与形成新内容领域模型的能力很好地结合在一起，以至于人们很容易怀疑它们之间可能存在着密切的历史关系：积极的好奇心是探索性游戏的有利条件，或者它们共同进化，或者如果它们独立出现，那么每一个都使另一个比单独出现时更有价值。探索性游戏似乎与模型的形成很好地结合在一起。探索性游戏允许与物理和社会环境互动的模型以一种不受选择压力的方式获得和完善。

识别当今物种的认知系统或认知特征之间的互补性，有助于激发关于它们的进化史，以及激发它们在发育中如何相互作用的进一步问题。两个系统可能是独立出现的，它们的互补性可能是一个令人高兴的巧合。一个系统可能是另一个系统的必要前身。或者，它们最初可能各自以不同的和更有限的形式出现。它们之间的相互作用可能为各自的扩展和塑造提供了条件，从而发挥它们的综合优势。虽然我热衷于探索这些问题的项目，但我不会在这里深入探讨这些问题。我主要关心的是模型、语言和类语言的思想之间的关系。

就基于模型的认知与自然语言的关系而言，基于模型的认知甚至建模引擎的出现，似乎早于自然语言的能力。结构上的类语言*思维*的地位及其与公共语言和心理模型的关系是一个更为复杂的问题。可能有（或在我们的原始人类祖先中）物种拥有某种程度的类语言的思维能力，但没有语法表达的公共语言能力。相反，类语言的思维可能最初是作为一种内化的语言形式出现的，因此只能在语言使用者中找到。用于公共语言的神经结构也有可能是用于类语言思维的结构。但是，这些潜能的公共和私人表达在原则上是相互独立的，还有一种可能性是，每种表达的充分程度可能取决于另一种表达的存在和相互作用。

我认为果断解决这些问题的前景并不乐观：评估前语言儿童或非语言成年人的思维方式是一件棘手的事情。而且，我们没有办法测试我们死去已久的原始人祖先的语言或类语言的思维能力。即使我们无法解决关于基线能力的起源和出现的优先顺序的问题，我们还是有充分的理由认为，一些不需要公开讲话就可以练习的基于语言的技能，很可能是通过使用公共语言获得和掌握的。这些技能通常也包括语言指令和书面符号的使用。公共语言的基本能力提供了一个支架，在此基础上可以建立进一步的语言技能。但是，所有这一切也在很大程度上取决于语言和模型之间的互补关系。

在本章的剩余部分，我将首先阐述基于模型的认知与语言和类语言思维之间的关系，然后简要探讨语言和类语言思维的增加，如何通过基于模型的认知来增强和转换可用的一些思维形式。

第二节　语言和模型优先性

语言和类语言思维的一个明显特征是它们的*形式*。语言是一种媒介，其特点是句法结构和大量的词汇元素可以占据句法位置。当然，模型也有自己的"形式形态"，但模型不是一个以句子结构或转换和推理规则为特征进行操作的模式。在一个模型中，模型的概念元素与推理规则以及与世界互动的方式紧密相连。在语言中，我们可以将词汇项组合起来，而不考虑它们的来源或形成语义推理的模式。从这个意义上说，语言和类语言的思维是"领域通用的"。相同的语言结构和规则适用于各种内容领域的表征，并可用于组合指向不同领域的元素。在这一点上，中枢认知和思想语言的倡导者有一点是正确的：人类的认知不仅仅涉及以特定领域的方式思考特定领域的能力，而且事实上，人类也认识到特定领域的理解可以采取习得模型的形式而不仅仅是模块，模块是发育上渠化的，主要出现在感知预处理中。

如果要把所有可能出现在语言或语言学文本中的内容纳入"语言"这个词的范围，那么它将涉及广泛的领域：不仅是语法和语义，还有语用学、语音学、音位学、韵律学、方言学等。当然，许多被认为是自然语言的"一部分"的东西不会是类语言*思维*的一部分，因为内容列表包括了公共语言的声学和语用特征。由于我把"类语言思维"描述为这样一种思维形式，即类语言思维的结构单元与语言的结构单元相似，它必须包括句法，或者至少是某种结构上与句法相似的东西。"语言"这个词的特殊用法不需要更多的东西，就像我们说的"形式化语言"一样。所以，存在一些"薄"的语言概念。这些"薄"的语言概念把类语言思维简单地当作一个句法结构系统，这个系统包括（未解释的）词汇类型和标记，也许还有在这些基础上定义的生成和推理规则。

哲学家们普遍认为，类语言的思维也必须包含或多或少与自然语言发现的相同的语义元素。从某种意义上说，这显然是正确的：总的来说，当我们以一种类语言的形式思考时，我们并不是在处理一种纯粹的形式语言。但我们所说的"语义学"，哪怕是公共语言，有多少是真正的*语言学*的？这个问题还不清楚，因为我们还没有具体说明什么是"语言学"的界限。但是在目前的语境中，我们要问的是，语言或类语言思维的加入，为已经拥有基于模型的认知（或其祖先拥有的认知）的存在增加了什么认知资源。这样，我们有理由把"真正的语言学"的界限划得比在其他语境中更窄。如我所说，如果推理语义学是建立在非语言模型的基础上的，那么我们所说的语义学的很大一部分就不是"语言学"的，因为它起源于独特的语言能力。

举个例子。假设有人（用语言）告诉我，"拿破仑既矮又虚荣"。理解这句话让我可以做出各种各样的推论：拿破仑矮，他虚荣，他身高不到七英尺[①]，他可能对批评意见反应很差，至少有一个人既矮又虚荣，等等。这种理解有多少是语言能力或类语言思维能力的结果？当然，仅仅是分析句子和理解句子就需要具备英语能力。此外，从"x 是 P 和 Q"到"x 是 P"或者"有一些东西是 P 和 Q"的句子的推理，很可能是基于理解语言是如何工作的。同样地，对于任何基于句法的推理，我可能会把它作为前提。但是，我之所以能够理解在与人交往时什么高度算矮，什么算作虚荣，或者虚荣的人如何回应批评，并不是基于真正的语言能力，而是建立在相关内容领域的模型上。一个人可能有很好的语言能力，但缺乏他或她进行基于语义的推理所需要的特定内容领域的知识。

公共语言或类语言的思维系统中的词汇项，确实在某种程度上利用了模型提供的不同理解形式：语言话语和类语言的思维可以通过模型*表达我所理解*的东西。如果有人在学习一门语言，那么她必须学习的部分内容是词汇项与模型的结合。例如，把英语作为第二语言学习的人，可能已经有了虚荣的心理模型，但不知道它在英语中是用"虚荣"这个词来表达。但是，如果问题是她是一个熟练的英语表达者，但不知何故从来没有形成一个对虚荣的理解，那么这个问题不能通过进一步学习*语言*来纠正。相反，她需要熟悉虚荣的现象，并形成一个追踪虚荣的显著特征的心理模型。一个社会认知能力受损从而无法理解虚荣的人，也许能够了解人们对那些被贴上"虚荣"标签的人所做的事，并模仿他们。但是，这并不等于理解虚荣。当谈话偏向那个话题时，她只会伪装。然而，她在社会认知方面的缺陷并不意味着她的语言能力的任何损伤。

因此，为了探讨基于模型的认知、语言和类语言思维之间的关系，我将以一种相当"薄"的方式来解释"语言"，这并不包括以基于模型的认知为基础的思维和推理形式。当然，在其他语境中，采用"更厚"的解释是有意义的，"更厚"

[①] 1 英尺=0.3048 米。——译者注

的"语言"包括所有可以用语言表达的东西，一个人可以用语言做什么，等等。我的目的不是要对"语言"这个词的普通用法或技术用法的范围提出主张，而是试图区分语言和类语言的思维能力在基于模型的认知之上对认知和推理做出了哪些贡献。从这个意义上说，语言和类语言思维是一种表征中介，其特征是句法结构和词汇元素根据其所能占据的句法位置进行分类。

一旦我们以这种方式描述了语言和类语言的思想，两个可能令人惊讶的含义似乎就显而易见地出现了。第一个含义是，我们所认为的"语义学"中的大部分甚至所有内容根本就不是从语言中产生的。许多（也许所有）真正的语义联系都来自模型。词汇单元可以表达和编码这样的语义属性，但如果没有模型，语言将在很大程度上缺乏语义内容。这就引出了第二个含义：如果没有与心理模型的这种关系，语言和类语言的思维就没有什么用处，也就没有什么适应性优势。它们将类似于纯粹的形式语言，在这种语言中，符号可以在语法上重新排列，但彼此之间，或与世界之间没有进一步的联系。如果这是真的，那么语言能力只有当基于模型的理解牢固就位后才会产生，这绝非偶然。语言作为对基于模型的认知的补充做出了很大贡献，没有它几乎就没有适应性优势。

第三节　两　种　异　议

在进一步讨论语言、类语言思维和模型之间的关系之前，让我们考虑两种可能的异议。第一种异议来自计算主义者，他们可能会承认*自然*语言是一种新的和独特的人类特征，但同时他们也声称思维一般必须发生在某种思想语言中，即使它在某些方面与公共语言有很大的不同。第二种异议隐含在因果语义学的讨论中：对于一个语义丰富的语言（无论是公共的还是私人的），我们所需要的不是一个心理模型系统，而仅仅是一种类语言表征媒介中词汇单元的指称固定关系。

一、计算主义

在最后一节中，我认为仅仅拥有一种内部"语言"并不能提供语义理解，这种内部"语言"在薄的意义上是指具有句法结构的系统，以及从其他符号串产生符号串的一套基于句法的技术。对此，心智计算理论的倡导者可能会指出，图灵向我们展示了如何通过句法操作来跟踪语义关系，他们认为这是第一个（也许是唯一一个）关于如何实现这一目标的建议，即不需要一个神奇语义解释者关于意义的心理过程。毕竟，基于模型的语义理解视图的一些早期探索——明斯基的框架和其他人工智能项目几乎同时发生——是在数字计算机中实现的，而且无论这些早期探索证明了什么语义能力（或语义能力的模拟）最终都是基于句法驱动的计算。

但是，请注意，这种系统中涉及的"句法"并*不是*自然语言的句法，在那里输入和输出语句都是用自然语言表达的。这种"句法的"过程是在二进制数字上进行的机器语言操作，而这些二进制数字本身根本不具有表征性。因此，我们必须小心区分两种意义上的计算过程。在这两种意义上，计算过程可以被称为"语言学的"或者"类语言的"。这可能意味着，计算机已经被编程来支持某种形式的表征，如自然语言，并对这些表征的类型进行操作，即这些表征的类型至少在结构上类似于句子类型或判断形式。这是人工智能的一个重要目标，但它是大多数计算机所没有的功能。我们说的是特定计算机的"机器语言"，我们把操作系统的规则称为"句法的"。但是，我们的意思并不是说符号单元在结构上类似于句子或判断类型。机器语言的句法形式与自然语言的句法形式几乎没有共同之处，把它们称为"句法的"的真正含义是它们是非语义的。因此，当我们说计算机本质上是根据句法规则操纵符号的设备时，我们真正的意思是程序有自己独特的符号和句法形式，这最终驱动了计算机的性能。计算机一般都是这样，这是接近于数字计算的定义，但这不需要使用任何类似于自然语言的东西。程序语言，特别是那些在最基本的位运算级别上运行的程序语言，与自然语言几乎没有相似之处。

因此，心智计算理论的倡导者倾向于将两种截然不同的关于心智的主张混合在一起。（我并不想暗示他们把这两者混为一谈，尽管我试图提醒读者不要这样做。）一方面，计算主义者经常主张，像信念和欲望这样的意向状态涉及"心理表征"，至少与自然语言中的结构非常相似，比如，意向状态是具有主谓结构的组合句法表征的功能关系。另一方面，他们还主张，一般来说，思维是以某种形式的符号表征的，并由"句法的"（即非语义的）过程驱动。大概在一些更基本的层面上，思维类似于数字计算机的机器代码，并考虑到芯片和神经元"实现"系统之间的差异。第二方面的主张不只是适用于我们人类经历的意向状态，如判断。如果人类的认知在这个意义上是"计算性"的，那么鳄鱼和蝴蝶的认知过程大概也是"计算性"的，尽管鳄鱼和蝴蝶的"计算"更简单，而且是用不同类型大脑的不同"机器语言"表达的。但如果这是真的，那么认为思维是计算性的并不意味着它在结构上类似于语言。如果一些类似于语言的结构是建立在这样的"机器层级"构架（the machine-level architecture）上的，那么我们就没有理由假设系统的任何*语义*属性都会出现在它们特定的类语言的形式上。相反，它可能是可以在机器层级构架上构建的其他结构（如框架或模型）的结果。因此，即使我们承认①认知过程是通过"计算"来完成的（在机器层级的意义上），②结构上的类

203

语言的系统是由机器层级的计算资源构建的，*而且*③某些类型的数据结构和机器层级的计算过程可以在正确的配置下，赋予（或至少模仿）语义理解[1]，从这一点来看，传递理解的*各类*数据结构和机器层级过程的种类，并不是结构上类语言的。事实上，导致语义网和框架等结构发展的忧虑表明，任何可以编程到计算机中的理解的表象都需要类模型的结构，而不是类语言的结构。

二、因果语义学

自普特南（Putnam，1975）和克里普克（Kripke，1980）的重要著作发表以来，语义学领域的大量哲学研究集中在名称和种类词的指称是如何被确定的。特别是，关于指称是通过因果关系来确定的一般概念，有几种不同的说法，包括克里普克（Kripke，1980）的洗礼式主张、福多（Fodor，1987）的因果共变主张和德雷斯克（Dretske，1988）的目的功能主张，这些主张认为其中一个术语的意义（即指称）是它所具有的指示功能。就我们的目的而言，重要的是这样一种可能性，即这种说明可能会提供一种具有语义内容的类语言心理表征系统，*而无须诉诸*非类语言的单元，如心理模型。

为了论证的目的，让我们假设，某种因果关系或目的功能关系足以固定名称（或类似名称的心理表征）和种类术语（或追踪种类的概念）的指称。（事实上，我认为这样的理论至少有一些道理，我在第十六章中对此进行了阐述，尽管我认为这样的叙事只有在更广泛的关于心智和世界的叙事中才有意义。）这只在语义能力局限于指称的范围内，提供了语义能力的解释，即追踪个体和种类。

但很明显，这是一个更狭窄和更有限的语义概念，而不是什么促使人们需要假设的东西，如心理模型。语义*理解*不仅仅是能够命名或追踪事物的类别；语义理解还包括能够掌握它们的特性、关系、行为和转换。即使我们假设，在为水创造一个术语或概念的过程中，我由此来追踪一种特定类型的物质，甚至在所有可能的世界中挑出*那种*物质，这也绝不意味着我由此获得了对这种物质的任何*理解*。事实上，这既不意味着①我掌握了这类东西真正拥有的属性（事实上，这是此类主张标准发展的重要组成部分），也不意味着②我对其性质或行为有任何特殊的"大众"理解。无论我有什么形式的理解，都必须用一套系统的方法来表征和推断，我所论证的这类事情需要一个心理模型。不仅不存在由一种因果关系来保证的模型，这种因果关系被认为是确保指称的，而且根据这样的理论，它在某种程度上必须是*独立于*指称的，因为我和我的孪生地球复制品被认为是同构模型，只在指称方面有所不同。指称的因果主张不仅不能提供解释这种推理-语义能力的方法，而且它们的标准发展确保它们独立于推理-语义能力。如果有任何错觉认为它们排除了像心理模型这样的东西的需要，那只是因为对它们的讨论有时用更狭义的术语重新定义了"语义学"，这将推理意向排除在语义领域之外。

此外，虽然因果说明没有使指称成为心理模型的结果，但也没有使指称成为语言的结果。一般来说，要确保一个概念的指称，一般是通过知觉与心智之外的事物建立某种因果关系。根据因果理论家的观点，一个概念之所以指"奶牛"，并不是因为它可以嵌入到特定的句法结构中或通过形式推理技术进行操作的事实，而是因为它的标记是由奶牛以正确的方式造成的事实。确保这一点的不是福多中枢认知的类语言结构，而是福多的知觉模块的概括过程。

第四节 语言带来了什么

拥有公共语言和类语言的思维会带来什么样的认知益处，而这些益处是仅仅通过基于模型的认知不可获得的？在本节中，我将讨论公共语言和类语言的思维中的一些好处，并关注它们如何补充基于模型的认知。这既包括增加了不能单独使用模型的内容，也包括两种类型的思维如何相互作用，使之有机结合，而不是各个部分的加和。

一、交流与通过语言习得模型

公共语言提供的最明显的优势是它允许以模型所没有的方式进行交流。我们可以为我们所思考的某些事情建立主观上可用的外部模型。有时，这些模型对于指导、交流和共同关注来说是必不可少的；但仅仅建立外部模型将是一种极其麻烦的交流形式。一方面，说话人和听话人都已经以相似的方式进行理解领域的命题的语言交流；另一方面，人们在相互教授使用新模式的过程中使用语言。在这里，我们也应该对这两方面进行重要区分。

日常语言交流的很大一部分涉及说话人和听话人都已经理解的模型中的信息交换。如果我说，"明天会有另一场大风暴"，而你了解每年这个时候当地的天气模式，那么这可能传达出一些丰富的具体含义。在新英格兰的一个冬天，一个邻居听说并相信可能会有一场大暴风雪，这个邻居会为吹雪机储备盐和汽油，等等。如果有人在夏天的佛罗里达或阿拉伯沙漠说同样的话，那么这可能意味着完全不同的事情，而这种理解需要不同种类的气象事件的模型。如果我把这句话放在了博客上，然后写上"我应该做什么准备？"那些不知道我的位置或者不了解所谓风暴的相关类型的读者将不知道如何建议我（在一种情况下，因为他们不知道应用哪种模式，在另一种情况下，因为他们缺少这样的模型）。

语言的纯粹交流使用，通常只有在说话人和听话人已经共享了心理模型提供的指称框架的情况下，才能成功。当模型被共享时，浓缩的话语可以为丰富的推理提供足够的信息。但是，如果没有这样一个共同的理解，那么就不可能理解词汇的含义，甚至词义和指称。如果我从一本书中随机读到一个关于我一无所知的话题的句子，那么我可能会把它认作一个语法句子，但我不会真正理解它在说什么。正是这些位于后台的模型，在语言中产生了一个可能的*可感知*表征空间。为了理解这意味着什么，我可能要做大量的工作来获取必要的模型。

但要做到这一点，我不需要参与重新发现的过程。语言也可以提供更有效的方法来指导我完成模型的习得过程。事实上，以这种方式使用语言的艺术，正是一个良好的解释或一本良好的教科书的组成所需要的。在某些情况下，一个真正好的口头解释可能是所有的外部提示。说话人或听话人需要形成一个模型，至少大致对应于说话人或听话人的模型。在其他情况下，语言至少可以起到重要的辅助作用，例如指出重要变量所在的位置，纠正或提高学习者的理解力。学习一种手工技能、一种舞蹈形式或一种新型音乐的结构，可能离不开对所学的领域的接触和练习，而像模仿的东西、有针对性地重复、重塑学生的错误，可能是必不可少的。但是，即使是这样，也可以借助于言语提示。（"你是从侧面挥动锤子，弄弯曲钉子，而不是把钉子钉进去。""在这种演奏快步舞的风格中，重音在六拍的第一拍和第三拍上，而不是在第一和第四拍。"）因此，使用基于其他语言的、*已共享的*模型的术语进行交流，可以帮助学习者在学习的同时，快速修改正在构建的新模型。基于新模型的术语可以巧妙地与精心挑选的例子或示范相结合，帮助学习者关注新模型追踪的单元。["这段的演奏方法是*跳弓法*，就像这样"，接着是跳弓技巧的演示，然后可能是*跳弓法*与*其他*弓法风格（如*抛弓法*）的区别示例和解释。]

二、隐喻

在第八章中，我简要地探讨了莱考夫和约翰逊的观点（Lakoff and Johnson，2003），即人类的许多理解都是基于隐喻的。我将此与基于模型的理解联系起来。我认为隐喻转置涉及某个领域的模型，并使用其结构作为另一个领域的模型的架构，随后进行修改以适应领域之间的差异。在"隐喻"这个词的标准意义上，隐喻是一种语言现象。因此，如果莱考夫和约翰逊是正确的，那么大量的人类理解可能只是：因为我们有语言能力，可以形成隐喻的基础。然而，我们在得出这个结论时应该谨慎，因为非语言机制也可能用于将模型的结构特征转换到一个新的领域。我认为这是一个重要的经验主义问题，我们应该注意不要预先判断。但是，即使非语言机制能够达到这一结果，基于语言隐喻的机制也可能更有效，范围更广。基于语言隐喻的机制显然是传递基于模型的理解形式的有力工具。以莱考夫和约翰逊的一个例子来说明，仅*使用*一个冲突隐喻作为论点就可以促使听话人激活一个冲突模型，并开始把它作为思考论点的一种方式。她可能最终想到了这种独立看待事物的方式，但语言使其能够迅速传递，并通过社群传播，从而扩大了可用于日常交流的共享模型的储存库。

三、需要语言的模型

我在讨论心理模型概念时使用的几个例子，涉及非语言的存在无法获得的理解形式。毫无疑问，涉及语言的领域模型——十四行诗形式的模型，甚至是餐厅互动的模型，对于非语言的存在来说都是不可用的。科学理解需要的不仅仅是掌握语法和指称。如果没有越来越严格的语言表征和交流形式，我们的祖先不太可能远远超越大众物理学或大众生物学。（我们很可能想知道，在缺乏正常的语言互动的情况下，是否能够发展出成熟的正常形式的大众理论，而语言互动毕竟是人类儿童正常发展环境的一部分。）同样地，数学理解的形式的获得超越了核心系统中存在的形式。这是通过语言相互作用来实现的。并且，这可以直接利用最初用于语言或类语言认知的认知能力。

在这一点上，我们所使用的心理模型有多大比例主要依赖于语言，只是一个猜测。我愿意承认这一比例确实相当大。语言提供了新的表征、交流和互动形式，尤其是在形成具体*问题*的能力方面，这些方法一起大大扩展了我们可以形成兴趣、探索和发现相关模式、互动和思考的事物领域。掌握一个领域仍然需要我们形成一个这个领域的心理模型，但有些领域仅仅是因为我们可以用类语言的方式思考和通过语言进行交流，而被揭示给我们的。

四、跨模型的表征和推理

语言带来的一个基本进步是，它提供了一种媒介，这种媒介使我们能够思考将不同模型的元素结合在一起的思想。与语言中的词汇项或类语言思维中使用的概念相关联的推理模式，可能来自它们在模型中的运行。但是，从语言和类语言思维的角度来看，词汇项或概念项的起源模型是不相关的，它只是一个特定逻辑或语法类型的单元。源于不同模型的概念和词位可以进行语法组合，涉及概念和词位的命题可以与逻辑连接词连接，由此产生的命题可以组合成逻辑推理形式，其有效性不依赖于它们的语义价值。这赋予了我们跨领域表征和推理的能力，这种能力只不过是简单地串联使用两个模型，例如三角测量一个共同的指称。

虽然这是一个非常强大的认知进步——以至于我们完全可以把它看作是真正的人类认知的最重要特征之一——但基于模型的理解和类语言的表征之间的联姻是不完美的。存在一些语法结构良好的句子，一旦你理解了这些句子中术语的含义和意蕴，这些句子实际上就没有意义了。单个词汇项可能表征多个模型中的元素，在那里词汇项的功能不同，从而产生模棱两可，甚至谬误的逻辑推理（paralogistic reasoning）。我们倾向于假设，逻辑推理中所使用的术语或概念具有明确定义的扩展，我们忘记了作为心理实体的概念倾向于具有模糊的边界，并起源于理想化的模型。语言，或者至少是基于语言的逻辑推理，似乎"想要"具有二价性和定义良好的扩展的事物，但这似乎与基于模型的理解提供的事物有些不匹配。我认为，这是许多明显悖论的心理学解释，也是为一组目的而优化的类语言思维形式添加到预先存在的基于模型的理解形式上的结果。

五、语言创造力

语言也提供了自己的创造性形式。正是因为语法句子的形成相对不受基于模型的语义的限制，新的句子或多或少可以随意构造，所以我们可以在基于模型的思维的基础上构造出表达我们可能从未想过的事物的句子。当然，绝大多数随机构造的句子几乎没有认知价值。有些仅仅是有趣的（例如，双关语，至少如果你认为双关语有趣的话），另一些则是感染性的（诗歌）。但有时，它们可能会激发新的思维方式，从而为理解世界提供真正有用的新方式。最初的创造性行为可能不是洞察力的*产物*，而是可能产生新的洞察力。

六、高阶认知

语言似乎也为几种形式的高阶认知提供了基础，在这种认知中，我们思考关于思想或思想结构的思想。也许高阶认知的一些基本形式是非语言的，例如仅仅觉察到我有一种特殊的感觉、思想或经验（尽管这可能更好地对应于有时被称为

"高阶*知觉*"；参见 Armstrong，1968，1984；Lycan，1996）。然而，高阶认知的分析能力似乎在于关注思想特征的能力，特别是关注语言表达的思想或这些思想的语言表征的能力。只有当我们能够将一个术语或概念表征为一个思维对象，而不是仅仅*通过*它来思考其他事物时，我们才能提出关于术语或概念的清晰性，或者关于一个命题的意义的问题。只有将论证及其构成命题表征为特殊的对象，才能检验论证的有效性和说服力，检验推理的步骤。将思想（或其弗雷格式内容，或其语言表征或逻辑表征）视为思维对象的能力根本不需要具备思考能力，但这似乎是*批判性*思维的先决条件。

当然，这一描述留下了许多问题，例如各种批判性思维技术是否针对思维标记、思维类型、弗雷格式命题或句子等语言表征。这也留下了一个悬而未决的问题，即批判性类语言*思维*是否本质上依赖于公共语言。我认为有两种（可能失效的）理由可以假设它确实存在。第一，批判性思维通常包括思考用公共语言表达的表征方式，即使这是在没有公开言说的情况下进行的。第二，我们通常通过与他人的辩证互动来学会批判性思考。虽然我不能排除一个聪明的人自己发展出批判性思维的可能性，但在我看来，一般来说，个人批判性思维的能力是通过一种人际辩证法的内化而产生的。（当然，即使是一个独立自主地开创批判性思维的聪明人，也会使用语言表达的思想来进行批判性思维，即使其中一些词汇是她自己发明的，没有与其他人分享过。）

七、外部符号存储

书写是自然语言的一个重要延伸。虽然现存最早的书写例子中有很大一部分是计数记录，但任何可以说的东西都可以用外部符号来表征。梅林·唐纳德（MerlinDonald）（Donald，1991）认为，外部符号存储本身就是人类认知史上的一个重要分水岭，特别是因为外部符号存储使信息的存储和检索从个人记忆的游移不定中解放出来。在学会书写之前，一个社群所能获得的信息基本上局限于他的长辈所知道和记住的东西。书写可以无限期地保存信息，并将其传达给广泛的受众，这在空间和时间上都相隔甚远。

然而，外部符号储存也可以作为一个重要的认知假肢，它扩展和完善我们的能力，更清楚地思考和推理。一个书写的句子可以被仔细检查和复审，让我们更好地理解这个句子，并批判性地分析这个句子。因此，也有可能在书写中，写下难以口头表达或理解的想法，因为它们扩展了听觉分析的存储限制。在评估一条推理路线时，如果一个人能够使用*保持*不变的书面程式，那将是一个巨大的好处，可以根据需要重新提及它们。某些书写形式，如逻辑中使用的图解表征法，有助于阐明命题的逻辑形式。正如柏拉图在《第七封信》中所说的那样，相对于口头话语的活生生的辩证法，写作可能有明显的缺点，但是写作对于清晰的分析思维来说也有明显的优势。

八、社会知识产生

最后，虽然知识和理解在严格意义上可以归因于个人，但它们的产生往往不可避免地具有社会性。像当代科学理论和法律体系这样的东西，很少是一个人单独工作的结果。不仅一个人的工作是建立在另一个人的基础上的，而且通常情况下，一个模型的形成需要具有不同类型的专业知识和不同职责的个人组成的团队，共同努力，创造出他们都无法单独完成的东西。即使最终产物是个人能够理解的东西，也很可能在开发过程中，团队中没有一个成员完备而详细地理解了整个产物，协调不同组成部分的过程基本上取决于语言。心理模型对这个过程的确至关重要，但它们的协调不是通过在个体心智中运行的三角测量机制进行的，而是通过精心开发的特殊通信手段、针对特定的目的进行的，这一切都建立在语言的基础上。

第五节 小 结

公共语言和类语言思维是不同于模型认知的认知能力。它们是认知工具包中相对较新的补充，对于没有足够的模型形成能力的动物来说，用处不大。它们从心理模型中继承了大量的语义内容，而它们本身并没有为心理模型产生相同类型的推理和理解提供基础。但是，它们也不是简单地单独添加到认知工具包中。它们提供了不同形式的思维和推理，补充了基于模型的过程，并允许我们通过更仔细和明确的审查来完善我们的心理模型。此外，在前面章节中提出的大多数心理模型的例子，可能都是在没有语言帮助的情况下形成的。人类和其他许多动物一样，通过心理模型来理解世界。但是，我们能够获得的模型的种类，以及我们能够处理模型的方法，对于我们来说是可用的，仅仅是因为我们也是语言动物。

第三部分
认识论、语义学、不统一性

第十二章　知识、科学和理解的不统一性

我们都会发现自己有一些相互矛盾的信念。我们在不同的场合或者以不同的方式做出不同的、相互矛盾的判断。有时，即使经过深思熟虑，我们还发现自己确信两个对立的主张，而且不知道如何解决它们之间的矛盾。要知道矛盾的确定来源并不是那么容易的，但它们往往与我们通过不同的模型来构建情境的方式有关。经过考察，不同的模型不仅可能涉及不同的构建方式，还可能涉及不同的确信和不同的推理模式，其内在逻辑导致了相反的结论。我们可以这样描述：我们的信念和理解在不同的方面是*不统*一的。而且，这种不统一性不仅存在于日常生活中，也存在于哲学和科学研究中。事实上，认识到*我们发现的*信念和理解是不统一的，是哲学和科学研究的主要动力之一。有时，这样的探究会带来新的思维方式从而化解旧问题，但这样的探究往往不会解决旧问题，有时还会给我们带来新问题来代替旧问题。

本章试图做两件事。第一，本章试图运用认知多元主义的资源来分析，为什么一些类型的信念和理解的不统一性是基于模型的理解架构的结果。第二，本章考察了一个问题，即基于模型的架构是否能让我们有理由怀疑一些这样的不统一可能是原则性的和持久的——不单是我们当前无知的表现，而是一种特定类型的认知架构的可预测的和持久的产物。然而，首先，我们最好尝试澄清一些不同的观念，即信念和理解如何可能是"统一的"或"不统一的"。

第一节　统一性的图景及其面临的问题

让我们先回顾一下，迄今为止关于知识和理解的单元的说法。如果知识是确证的真信念，那么知识的单元就是句子大小。我用"理解"这个词来表示对一个领域更广泛、更多相互关联的领悟力，例如，对国际象棋、牛顿力学或日本茶道的理解，并认为心理模型是理解的基本单元。模型的隐含规则可以算作倾向性信念（比如，象只沿对角线移动，或者物体之间产生平方反比定律描述的

引力）。模型的概念资源被用来构建更具体的判断（比如说，白象可以在下一个转弯时抓住黑车，或者这块石头正在加速向地面自由下落）。与模型相关联的理解还包括将特定情境识别为模型可以适当应用的情境，并以模型指导的方式行事的能力。

为了更清楚地认识到信念和模型可能是"统一的"或"不统一的"，不妨从科学入手，只是因为之前有太多关于"科学统一性"的讨论。科学通常被描述为关于理论、定律和经验事实的一系列信念，但科学理论实际上是心理模型的典型实例。*关于*科学模型我们可以相信，比如，牛顿力学为某些情境提供了一个合适的模型。明确形式的定律表达了此类模式的基本确信。更具体的科学信念和判断类型包括使用模型来构建一个情境，并应用模型的规则来进行推理。但是，科学模型之间也存在着各种各样的关系：它们涉及一致或不一致的保证、表征系统和推理形式。并且，科学模型可用于确证相互一致或不一致的判断。因此，我首先讨论科学统一性的三种观点，并简要总结它们难以实现（也许不可能实现）的原因。

一、科学统一性的三种愿景

一些关于科学统一性的愿景是由*科学知识、信念或命题*铸就的，并以命题的两种主要联系方式为基础：一致性和蕴涵性。一般认为，两个科学信念或两个*已知的*信念应该是一致的，因为要成为知识，它们必须是真的，而两个不一致的信念不可能都是真的，至少在标准逻辑中是这样。如果两个科学理论蕴涵的结论彼此不一致，那么我们就有理由认为其中至少有一个肯定有问题。这似乎是一个简单的逻辑真理，因此这是一个相当低级的"统一性"，但要让它按照我们预期的方式运行并不是一件易事：事实上，当我们掌握的最好的科学理论，广义相对论和量子理论，结合在一起时，似乎会产生不一致。

第二种更强的统一性愿景基于命题之间的隐含关系。其中两种隐含关系尤为重要。第一种是拉普拉斯（Laplacean）决定论的观点，即一套综合的自然法则（被视为命题）说明，对时间 t 的宇宙状态的综合描述应该意味着对时间 $t+∂$ 的宇宙状态的综合描述。第二种是还原论的观点，即对世界存在一些最低层次的描述（例如，在基础物理词汇中），所有合法的更高层次的描述（例如，在化学、生物学和心理学词汇中）原则上都可以从最低层次的描述中派生出来。决定论和还原论有时都被认为是*必须*为*真实*的观点。不亚于康德的一位哲学家主张，我们必须将所有事件都视为由自然法则决定的，这是一个综合的先验真理 [1]。20 世纪的一些实证主义者和经验主义者把理论间的还原看作是科学逻辑的一种规范。甚至，其中一些哲学家认为某些假定现象（如意向状态和伦理事实）是不可还原的，最终导致这些哲学家成为取消主义者。但是，所有的事件是否都是因果决定的，所有的科学理论是否都可以还原为基础物理学，这似乎也是一个相当合理的高阶经验问题［奥本海姆和普特南（Oppenheim and Putnam，1958）在《作为工作假设的科学统一性》（"Unity of Science as a Working Hypothesis"）中的观点］。作为实证假设，两者都陷入了困境。还原论在 20 世纪 60 年代初达到顶峰，但从那时起，仔细研究理论之间关系的科学哲学家一再发现，他们没有达到作为公理重构的还原标准（Horst，2007）。量子理论采用概率方程。在一些哲学解释中，这被认为是真正的不确定性。我在《定律、心智和自由意志》一书中指出，即使是非概率的经典定律也不意味着对决定论的承诺，对它们的承诺与对失范事件的确信是一致的，包括自由意志和奇迹（Horst，2011）。

统一性的第三种愿景是，一门理想的完整的科学将采用一种关于一切事物的综合理论。这并不意味着化学反应、热力学或神经动力学等更为特殊的理论将不再被采用。这只是证明这些特殊的理论是从大统一理论中衍生出来的，作为在特定语境中适用的特殊情境（也许更容易使用），或者这是对该理论的含义的足够接近的近似，以便在这些语境下有用。在我看来，由于理论是模型而不是命题，我们可以把统一性看作是一种愿景，它用一个单一的综合模型取代我们针对不同现象的多种不同模型，而不丧失解释有效性或预测准确性。在物理学中寻找一个大统一理论，通常被看作是试图找到一个单一的理论来统一相对论的引力理论和强弱电磁力的量子理论。许多理论物理学家假设（我们很可能会问他们*为什么*这么容易假设它）我们找到这样一个理论只是时间问题，或者至少它在原则上是可行的，即使事实上没有人发现它。但是，这绝不是强制性的观点。例如，史蒂芬·霍金在这个问题上改变了主意：

到目前为止，大多数人都隐含地假设，存在一个终极理论，我们最终会发现。事实上，我自己也曾暗示，我们可能很快就会找到它。然而，M 理论让我怀疑这不是真的。也许，用有限的语句来表述宇宙理论是不可能的。……如果不存在一个终极理论，可以用有限的原则来表述，有些人会非常失望。我以前是那个阵营的，但我改变主意了。（Hawking，2002）

我将很快回到霍金的观点，因为这些观点与霍金的"模型依赖的实在论"联系在一起——这个观点是我在写本书的过程中才发现的，但它与认知多元主义有很多共同点。

二、超越众科学

即使科学知识和科学模型在其中一个或多个方面是可以统一的，我们仍然会面临这样一个问题：我们的其他非科学信念和建立它们的模型是否同样可以统一。最显著的哲学问题是关于规范性主张（特别是伦理主张）和积极主张（即关于自然定律和事实的信念）之间的关系。正如休谟所教导我们的，任何一套关于事实和定律的主张都不包含任何规范性的主张。康德认为，我们被迫将自然界视为因果决定论的世界，而休谟认为，我们必须将人类的行为视为自由的，在某种意义上，这与因果决定是不相容的。这两种观点处于不确定的平衡中。即使在伦理学中，我们也会被引向悖论，在那里，两种对立的观点似乎都是令人信服的。而且，还存在另一种元伦理学模型（后果论、道义论、德性理论），它们似乎是彼此不可还原的，并且它们常常会导致关于案例的相互矛盾的结论。

关于数学与自然世界之间的关系，还存在一系列问题：数学真理不是世界本原的结果，它有一种必然性，这种必然性不能由经验事实和定律来证明。数学不能还原为物理学。但是，物理也不能还原为数学（尽管17世纪的一些思想家抱有希望），因为也有纯粹的物理性质，如质量。各种数学系统提供了空间可能采取的各种替代形式的描述，以及以替代方式表现的波、粒子和场。19世纪非欧几里得几何学的发现使人们吃惊地认识到：虽然个别的数学系统可能是内部一致的，并从一小部分公理中衍生出来，但仍存在许多这样的系统，它们的公理彼此不一致。

此外，我们可能会对许多更普通的理解领域提出类似的问题。棋子和棋盘通常是由木头或塑料制成的各种各样的实物。（计算机象棋中的"棋子"的本体更为复杂，但仍然是物理的。心理象棋的棋子的地位取决于心智本身是不是物质的。）但是，完全理解物理意义上的棋子和棋盘并不意味着理解国际象棋游戏。也许，顽固的还原论者会坚持认为"国际象棋游戏"只是一组约定，可以还原为那些共享约定的人的心理状态，而这些心理状态又可以还原为基础的物理学。如果这种还原可行，那么他们可能很好地解释了在国际象棋比赛中表现出来的*行为*。但目前尚不清楚的是，他们是否会将游戏解释为一个抽象实体，就像用数学家的心理状态解释数学一样。

因此，我们对信念和模型如何统一有三种愿景，每一种都有相应的不统一的可能性。第一种也是最谦虚的愿景是从全局一致性的角度来看"统一性"：要统一，我们的信念（包括我们的模型所隐含的承诺，至少在适当应用时）必须相互一致。第二种的框架是隐含的：应该存在一些相对恒常的信念和模型，其他的信念和模型可以从中衍生出来。第三种是"统一性"将由一个单一完备和自我一致的模型组成，在这个模型中，我们的所有信念和判断都可以被囊括进来，并且以这样一种方式，在拥有多模型的基础上，我们所知道或理解的事物都不会在这个过程中丢失。

第二节　作为问题的不统一性

在某种程度上，我们中的大多数人，不仅仅是哲学家和科学家，都会对信念和理解的不统一感到不安。这导致我们寻求统一它们的方法。花些时间来研究一下这种情况的性质以及我们对这种情况的不满，是有益的。

第一，我们每个人都发现自己有一些相互冲突甚至相互矛盾的信念。有时，我们相信一件事是在某个场合或以某种特定的方式预备好的，而另一件事是在另一个场合或以另一种不同的方式预备好的。但是，有时我们发现，即使经过深思熟虑，我们也同样确信两个相反的主张，并不知道如何解决它们之间的矛盾。

第二，我们认为这种情况令人不满意。它驱使我们试图找到解决矛盾的方法。悖论驱动了哲学和科学的历史，这不是偶然的。这似乎是人类心理学的一个深刻而富有成效的特征：当我们被拉向两个相互矛盾的信念时，我们就会被激励去寻找解决矛盾的方法。我们常常成功，其中一些成功成为人类知识史上的分水岭。一个更加自满的物种对世界的了解会少得多。

第三，我们不仅仅有相互冲突的信念，我们还有多种方式通过模型来*构造*事物。（这是一个比前两个有争议的说法，因为它涉及一点理论。）有时，这只是一个以*不同*的方式来构造事物的问题。有时，它似乎相当于更严重的事情：不同的构造事物的方式是以不同的方式彼此形成张力，如不可通约或隐含矛盾的推论。

第四，模型之间的差异也令人不满意。模型之间的差异可能不会像信念之间的矛盾那样立即引起麻烦，除非它们产生了相互矛盾的信念。即使有两种模型以不同的角度来构造世界，并试图找到某种方式使它们进入更深层次的和谐，但我们内心的某些东西却感到困惑和不安。

我们可以总结第二点和第四点得出，心智有一种动力，可以分别找到统一信念和理解的系统方法。当然，这是康德著名的观点。康德随之提出的观点应该加以补充：仅仅是我们有一种动力去统一我们的信念或我们理解事物的方式，这一事实本身并不意味着我们事实上能够这样做。除此之外，我们可以加上第五点，这也是康德观点的一个变体：我们有一些特定*方式*的概念，知识和理解可以被带入更大的统一性。康德对这些是什么及其认知基础有自己的假设。我想说的是，我们在哲学家和科学家事实上寻求的统一类型中看到了一组独特的证据：信念的全局一致性、还原性和单一包罗万象的理论。

在第十四章中，我将探讨一种发展第六点的方法，这也是康德所预示的：认知架构的特征如何产生特定类型的*错觉*，其中一些错觉与大脑以特定方式统一知识和理解的驱动力有关。就目前的目的而言，也许可以说，我们对不统一性的不满意显然是我们心智的一个特点，但统一的心理动力决不能确保任务能够达到预期的理想结果。

为什么我们的信念和模型，如我们发现它们的那样，是不统一的？关于模型，我们已经探讨了这个问题答案的一个部分：为世界的不同方面建立各种模型是一个很好的策略，这有助于在有限的心智中培养理解世界多种特征的能力，每个模型都必须以某种特定的方式表征事物。我们还需要探讨的是，模型理想化的方式如何导致理解的不统一。如果信念受到我们通过模型资源构建思想的方式的限制，那么在这个过程中，一些关于信念不统一的问题也可以得到解释。但总的来说，对于一个给定的有限心智，在任何给定的时间，为什么会在其信念和模型之间产生冲突，不需要存在太深的谜团。从来没有人认为每个人的信念体系*事实上*是完备的或一致的，而且任何人认为用来构建这种信念体系的模型在心理上是幼稚的。关于知识和理解的统一的主张，并不是关于我们的信念和*我们发现的*模型的主张，而是关于我们可以做些什么来使它们达到更大的统一性。

更尖锐的问题是：有没有一种方法可以理解，为什么尽管有几千年的哲学探索和几百年的科学研究，我们的信念和模型可能仍然呈现出*持久不统一的迹象*？对此，似乎有几种不同类型的可能答案。第一，知识和理解的不统一仅仅是我们的知识和理解的当前状态的一个症状，我们无知的当前状态就是这样。如果有足够的时间和调查，所有的分歧都会得到解决。第二，知识和理解确实存在原则上的不统一，其原因在于*世界的某些方面*。一个温和的说法是，我们需要多种基本理论，因为事实上存在多种基本力量。一个强有力的变体是，理解是不统一的，因为在某种意义上，世界在它之前已经不统一了（Dupré, 1993）。第三，世界上存在一些东西，像我们这样的心智不适合理解。这正如科林·麦金恩（Colin McGinn, 1991）所说的"认知闭合"。世界上有些东西我们理解，狗却不理解。犬类的心智在认知上对这些原则是封闭的。同样地，一想到这个问题，就假设世界上没有任何东西对于人类心智在认知上封闭的，这似乎是完全自大的。我认为这是一个似是而非的想法，但我想探讨的是第四种选择：我们对事物的认知架构可能存在一些特征——我们*的确*以特定的方式理解事物——这些特征本身可能导致我们理解它们的方式之间的不统一；就像我们这样的心智可能无法产生一套全局一致的信念或一个关于一切事物的单一综合模型，这是在不失去对世界的一些认知控制的情况下，我们通过许多更局部化、理想化的模型和它们所许可的信念获得的这种认知控制。

第三节　基于模型的理解是不统一性的根源

这里的基本思想相当简单。有一种观点认为，模型的某些特征对两个模型如何相互关联具有影响。有时候，这些特征涉及不可通约性、不可还原性和不一致性。并不是*所有*的模型组合都存在这些问题，但事实上有些模型仅仅是这样一个事实的结果，即模型都是对特定内容领域的理想化思考方式，涉及对其目标领域的特定系统化表征和推理方式。模型被看作是一个表征和推理的系统，它有一个可用规则来描述特殊的形式形状。如果两个模型不能以相同的方式表征它们的目标，那么它们可能是不可通约的。当然，如果两个模型是完全不可通约的，以至于它们的领域完全不重叠，那么它们就不会产生矛盾。但是，如果两个模型确实有重叠的领域，并且模型的形式特征在逻辑上不兼容，那么它们就可能共同产生矛盾。一个模型 M_1 能否还原为另一个模型 M_2，则取决于 M_2 是否拥有构造 M_1 所依赖的适当资源。

虽然纯数学在许多方面都很特殊，但我们可以通过首先考虑纯数学来清楚地理解一些基本问题。考虑两个几何系统：二维欧氏几何和球面的黎曼几何，每一种都可以用一套公理和定理来描述。事实上，它们共享大量的公理，主要的不同在于欧几里得的平行假设。在欧几里得空间中，一条直线在两个方向上无限延伸，对于任何不在直线 L 上的点 P，有且只有一条穿过 P 的直线与 L 平行，也就是说，这两条直线不相交。在球体的表面上，线的代替物是测地线，就像地球的赤道一样。从任何一点开始，朝着任何方向继续，最终都会回到原点。球面上没有平行线。（制图员确实提到"平行线"，但它们并不是系统中定义的真正的直线，也不是相关数学意义上的平行线。要沿着地图上的"平行线"绕着一个球体走，你必须稍微向左或向右调整你的路径。两条测地线，比如赤道和格林尼治子午线在两个相对的点相交。）平行假设在欧几里得几何中是正确的，但在黎曼几何中则是错误的。还有其他的区别，例如，一个球体表面上三角形的内角之和总是超过 180 度；毕达哥拉斯定理（即勾股定理）在球面几何中是错误的，因为可以存在一个有三个直角的三角形；以此类推。如果你从这两个几何系统的前提推理，那么很容易产生矛盾。任何一个几何系统都不能从另一个系统中导出。也不存在自洽的第三个系统，从中可以导出这两个系统的所有公理，因为要产生相反的公理和定理，第三个系统必须包含相互矛盾的假设。

所以，这里是第一个关键点：任何一个特定的模型都使用一个特定的表征系统；它允许我们用一组特定的方式而不是其他方式来表征世界，它使用一组特定的推理规则而不是其他的推理规则。从这一点上说，其他几项内容也跟着来了。第一，一个模型可能允许我们表征事物或导出另一个模型不能导出的推论。如果我们需要每个模型提供的不同类型的表征和推论，而我们找不到一个单一的模型来提供这些表征和推论，那么我们可能*需要*多个模型。第二，两个模型可以证明出不可通约或不兼容的推论。正如我们将看到的，这个问题并不总是像一开始可能出现的那样严重，因为在某些情况下，两个模型并不适用于相同的情况，因此不应该真正允许相互矛盾的判断。但是，它仍然是潜在矛盾和悖论的重要根源。此外，不可通约或矛盾推理的模型不能还原为另一个或某个第三（内部一致）模型。还有另一个原因，一个模型 M_1 可能不可还原到另一个模型 M_2：M_1 中存在各种类型的表征资源或推理规则，而且这些表征资源或推理规则不能从 M_2 的资源中构造出来。

我们这里所得到的是，根据我们的认知架构的特点，解释各种类型的信念和理解不统一的要素。如果理解是以模型的形式出现的，并且每个模型都采用了一个为特定目的而优化的特定表征系统，那么两个或多个模型很可能以不兼容的方式划分世界。这两个模型在形式上不兼容，并允许不兼容的推论产生。这两个模型各自都非常适合各自的目的，但却不能很好地结合在一起。在给定基于模型的认知架构的假设下，我们应该*期望*发现这样的不统一性，而且这里对认知架构的讨论提供了一种对不统一性来源的判断。在某些方面，这是一个紧缩的判断：信念或理解上的冲突不一定意味着"世界是不统一的"（无论这意味着什么），但可能我们的心智理解世界的认知架构的产物。

然而在另一方面，这也是一个令人不安的见解。也许，我们今天发现的不统一性是可以引导我们超越的事物，即通过找到一组更好的模型，这些模型不会以同样的方式冲突，甚至可能通过找到一个关于所有事物的自洽的单一超级模型，它给我们现有的模型提供所有合规的见解。但事实也可能证明，这是不可能的。无论是我们的认知架构本身的特征，还是它们与我们在世界上遇到的和关心的一系列特定事物的结合，都*需要*多个模型来对世界提供最大的认知和实践牵引。在某些情况下，这些模型可能结合起来，产生矛盾和悖论。如果是这样的话，那么信念和理解的某些不统一性对于像我们这样的心智来说可能是*原则性*的和*持久性*的。

我认为，一方面，对于是否*存在*这种原则性和持久性的不统一的问题，不能事先草率地确定，也不能纯粹从理论上加以考虑。我们无法先验地知道世界上有多少独立的原则在起作用，因此任何认为只有一个原则的直觉都必然反映出一种认知偏见。也不能诉诸"世界必然是完备的和自洽的"这一直觉，因为关于统一信念和理解的问题不仅取决于世界是怎样的，而且取决于我们如何理解世界，这涉及关于人类认知的经验问题。另一方面，不能仅仅因为我们目前对世界的理解方式在不同方面是不统一的，就判断我们不能实现更好的理解方式，即更好的统一性。我们没有办法预先排除会改变一切的新洞见，因为我们只能通过知道它是什么来评估它的前景。而根据定义，未来的洞见是未知的。信念和理解的不统一性是否有原则性和持久性，最终是一个开放的经验问题。

所以，这里是第二个关键点。基于模型的理解架构可以（并且确实）导致事实上的信念和理解的不统一，但它本身并不能回答这样的问题：这种不统一性是不是对知识或理解的一种原则性限制。它*确实*让我们有理由怀疑我们可能拥有的任何直觉，即最终应该有一个单一的、包罗万象的万物模型，或者我们应该能够找到调和我们所有相互冲突的信念的方法。我们没有理由假设，塑造我们认知架构的进化力量会以一种确保这种能力的方式完成进化。（即使有人相信上帝对人类心智的设计有一定程度的特别干预，也没有理由认为对人类心智的设计会包含完全统一理解的能力。也许，在这个普通人的生命中无法解决的悖论所产生的神秘感，正是上帝所追求的。）

在这个问题上，我们所掌握的唯一证据必须来自对案例的观察。在这里，我们发现一些东西把我们拉向两个相反的方向。科学哲学的历史上充满了令人惊讶的统一的例子——比如说，我们在天空中看到的东西是由相同种类的物质根据相同的原理组成的，行星的轨道和自由物体的行为是由一个单一的万有引力原理解释的。但是，它们也充满了对新现象的发现，需要新的力量和其他解释原则的假设。我们仍不知道如何解决新旧原理之间的严重不统一性。例如，事实和规范之间的鸿沟，对相互竞争的规范性原则的承诺，自然中数学的独立性，波粒二象性和量子理论的其他困惑，以及它与相对论的时空和引力理论之间的张力。

我从数学系统模型的例子开始讨论，因为它们最清楚地说明了模型的特征如何为信念和理解的不统一性提供基础。但也有一些重要的问题我们不能用数学例子来说明。*纯*数学的特殊之处在于它对数学系统之外的任何事物都不负责。当然，关于每种几何学能够提供什么样的物理系统的恰当表征，还有一些重要的问题，但发现空间是非欧几里得的并不等于对欧几里得几何学来说是伪造的。它只是一个简单的系统。事实上，这两个几何学在平行假设和毕达哥拉斯定理等问题上产生了看似矛盾的观点，这并没有导致任何深刻的悖论。从数学上讲，平行假设和毕达哥拉斯定理不是简单的真终结或假终结；它们在欧几里得几何中是真的，在球面几何中是假的。除了关于它们在其他类型的几何系统中是否真实的相应问题，关于它们的真实性没有进一步的问题。在一个推理中把两个不相容系统的承诺混合在一起，只是简单地弄错了。

当我们将多个模型*应用于*现实世界的情况时，会出现一系列不同的争议。正是在这里，关于模型的理想化方式以及它们是否被恰当地应用的问题出现了。一个模型之所以适用于它的目的，是因为它能够很好地跟踪世界里的模式，并且这个模型以一种让我们能够思考、推理和计划世界上情境的方式，通过一个表征系统和一组隐含规则来做到这一点，这些规则能够很好地跟踪这些模式。事实上，任何给定的模型都只表征*一些*事物，并且以优雅和可理解的方式，这使得模型能够提供对特定真实模式的洞察。两个不同的模型可能跟踪不同的模式，并且可能需要以不同的方式来表征它们，以使其优雅易懂。但是，当我们试图同时使用两个模型来理解它们都适用的实际情况时，使每个模型适合其特定目的的特性可能会出现问题。这是一个关于信念和理解的不统一来源的概括性和示意性的叙述。在接下来的部分中，我将探讨它在一些案例中的应用。

第四节　科学的不统一性

大约在过去的一个世纪里，物理学已经有了两个非常成功的、得到充分证实的理论：引力和时空的相对论解释和强弱电磁力的量子力学解释。理论物理学的一个主要计划是试图把两者结合成一个单一的理论。可能会有一些物理学家寻找一个大统一的理论，仅仅因为他们发现了两种不同的基本力的假设，这种假设要求不同的模型是不雅观的或范畴上放荡的。但是，这并不是物理学家如此关心大统一理论的全部原因。毕竟，很长一段时间以来，在经典力学中工作的物理学家们都很满足于这样一种观点，即存在着几个独立的基本力——机械力、重力、电磁力、化学键力。不同之处在于，科学家们假设，正是因为这些力是独立的，而且都假设一个*对空间和物质的共同牛顿式理解*，所以对一个完备而一致的力学的贡献可以通过向量代数来计算。存在几个模型被认为是独立的基本力，但它们并不矛盾，正是因为它们是独立的。相对论和量子理论的问题是它们被认为是互不相容的。现在，如果你观察它们是*如何*互不相容的，那么你会发现各种有趣的答案：关于重整化、局部因果关系，以及绝对或相对的时间参照系的假设，都有差异；如果你把数学和黑洞这样的特殊情况结合起来，那么结果要么不一致，要么在数学上无逻辑。其中一些涉及两个模型的形式特征之间的不兼容性；另一些涉及当它们结合在一起时，如何导致相互矛盾的预测，甚至数学上的谬论。

试图预测寻找统一场论是否会成功是愚蠢的。我的认知主义说明所做的，至少是对*为什么*会出现这种令人费解的情况提供一个部分的判断。如果我们假设每个情境都提供了一个*恰当*但*理想化*的模型，我们就可以对这个难题有一些看法。相对论引力理论和量子理论都得到了非常好的证实，并且达到了非常高的精确度。对于它们所适用的现象，每一种都是非常适合的模型。但是，这意味着什么？这意味着特定的数学描述，可以很好地跟踪一组经验上稳健的模式。人类心智能够想出这样的模型，这是一件了不起的事情。但是，要成为一个具体的模型，每个模型必须使用某种特定的表征系统（而不是*其他*系统）。使一个模型简单而优雅地符合一组现象，这可能是一种理想化，使这个模型不适合其他现象。简单、优雅和适合的两组不同现象的表征系统，在形式上可能是不一致的。我们有可能找到一个大统一理论或两个相容的继承理论来解决这个问题，这一结果可能是肯定的，也可能是否定。

在前面，我引用史蒂芬·霍金的话表达了对这一前景日益悲观的看法。霍金与合著者莱昂纳德·姆洛迪诺（Leonard Mlodinow）一起，讨论其所称的"依赖模型的实在论"时（Hawking and Mlodinow，2010），似乎对我们*为什么*会面临这样的局面达成了与我的观点类似的观点。

（依赖模型的实在论）是基于这样一种想法，即我们的大脑通过制作一个世界模型来解释我们感觉器官的输入。当这样一个模型成功地解释了事件时，我们倾向于将实在或绝对真理的性质归因于它，归因于构成它的要素和概念。（Hawking and Mlodinow，2010：7）

就像墨卡托地图投影中的重叠地图，不同版本的范围重叠，它们预测相同的现象。但是，正如没有一张平面地图能很好地反映地球的整个表面一样，也没有一种理论能很好地反映所有情境下的观测结果。不存在独立于图像的或理论的概念的实在。（Hawking and Mlodinow，2010：42）

讨论一个模型是否真实是没有意义的，只能讨论它是否符合观察结果。如果有两种模型都符合观察结果，比如金鱼的视角（通过球形鱼缸扭曲的镜头观察世界）和我们的视角（没有这种镜头扭曲），那么就不能说一种模型比另一种模型更真实。在所考虑的情境中，可以使用更方便的模型。……依赖模型的实在论不仅适用于科学模型，也适用于我们为了解释和理解日常世界而创造的有意识和潜意识的心理模型。我们无法将观察者从我们对世界的感知中移除。世界是通过我们的感官加工，通过我们的思考和推理方式创造出来的。我们的感知——和我们的理论基于的观察——不是直接的，而是被一种透镜塑造的，即我们人脑的解释结构。（Hawking and Mlodinow，2010：46）

情形可能是，为了描述这个宇宙，我们必须在不同的情境下运用不同的理论。每种理论可能都有自己的实在版本。但是，根据依赖模型的实在论，只要理论在其预测中一致，只要它们重叠，也就是说，只要它们都可以应用，就是可以接受的。（Hawking and Mlodinow，2010: 117）

霍金和姆洛迪诺赞同我的建议，即需要多种模型可能是我们认知架构的结果。但是，霍金和姆洛迪诺讲话中的一个因素帮助我们看到了其他同样重要的东西。仅仅*拥有*以不同方式构建世界的多个模型，可能是人类心智如何运作的一个相当无害的结果。我们真正需要注意的潜在问题是"当它们重叠时，也就是说，当它们都可以应用时"。只有在*这些*情况下，它们才能产生相互矛盾的预测或推论。存在很多这样的案例，但在其中*一些*案例中，认知多元主义可以帮助我们看到，至少有些时候，如果我们适当注意到模型理想化和恰当应用的方式，我们就不需要致力于模型许可的相互矛盾的判断。

首先，考虑一个实验。在这个实验中，一个金属物体被扔到磁铁附近。如果我们应用一个引力模型，那么我们将得到一个下落物体运动的描述。如果我们应用电磁学模型，那么我们会得到不同的描述。它们*将*是不同的描述：如果单独使用其中任何一个模型，那么所得到的预测结果将与观察到的真实世界行为不同，因为事实上引力和磁场都在起作用。这里没有什么值得惊讶的。在大多数机械情境下，不止一个力在起作用。物体的合成行为受所有作用力的影响。我们有充分的理由建立不同的力的模型，这既因为它们是世界上不同的、可分离的因果模式，也因为对它们的分别*理解*使我们能够懂得它们。这些模型的悬置理想化既在心理上是必要的，也在经验上是正当的。

在《定律、心智和自由意志》一书中，我把一些经验主义者对定律的解释当作是在操作定律（比如引力和电磁力），就好像它们直接许可了关于真实世界*行为*的主张，比如物体在下落时实际如何移动。如果这样理解的话，那么这两条定律将不得不被视为包含相互冲突的预测，这两条定律都不符合多个力在起作用的情况下的真实世界行为。这些定律被解释为关于物体实际行为的普遍量化的主张是错误的。但是，错误的根源不是说定律是错误的，而是说它们不应该被解释为普遍量化的关于实际行为的主张，而应该被解释为关于对那种行为有因果贡献的不同力的理想化主张。定律解释上的错误是一种哲学上的错误——我相信，这种错误是由试图把科学的定律强加给一种特定的逻辑模式而造成的。这并不是任何称职的科学家或工程师可能会犯的错误，虽然科学家或工程师当然可能会*忽略*一个事实上与特定情况有因果关系的因素。另一方面，通过向量代数将独立力的作用结合起来的经典技术，仅适用于所有因果贡献者都有量化和独立的模型的情况，而不是所有模型都适用这种情况。但事实上，这是一个认知多元主义向我们展示如何解决一个显而易见问题的案例。引力模型和电磁模型，单独应用并作为预测许可，*确实*会产生不一致的预测。但是，理解这些模型是如何理想化的，可以提醒我们不要把这些模型当作单独的精确预测。除非只有一种力在起作用，或者在所采用的准确度范围内，一种力的影响淹没了另一种力的影响，否则不能把这些模型当作单独的精确预测。

在量子互补的情形中，情境就不同了。波模型和粒子模型对现象的描述是不同的，波状行为和类粒子行为是不同的。在经典光学中，粒子理论（牛顿）和波动理论（惠更斯）被认为是*竞争者*说明，并设计实验来试图解决哪个是正确的问题。基本的假设是，必须存在一个单一的模型，捕捉光的"真实本质"，并可适用于所有情况。经典光学被更广泛的电磁学理论所吸收，经典电动力学被量子理论所取代。但波模型和粒子模型*所需要*的可用性的确都存在于量子理论中。在一些实验装置中，现象可以用波模型来描述，而在另一些实验装置中，现象可以用粒子模型来描述。但是，这样的描述附带了一个重要的警示：实验装置是相互排斥的，因此量子二象性不能用两种对立的自然解释来理解。但是，波模型和粒子模型也都不能描述单独的力，如引力和电磁力。

尼尔斯·玻尔提出互补原理来解释这种违反直觉的情境。他对这些问题的描述反映了他分析中的认知和语用因素。

> *无论（量子物理）现象在多大程度上超越了经典物理解释的范围，所有证据的解释都必须用经典术语来表述。*这个论证只是说，对于"实验"这个词，我们指的是这样一种情境，在那里我们可以告诉别人我们做了什么，学到了什么，因此实验安排和观察结果的解释必须用明确的语言表达，并适当应用经典物理学的术语。

> 这一关键点……意味着*原子物体的行为和与测量仪器的相互作用之间不可能有任何明显的分离，而测量仪器是用来确定现象出现的条件的。*……因此，在不同的实验条件下获得的证据不能在一幅单独的图景中被理解，但证据必须被视为*互补的*，因为只有现象的整体才穷尽有关物体的可能信息。（Bohr, 1949）

第一段话反映了一种*认知*限制，这里指的是关于证据是如何构思和表达的。第二段话反映了一种*语用*方面：我们的认知通路是通过测量工具来调节的，而且不存在"原子物体的行为和与测量仪器的相互作用之间的明显区别，而测量仪器用来确定现象出现的条件"。这导致了一个多元化的结论：不同的实验装置揭示了不同的行为模式，我们需要不同的模型来捕捉模式。如果模型被视为独立于实验装置的描述，那么模型将产生相互冲突的描述和预测。但事实上，实验装置是相互排斥的，而且每个装置得到的结果都是稳定的。我认为这意味着每个模型是如何被理想化的，以及在哪里被恰当地应用。将这些模型视为非理想化的模型，不仅会产生相互矛盾的预测，而且会导致无法看到我们实际上如何确定物质在不同情况下的行为。相反，在这个例子中，正确地理解模型是如何被理想化的，更具体地说理解每个模型可适当应用的情形范围，可以防止这些模型的形式不相容性导致对更具体情况的矛盾信念或预测的承诺。

但是，在科学领域还有其他一些案例，在这些案例中，多种模型被用来构建讨论框架，从而导致不相容的含义，而这些不相容的含义无法通过将它们的恰当使用局限于特定的实验环境来解决。一个有用的例子是，生物学中正在进行的关于正确理解物种的争论。如果我们相信发展心理学家的话，那么朴素生物学就包含了一个关于物种的直觉概念，其中包括这样的假设：动物和植物是以物种的形式出现的，单个有机体是由同一物种的亲本产生的，同一物种的成员拥有共同特征的栖息地、相貌和食物。亚里士多德将这一概念的直觉本质主义明确地作为一种哲学学说。亚里士多德还建立了一项通过基于性状差异的分类学来理解物种的工作。最终，在 18 世纪末形成了林奈分类学体系。今天，许多生物学家和生物学哲学家认为，这种分类法的分类是以观察者所采用的识别和区分的标准为中心的——这些实际标准充其量只是偶然与现代生物分类法中显著的特性相关。达尔文将物种的概念重新设定为进化的基本单元，他的进化理论提供了两个在最近的物种名词中起核心作用的概念：可杂交种群和共同起源。然而，生物学理论家们以不同的方式强调和发展了这两个概念，从而对物种的概念进行了许多不同的改良。例如，梅登（Mayden, 1997）在生物学上区分了不少于 22 个不同的物种概念。这些概念可以归结为两个主要传统。

第一个传统起源于系统学、遗传学和进化论的"进化综合"（Dobzhansky, 1937; Mayr, 1942）。迈尔（Mayr）的"生物物种概念"构想尤其具有影响力：

一个物种由一组种群组成，这些种群在地理或生态上相互替换，其中相邻种群在接触的地方进行融合或杂交，或者因地理或生态障碍无法接触的情况下，有可能（与一个或多个种群）进行融合或杂交。……

物种是一组实际或潜在的杂交自然种群，它们与其他同类种群是生殖隔离的。（Mayr, 1942: 120）

"生殖隔离"的概念是生物物种概念的关键。区分这一概念后续发展的一个关键问题是，仅仅是外来的杂交障碍，如地理隔离或山脉等生态障碍，是否应被视为区分物种的因素。多勃赞斯基（Dobzhansky）对"隔离机制"的定义足够宽泛，足以暗示这样一个结论，尽管迈尔的第一句话暗示了相反的结论。人们对这个问题的回答涉及一些问题，例如，暂时孤立的种群是否算作独立的物种，以及（更重要的是）如果它们后来与其杂交的相关种群重新结合，那些原本独立的物种是否可以重新融合。（也许最引人注目的是，如果仅仅是地理上的隔离就可以决定物种的分离，那么直到最近，各种孤立的人类种群还可以说是不同的物种，他们通过长途运输重新组合成一个物种。）

但从生物学的角度来看，在许多物种中，也许存在更有趣的发现。一些种群有重叠栖息地并且能够杂交，它们实际上并不这样做。隔离机制似乎是物种分化的一个重要因素（例如不同的繁殖兼容的鸟类群体使用的不同交配叫声），至少在有性繁殖物种中是如此。这种机制作为物种概念核心的模型，突出了对自然界中的真实模式，并允许对其进行结构性推断。同时，这种强调还涉及一种成本高昂的理想化：大多数有机体不进行有性繁殖，不存在细菌或真菌的杂交种群，而在其他分类群（特别是植物）中，杂交也发挥着重要作用，这是由生物物种概念筛选出来的。

相比之下，第二个传统强调共同起源。这种方法的最有影响力的版本是分支分类方法，它基于分支的概念，由一个祖先和它的所有后代组成，包括现存的和灭绝的。（这取决于具体分支理论的细节，"祖先"可能是一个个体有机体、一个种群或一个物种。）分支分类（cladistic classifications）是树状结构，但与林奈的系统不同，分支分类旨在表征真正的和显著的进化关系的起源和分支。（林奈和亚里士多德一样，假定物种是不变的和永恒的。）分支分类产生了树状结构中分类层次的表征，其中一个物种是两个分支点之间的谱系。当然，大多数这样的分支都发生在遥远的过去，因此分支分析的数据通常必须从化石重建的形态"特征"中提取，虽然 DNA 的分子特征可以用于现代标本和化石，并从中可以获得可靠的 DNA 信息。将特征作为构建进化分支图的基础，使得分支学方法可以扩展到遥远的过去（对于基于谱系的分类非常重要的东西），但对于选择相关和可靠的特征来判断谱系和关联性则存在很大争议。（以玩具为例，将条纹皮毛作为特征，将导致对狮子、老虎和斑马的亲缘关系进行生物学上不切实际的分析。）虽然分支系统分析的目标是重建谱系，但将特征作为分类的基础可能导致分类系统不能表征更深层的真实进化。

分类系统和生物学上重要单元之间的区别，在物种的理论文献中经常被注意到。但是，对这一点的态度，以及对物种概念的暗示，是各不相同的。例如，梅登（Mayden, 1997）批评将区分物种的实用方法与进化生物学的更深层目标相结合，并对适合进化生物学的物种概念提出了期望：

物种问题中的许多混乱，最终源于我们将不适当的物种标准包装成一个单一的概念。这是传统的概念功能与应用、概念定义、分类学分类与类群、真实物种范畴地位与目的论方法相结合的结果。类似于超特异性分类群的分类，我们伪造了与物种的理论和操作的讨论有关的不适当和含糊不清的信息。这最终导致了在便利性、准确性、精确性和自然生物多样性的成功恢复之间的权衡。这些对物种或分类的期望或意向，都不可能通过生物多样性或其起源的合成的、可能不一致的概念来实现。

有鉴于此，我们能否梳理出物种的理论概念和操作定义，并发展出一个适用于各种实体是物种的基本概念？我认为通过一个物种概念和它们的定义的层次视图，这是可能的。（Mayden, 1997: 383）

相比之下，杜普雷（Dupré, 2001）认为，我们应该从分类单元而不是进化单元的角度来看待物种的概念：

当然，进化的单元也有可能作为分类的单元，事实上，这一点似乎是关于这一主题的学者们广泛假设的。但是，这是我在这一部分中要辩护的第一个论点，进化的单元在一组实体中太多样化了，以至于无法提供一个有用的划分有机体到分类单元的方法。如果这是正确的，那么我们需要决定物种这个术语是应用于进化单元还是分类单元。在这里，在生物学的范围内，在我看来，我们应该尊重优先权的惯例。物种被理解为一个分类系统的基本单元，早在几千年前就有人提出进化论。时至今日，几乎所有非理论系统学专业的人都认为物种分类是一个分类概念。所以，我的结论是，物种应该被视为分类单元而不是进化单元。（Dupré, 2001: 203-204）

此外，杜普雷指出，甚至在生物学中，分类的旨趣是多样的。这导致他赞同一种关于分类与物种的多元化的观点。

毕竟，我们通常会根据科学理论的要求，对科学理论所涉及的对象进行分类。但这一论据，即使当被更彻底地充实起来时，也无法令人信服。生物学中的分类有它自己的生命。与进化论有密切联系的领域的生物学家，如生态学家、民族植物学家或动物行为学家，需要对生物进行分类。林务员、自然资源保护者、猎场看守员和草药学家也是如此。正如下面将要讨论的，对于许多，甚至可能是大多数的有机体群体来说，进化的考虑对于分类的目的几乎没有或根本没有用处。最后，观鸟者、野花爱好者，或者只是从事生物学活动的公众，可能会选择对有机体进行分类，即使他们不需要这样做。这些不同的人群需要可行的分类，这样的分类能够使他们相互之间和其他这类群体的成员进行交流，记录有关自然历史的信息，等等。如我所说，如果进化的单元不足以满足这些需要，那么就必须把它们与分类的单元区分开来。此外，结果是，在生物学中，分类和理论比在大多数科学领域中似乎更为独立。分类至少不能与生物学的中心理论紧密联系，这一事实为我提倡的彻底实用的和多元化的生物分类学方法留下了空间。(Dupré, 2001: 204)

虽然我不能就是否存在一个可行的单一物种概念，或是与进化单元相对应的各种这样的概念表明立场，但杜普雷的分析至少揭示了，为什么我们会找到各种各样的方法来构建物种的概念，并将有机体分类为物种。有各种实用的科学（和非科学的）立场需要对有机体进行分类。这些立场需要用不同的方法对物种进行概念化。此外，这不仅仅是一个武断的习惯或兴趣的问题：不同的方法揭示了所研究事物中不同的真实模式。哪些模式是突出的，这取决于一个人的理论和实践兴趣。从认知多元主义的观点来看，不同的追求，包括不同的科学追求，要求我们采用不同的模型，这些模型交叉分类产生不同的突出模式，这说明我们需要各种不同的模型，而这些模型之间并不完全匹配，并在物种的边界上产生不同的判断但适用于不同的目的。由于不同的目的和显著的模式很可能无法被还原为一个单一的共同点，所以这很可能是一个原则性的、持久性的不统一性。杜普雷的另一个观点是，与"进化单元"相关的因素不止一个。这同样让我们有理由怀疑，我们可能*需要*多个概念框架来分别充分理解它们，而且不能将这些数据压缩到一个单一的模型中，使该模型作为物种直观概念的最佳继承者。

第五节　不可还原性

我将尝试更简短地总结一些模型间还原的潜在障碍。其中最直截了当的一点就是，合适的还原模型缺乏还原构建所需的形式资源。这类案例中最重要和最常见的一系列包括规范性的模型，例如涉及伦理原则的模型。熟悉的格言"你不能从*是*推出*应该*"，最初可能是演绎推理的论证中提出的观点。但是，它同样适用于从一个模型到另一个模型的重构。只适合讨论事实和规律的模型缺乏一种资源，这种资源与那些可以用来构建规范性主张的模型不同。后者不是数学家所说的前者的"保守扩展"。要把一个纯粹的正面模型变成一个规范的模型，你需要*添加一些新的东西*。我们在模态逻辑和非模态逻辑之间的关系中发现了类似的情况，比如说，虽然可以将一阶逻辑中的各种逻辑连接词视为来自单个（尽管不那么直观）连接词的构造，但是不可能从非模态资源中构造必要性和可能性的模态运算符。造成这种不可还原性的原因很简单，但其意义是重大的：无论我们的纯粹积极主张模型的状态如何，例如经验事实和定律，它们也都不能为重建我们的规范模型和模态模型的内容提供充分的基础。

对还原论的两个比较常见的哲学异议是多重可实现和涌现。我们所说的多重可实现主要是指某些功能上指定的种类——如**与**门或心脏——总是（或至少经常）由某些物理组件构建而成，但有许多物理配置可用于制造具有相同功能描述的事物。很可能，在每一个单独的情况下，功能上指定的系统都具有它作为其物理配置的结果所具有的功能特性。但由于两个原因，还没有实现还原目标。第一，用于实现系统的模型（如物理或细胞生物）不包含相关的功能概念。*给定*一个包含这些概念的模型*和*一个单独系统的足够丰富的物理的或生物的描述，人们也许能够推断出它是一个**与**门或心脏，但只能通过将它与功能模型提供的标准进行比较。第二，物理或生物模型没有把握到功能模型的相关一般定义：功能规律不会*作为*规律"弹出"，因此，没有功能模型，真实和显著的模式将无法被识别。

丹尼特的独立性和意向立场的主张似乎涉及上述两种类型的考虑。一方面，在他看来，意向性是一个与理性*规范*相联系的概念，而这些规范不能从物理立场或设计立场特征来建构。另一方面，当我们采取意向性立场时，我们能够辨别出没有意向性立场就不会被注意到的真实模式。那些对意向性持功能主义观点的人同意第二种观点，即意向心理学的概括不会从物理或神经科学的描述中突然"弹出"。然而，我倾向于同意丹尼特的观点。我们对意向状态的理解并不是纯粹功能性的，就像我们对**与**门甚至心脏的理解一样。相反，我们有特殊的方式来设想代理和代理机制（agents and agency）。它们有自身的专属概念，源于核心代理系统（the core agency system），这不能在物理*或*功能方面进行重构。

关于意识不可还原性的论证也沿着类似的思路进行。莱文（Levine，1983）、杰克逊（Jackson，1982）和内格尔（Nagel，1974）认为，物理科学提供的框架甚至没有提供候选解释者，无法使我们从中得出第一人称经验现象学的特征。查莫斯（Chalmers，1996）使事情变得更加明确：我们对物理世界的理解完全是根据结构和功能属性来决定的，但是结构和功能属性都不能提供正确的资源来推导经验的质性特征。

这些考虑可能表明，我们会遇到不可还原性问题，特别是在人类现象的情境中：意向性、意识、规范性。也许，我们在这里发现了其他地方没有的特殊的还原问题。然而，正如我在《超越还原》（*Beyond Reduction*）（Horst，2007）中所说的，我们在自然科学中发现的真正的还原也很少。至少在某些情况下，当我们研究特定类型的模型和它们的潜在还原者（would-be reducers）时，我们可以看到为什么会是这样的原则性原因。

"涌现"一词被用来描述自然界中的许多假定关系。在这里，我关注的是一种

"涌现"现象。这种现象只发生在具有一定规模或一定程度复杂性的系统中,其发生和原理不能从其组成部分的行为模型中推导出来。复杂度不必是非常*高*的复杂性层次或非常大的规模。事实上,一个有用的例子是,原子能级性质(如电子在轨道上的行为)和分子能级性质(如涉及电子共享)不能完全从粒子能级的性质(如自由电子的行为)中导出。看待这一点的一种方式,有时被涌现论者所青睐,就是说存在一些"新"的属性,它们只在复杂系统中"涌现"。(因此,我们需要对所有相关类型的复杂系统建立单独的模型。)这将带来一个类似于无法推导出功能系统规律的问题,尽管这不是多重可实现的情况。在我看来,人们也可以从另一个角度来看待这个问题:单个电子*确实*具有(倾向性)特性,在轨道上以特定方式表现,在分子键中发挥作用,等等。但这些特性将在对自由电子进行的实验中被筛选出来。从认知的角度来看,要获得一个好的自由电子行为模型,我们需要把电子的其他(倾向性)属性括起来。因此,自由电子行为模型被理想化了,以防止衍生出涌现的现象。但是,我们没有理由不把它们在特定复杂系统中表现出来的倾向性属性反过来解读为单个电子。但请注意,这样做,我们并不是将我们的原子能级现象模型还原为组成粒子如何"自己"表现的模型,而是将原子能级行为的倾向以倾向性、性能和力量的形式构建到我们的粒子模型中,这些形式*需要用更高层次的术语来指定*。

这反过来又导致了一个更广泛的问题。有些模型是"外向型"的,因为它们假设了更广泛、更包容的情境。比如,一个有机体把它自身当作是嵌入环境中的。这样一个模型的设计可能主要是为了产生有机体的特征,将有机体视为一个开放系统。这可能会指定一些显著的外部变量,但未指定一个开放的数字。此外,如此强调的有机体的某些特征与更广泛的情境分不开:呼吸、营养、生殖和作为捕食者或猎物不能被孤立地理解为有机体的特征。事实上,作为规范的描述水平,如果你试图不用以有机体为中心的术语来重建这些概念,那么这样做的自然方式是*向外移动*到一个更大更包容的系统的描述,在更高的组织水平上定义,而不是通过微观解释。因此,还原性微观解释是一种不适合把握这些模型的概括或解释能力的策略。还原性微观解释依赖的是一个更大、更复杂的系统,而不是一个更小的系统。同样地,生物物种概念和物种分支概念分别根据种群和历史谱系的实际和可能的杂交关系来定义。这些概念不能从动物适当部分之间的共时关系层面的理论中重建。

对于大多数心理现象和社会现象的模型,也存在类似的说法。我们可以通过神经科学来解释很多*关于*知觉和运动控制的问题。但是,知觉和动作从根本上来说是有机体和环境中的事物之间的关系。家庭、社会和政治分类虽然可能对个人行为产生强烈影响,但从根本上讲,它们不仅与更大的社会结构有关,也与个人、文化和生物的历史有关。你不能将这些特征还原为个体适当部分的同步关系属性，因为组成部分的一次性模型的表征资源缺乏必要的概念机制。

第六节 完备性和一致性

让我们回到信念和理解的统一问题上来。在一个理解和信念体系中，我们可能需要两样东西来架构：*完备性*和*一致性*。一方面，我们希望能够理解和掌握尽可能多的知识。也许对于一些事情我们的心智完全无法理解，以至于它们超出了可能的知识甚至信念的范围。我们甚至不可能知道这些可能是什么，因为我们必须对它们有一定程度的理解，但到目前为止我们还不能具体说明它们。我们也许只能通过类比来理解这样的局限性：就像我们理解狗领会不到的东西一样，也可能存在其他生物理解我们把握不到的东西。进一步讨论这些问题没有什么意义，因为实在无法以任何具体方式讨论这些问题。因此，当我讨论到希望有一个*完备的*理解和知识体系时，我的意思是，在更有限的意义上，包括*我们原则上能够理解*的一切，或者至少我们*目前所做*的一切都是通过我们拥有的模型来理解的。

认知多元主义认为，基于模型的认知架构获得更完备的理解的基本策略是通过大量的模型来赋予对不同事物的理解。这些模型的基本库存是开发正常的认知工具包的一部分，但建模引擎提供的资源可以大大扩展我们拥有的模型的数量，从而增加我们可以理解和相信的事物的数量。获得一个新的模型比获得单独的信念更有利，因为模型仍然是系统的，尽管它局限于特定的内容领域。模型提供了表征和推理其领域内任何数量的事项状态的方法。依靠与语言和类语言的思维的互补关系，通过社会传播，以及通过诸如哲学分析和科学发现的更严格的探究过程，我们可以利用的模型的范围进一步扩大了。这些不仅允许我们创建新模型，而且允许我们改进现有模型，考虑和使用多个模型，并对一个模型和另一个相对的模型进行测试。

另一方面，正是这些特性使得这种策略如此强大——以至于模型被用来构建和产生判断，以至于基于模型的推理方法非常适合它们的领域，尤其是使得模型成为理想化的，并使用特定类型的表征和推理规则——这些特性也导致理解和信念上的不统一。最明显的是，拥有多个模型本身就是一种适度的不统一性。更麻烦的是，具有不同表征系统和推理规则的模型会产生不一致的信念和判断。这违背了第二种认知敏感性：我们所理解和相信的事物彼此*一致的*愿望。

基于模型的理解架构的特点是完备性和一致性之间的内在张力。我们首先通过拥有更多的模型来获得更完备的理解。但是，每一个新模型的加入都会带来与其他模型的保证产生更多不一致的风险。当然，有时，明显的不一致最终会变成错觉：两种模型可能有不相容的承诺。但是，这意味着只有在两种模型都适用于相同情境的情况下，才能对世界做出不一致的判断。在类似量子互补的情况下，它们的结果证明冲突模型适用于不相交的案例集合，因此不会使我们对特定情况做出不一致的判断。有时，我们可以通过用一个或多个不会共同产生不一致判断的模型，替换一个或两个模型来解决问题。我们解决冲突和矛盾的动力为哲学和科学提供了一种规范。但是，无论是以一个单一的综合的和自洽的模型形式，还是至少以一套相互配合良好的不同模型形式，都不能保证它能达到理想的结果。

我们在面对完备性和一致性之间的权衡时，除了希望有更好的一天之外，还应该做些什么？当然，消除不一致性的一种方法是*停止使用*产生不一致性的部分模型。但在实践中，无论是在科学上还是在日常生活中，我们实际上似乎更关心理解尽可能多的事物，而不是建立一个单一的模型，甚至消除悖论。因此，引用霍金和姆洛迪诺的话，我们支持这样一种可能性："情形可能是，为了描述宇宙，我们*必须*在不同的情境下采用不同的理论。"（Hawking and Mlodinow，2010：117；斜体字为本书作者添加）在科学之外，我们可能更愿意用不同的方式来理解对我们有效的情境，不太可能意识到它们之间的不一致，只有当不一致引起我们的注意时，甚至可能只有在我们有哲学倾向的情况下，我们才会感到困扰。当遇到困难时，完备性通常胜过一致性：我们更关心的是有足够好的方式来理解和处理各种情境，而不是所有这些理解和所有这些信念作为一个整体结合得如何。我们*需要*理解，因此需要提供理解的模型。一致性是我们想要的——有些人比其他人更关心一致性，但这不是我们*需要*的。

但是，在什么意义上我们*需要*理解？从某种意义上说，这可能只是意味着我们有一个强大的内部*驱动力*。我们很容易理解为什么这样的驱动力在生理上是适应性的：我们理解的环境越多，我们就越能以适应性的方式处理。然而，霍金和姆洛迪诺现在的想法似乎略有不同：如果要解释所有的数据，我们"需要"多种科学模型。大多数人在对构成当代物理学的现象没有任何理解的情况下，都过得很好。我们在生物学意义上并不需要当代物理学。但是，人类认知进化的结果之一，就是我们潜在的兴趣范围已经远远超出了生物学意义上的"兴趣"。这里的"需要"仍然是一种*实用的*需要：如果我们要理解（并且能够干预）X，那么我们就需要一个模型 M。

当然，我们感兴趣的理解和行动的范围远远超出了科学。在许多情况下，对于像霍金这样的理论物理学家来说，一个涵盖所有数据的理论理解的目标，不是不重要，而是根本不存在。从事元伦理学工作的哲学家关心各种元伦理学理论——后果论、道义论和德性论——的优点，因此，元伦理学家在理论层面上感兴趣的是，这些理论能够产生相互矛盾的评价，而这些评价在道德上是值得赞扬的。元伦理学家对一个理论能否还原为另一个理论，或者一个理论能否决定性地表现出优于其他理论的问题感兴趣。但是，元伦理理论本身可能是建立在评价人和行为的方式上的，而这些人和行为是发育正常的认知工具包的一部分。我们很自然地从成本和收益的角度来评价行动。我们认为人们有他们履行或逃避的责任，并将我们钦佩或鄙视的性格特征归为一种特征。有时，当我们发现不同的评价方法导致我们对哪些人或行为是好的得出相反的结论时，我们会感到困惑。一个特定的个体可能习惯性地使用一种评价模式而不是其他的评价模式。但即使面对相互矛盾的直觉，我们可能很少考虑*放弃*道德评价模式的可能性。它们中的每一个都提供了其他理论无法提供的见解。尽管这些见解可能与科学数据的解释大不相同，但有一个相似的原则正在发挥作用，即当遇到困难时，我们愿意付出困惑或悖论的代价，而不是失去一个有用的和强大的洞见工具。

此外，这可能指向另一种"必然性"：可能存在某种模型，它们在某种意义上是我们在心理上无法放弃的。道德评价的模式以及其中一些模式中隐含的自由假设可能属于这一类。时空中经典物理世界的假设以及因果关系和目的论的模型也可能属于这一类。这不是说人们或者至少有些人不能设想出替代方案，甚至不能在理论层面上支持它们。有些人可以而且确实将经典物理、因果关系、目的论、自由意志和道德属性视为错觉，甚至视为无稽之谈。但是，这并不意味着，这些理论承诺会妨碍他们根据根深蒂固的假设模式做出判断，或至少是候选判断。这一判断是在假设他们的根深蒂固的模型的基础上形成的。充其量，这可能会让他们反思性地否认判断的真实性或模型的适用性。但要注意的是，如果一个人在做出或倾向于做出这种判断时，将其视为真实的，将模型视为恰当的，但却在反思中否定了它们，这也反映了一种不统一。

当涉及自动运行的模型，甚至可能是无处不在的模型时，这种情况最为引人注目，但当我们使用我们有保留意见或我们知道有局限性的模型时，这种情况也会以较小的形式出现。例如，作为一名学者，我有不少机会认识到我对特定主题理解的局限性，以及我在课程中试图传达的那些主题的更简单模型的更大局限性。例如，在我的近代哲学课程中，我讲授笛卡儿、休谟和康德等人物的内容。我尽量避免说任何真正*错误*的话，但我清楚地知道，我遗漏了一些最重要的内容，例如，说笛卡儿把物质等同于外延，因此物质有它的属性，这必然遗漏了笛卡儿体系的其他特征，如上帝的选择在决定物质如何分为粒子，甚至在决定逻辑和数学的真理应该是什么的时候起什么作用。我对这些问题的学术研究也了解得很透彻，以至于我不能完全理解它们在笛卡儿的思想中是如何结合在一起的。（而且，正如我的同伴哲学家们亲身经历的那样，在专业场合对康德说任何话，尤其是批评性的话，都有可能让听众中的任何康德学者解释我对康德哲学的许多不理解之处。）我在思考、教学和写作中使用了其他哲学家的思想和作品的心理模型，但同时我也意识到这些模型并不充分。当然，这也适用于许多非哲学主题。

这也许是苏格拉底美德的一种表达，即知道你不知道（或不理解）的东西。我突然想到，任何一个发展了这种思想美德的人，总是处于一种温和形式的否定神学的倡导者的地位。*强*形式的否定神学认为，我们的观念是如此不适合谈论上帝，以至于我们不能说任何关于上帝的真理。我们也许不应该尝试谈论上帝。更温和的形式认为，我们所有的神学主张都必须加以限制："这个，但*不完全是这个*，还有更多。"我认为，对建立在心理模型基础上的理解的理想化和前瞻性特征，可以进行适当体谅。这应该引导我们更广泛地采取类似的态度。我们用我们现有的模型提出要求，除了原则上的沉默我们还有什么选择？但我们也知道，这些模型的资源是有限的，有些是我们理解的，而有些则是我们不理解的。只要模型是适当的，我们就可以用它的资源来表达我们所拥有的最好的表达方式。但是，我们不应该说它是*这个*真理、*全部*真理，或者*只有*真理。

第十三章　模型和直觉

在日常言语中,把某件事称为"直觉"就等于把它称为预感:一个突然出现在某人脑海中的想法,好像不知从何而来,似乎令人信服,即使他们没有理由支持它。这一标签的使用往往带有贬义意味:我们可以给出理由的判断被认为比直觉更好,正是因为我们可以给出理由。这种质疑是有充分基础的:我们自发产生的想法,在没有呈现出它们的认知凭据下,往往是偏爱、成见、私利、恐惧或愿望实现的产物。同时,公共常识也认识到,有些人有"良好的直觉"——事实上,有些人的直觉被视为*聪明绝伦*,他们抓住了我们其他人无法理解的洞见,甚至连想到这些洞见的人也无法解释。

在哲学中,"直觉"传统上与推理形成对比。约翰·洛克将"直觉性知识"与"说明性知识"区分开来,将那些即刻不言而喻的事物(如欧几里得几何的基本命题)描述为"直觉的",而我们只能通过明确的推理方法(如通过几何证明的工作)得出的结论是"说明的"。在当代学术术语中,洛克的"直觉性知识"包含在判断中,这些判断是真实的、合理的,并且以一种不依赖于先前的推理序列的方式产生。然而,洛克并不认为直觉性知识不如说明性知识。事实上,他认为直觉性知识是最确定的知识形式:直觉性知识是不言而喻的,而另一种知识(说明性知识)需要建立在已知直觉的前提之上。

直觉在数学知识中的作用在19世纪成了问题。在那以前,人们一直认为,欧几里得的所有公理和假设都把握住了真正*必然的*真理,否认其中任何一个都会导致自相矛盾的结果。这些直觉的主张之一是平行假设:对于任何一条直线 L 和不在 L 上的点 P,有且只有一条直线穿过 P 与 L 平行。但是,非欧几里得几何学的创始人认识到,平行假设可以被否定,而不会自相矛盾,不同的替代方案会产生不同的替代几何学。欧几里得的平行假设*似乎*一定是真的,但平行假设的理由不在于系统的定义和公理或非冲突原则,而在于人类思维强烈偏向的一套独立的"空间直觉"。这一发现引起了数学的危机,催生了形式主义运动,该运动试图找到重建数学系统的方法,而不依赖于数学直觉。

在当代哲学中,"直觉"常常被用来为重要的主张辩护。在形而上学中,关于什么是必然的、什么是可能的，超越了经验实验所能解决的问题的主张，常常明确地建立在"模态直觉"的基础上，例如，可能有一个存在是你的一个分子对应一个分子的复制品，但缺乏意识体验（Chalmers，1996）。在伦理学中，不仅存在某些特定行为是善或恶的主张，而且存在人类拥有自然权利等基本主张，这些主张都是通过直觉来证明的。数学直觉往往是关于每个人，或者至少是专家都同意的事情。然而，与数学直觉不同的是，在当代形而上学和伦理学中，直觉的特点恰恰是人们对事物有*不同*直觉的问题。对于一些人来说，直觉上似乎显而易见的是，一个人的分子复制品必须具有所有相同的心理状态。杰里米·边沁（Jeremy Bentham）曾有一句著名的调侃：自然的和不可剥夺的权利的概念是"高跷上的废话"。

　　直觉，在判断的意义上，不是在其他事物的明确推理的基础上得出的，但却使我们认为是毫无疑问地真实的（因此不需要进一步的理由），它绝不是数学家和哲学家的唯一专属领域。我们在日常生活中总是直觉地思考。事实上，如果你要监控你平均一天所做的判断，那么你可能会发现，大多数判断都没有通过任何论证或推理（或者至少你无法察觉到的任何一种论证或推理）来达成。然而，在大多数情况下，直觉判断还是相当*可靠的*。事实上，当你思考它时，任何你所*做*的推理都必须从一些假设开始，这些假设是你得出结论的前提。结论是通过*对前提*的推理得出的，但你凭什么相信这个前提？要想让一个论证落地，你必须从相信*一些东西*开始。此外，论证结论的确证并不比你开始时的前提更好。因此，似乎洛克的观点中有些东西是正确的，那就是，演绎推理要想取得任何成就，都必须能够从以其他方式得出的判断开始，这些判断是合理的（或者至少*看起来是正当的*），而不是我们已经根据一些先验论证对它们进行了推理。

　　但是，如果判断不是演绎论证等明确推理过程的产物，它们又是*如何产生的*呢？为什么它们中的*一些*具有真理性，我们将其描述为"直觉上真实的"或"直觉上明显的"？毕竟，并不是我们自发地想到的*每一个*想法都是直觉上正确的。有时，一个想法突然从我们的心中冒出来，我们的直接反应是"不，那似乎不对"——这似乎是*直觉上的错误*或*违反直觉的*。有时，我们对某事是否正确没有直觉。因此，确实有两种现象我们必须加以解释：①在不使用明确推理的情况下产生判断的心理过程的类型；②这样产生的一些判断似乎是不言而喻的真实（或至少是可信的），另一些判断则是不言而喻的虚假（或至少是可疑的），还有一些判断对不言而喻的真理或虚假缺乏任何附带的感觉。

　　"直觉"一词用于描述一种过程和一种明显的不言而喻的自证。我们称一个判断产生的*过程*为"直觉"，当该过程不涉及明确的、有意识的、逐步的推理时。当我们称*一个判断*为"直觉"时，我们可能指的是两件事之一：①它是*直觉地产*

生的，即由直觉过程而不是通过明确的推理产生的；②它是*直觉上建议的*，也就是说，这似乎是不言而喻的正确的。这两个特征的判断不需要结合在一起。并非所有由外显推理产生的判断都是直觉建议的；而外显推理可以得出结论，这些结论一经考虑，就会被直觉建议。但是，它们经常会奇怪地结合到一起；在这里我们关注的是判断的直觉产生，我将用"直觉判断"这个表述来表达那些既直觉地产生又直观地被建议的判断。

第一节 心理学对"直觉"的讨论

"直觉过程"的概念在最近的认知心理学中被解释为"双重过程"或"双重系统理论"所区分的两种过程之一。在这一领域工作的主要人物之一是丹尼尔·卡内曼（Daniel Kahneman），他与谢恩·弗雷德里克（Shane Frederick）一起写作，总结如下：

> 古老的观点认为，认知过程可以分为两大类——传统上称为直觉和理性——现在被广泛纳入称为双重过程理论的总标签下。……双重过程模型有很多种样式，但它们都区分了快速和关联的认知操作与缓慢和规则支配的认知操作。……我们采用斯坦诺维奇（Stanovich）和韦斯特（West）的通用标签系统1和系统2。这些术语可能让人联想到自动小人，但这并非本意。我们使用系统作为过程集合的标签，这些过程通过它们的速度、可控性和操作内容来区分。（Kahneman and Frederick，2002：51）

这段引用表明，"双重系统"的概念实际上是指两类过程，它们在速度和可控性方面是有区别的。可能存在许多更具体的过程共享系统1组件，这些过程可能通过不同的机制运行。尽管我们倾向于贬低直觉而不是针对推理，但系统1推理可以非常擅长于它所从事的内容，并且系统1被认为是专业知识的一个重要特征，它的获得涉及从系统2到系统1过程的转换。卡内曼和弗雷德里克继续写道：

> 尽管系统1比系统2更原始，但系统1的能力并不一定比系统2差。相反，随着熟练程度和技能的提高，复杂的认知操作最终会从系统2迁移到系统1。系统1智能化的一个突出表现是象棋大师能够立即感知象棋位置的优劣。对于那些专家来说，模式匹配已经取代了费力的串行处理过程。同样，长期的文化接触最终会产生一种社会判断的能力——例如，这样一种快速辨别能力"一个枯燥的写作偶尔被陈腐的双关语活跃起来的人"更像一个刻板的电脑程序员，而不是一个

刻板的会计的能力。在我们假设的特殊双过程模型中，系统1在判断问题出现时，迅速提出直觉的答案；系统2监控这些建议的质量，它可能会认可、纠正或超越这些提议。如果最终表达出来的判断没有做太多修改就保留了假设的最初提议，那么就称之为直觉判断。这两个系统在确定所述判断时的作用取决于任务和个人的特征，包括可供审议的时间……被调查者的情绪……智力……以及接触统计思维。……我们假设，系统1和系统2可以同时激活，自动和受控的认知操作竞争对公开反应的控制，以及有意的判断可能仍然基于最初的印象。（Kahneman and Frederick，2002：51）

在这段引用的后半部分，卡内曼和弗雷德里克似乎只给系统2过程指认了一种监视功能。我认为这是一种夸大的说法，因为我们也能够使用有条理的推理过程，如运用逻辑三段论或列加法规则，我们以一种有意控制的方式来产生判断，而且外显推理使我们能够得出结论：我们无法通过系统1思维。但是，我引入上述引用的主要原因是提供一些心理学家如何思考直觉推理的视角：直觉推理是一种快速、自动地发生的思维过程，并且直觉推理是通常熟练的但"不透明"的，也就是认知上不可穿透的。

其他心理学家认为*概念和判断*是直觉的或反直觉的。在宗教认知科学中，保罗·布鲁姆（Bloom，2004，2007）认为，儿童和成人都是"直觉的二元论者"。相比之下，帕斯卡·博伊尔（Pascal Boyer）和贾斯汀·巴雷特（Justin Barrett）则认为，超越自然的概念，如非物质灵魂和鬼魂的概念是"最低限度的反直觉的"（Boyer，2001；Barrett，2004a，2004b，2009）。在这里，将一个判断或概念称为"直觉"似乎意味着它是"直觉地建议的"。也就是说，看似真实、似是而非，或者在概念的情况下，是无问题的。"反直觉"的意思似乎与此相反：一个反直觉的判断或概念是一个内在的感觉，它必须有一些奇怪的东西。

然而，这些对当代心理学的引用，并没有告诉我们太多我们之前不知道的事情。除了*专业知识*是通过直觉过程来实现的这一重要主张之外，它们基本上只是证实了我们已经形成的区分。认为直觉过程是"自动的"主张，与认为直觉不是外显推理中发现的过程的那种主张相差无几，在外显推理中我们可控制和监控那些步骤。直觉过程是快速的这个事实，即*与有条理的外显推理相比快速的事实*，可能不过是后一种过程缓慢而费力的事实的结果。此外，直觉的过程*似乎*并不总是很快：一个创造性的想法或智慧洞察的产生可能需要大量的时间。当我陷入写作的僵局时，我经常做些别的事情，去散步或睡觉，让我潜意识的部分去解决这个问题。有时需要几个小时、几天或几个月，我才能意识到答案。当然，正是因为这个过程是无意识的，所以很难确定它何时起作用或者需要多长时间。它是在我意识到结果之前发生的，可能实际的过程需要几毫秒。也可能是一些无意识的机制一直在慢慢地运作着它。此外，由于"直觉过程"（或"系统 1 过程"）的概念实际上是一类未指明数量的实际认知机制的代名词，它们可能以不同的方式和不同的时间尺度运行。

我们真正想知道的是：什么样的认知过程可以快速、"自动"地产生判断，包括高度复杂的专家判断，而不需要外显推理，为什么这样产生的判断要么被直觉地建议，要么被标记为有问题的？我的建议是，这种情况可能发生的一*种*方式是，当判断是建立在心理模型的特征上的结果时，它就产生了。

第二节　直觉和反直觉判断

一个判断可能不止一种方式看起来是直觉的或是反直觉的。我将提供一种可能发生这种情况的假设。但是，我将以它发生的方式探讨这种情况，以避免持续冲突。这些假设的一般形式如下：

1. 如果模型 M 的真理可以从它的规则中"读出"，那么模型 M 的判断是直觉的。

2. 如果模型 M 的判断以一种可检测到的方式违反了它的规则，那么模型 M 的判断是违反直觉的，例如，因为违反规则而引发认知失调。

基于模型的推理过程可以通过多种方式引导判断，并被识别为直觉或反直觉的模型，我将通过示例探讨其中几种模型。

考虑一种判断，例如"代理有目标"或"人们根据自己的信念和愿望行事"。任何不从事哲学或认知科学的人，都可能根本不会明确地用这些抽象内容来接受判断。即使哲学家或科学家这样做，也常常是在辩论特定理论（如取消式物理主义）的语境下，才*否定*了这些论断。从常识上说，它们更像是深层次的假设，这些假设是如此的根本，以至于甚至提到它们似乎都很奇怪，更不用说质疑了。为什么会这样？如果我们拥有核心系统和大众理论的假设是正确的，那么答案似乎是这样的：从很小的时候起，我们就拥有以核心代理系统和大众心理学的形式存在的代理和代理机构的模型，这些模型的基本原则是代理以目标导向的方式行事以及人们根据自己的信念和愿望行事。我们自动地和常规地使用这些模型，而使用这些模型根本就是将事物作为有目标的代理或有信念和愿望的代理。你不能不把诸如目标、信念或愿望等事物作为一种*行为*来建构。你可以拒绝模型的适当性，并同意使用另一个解释框架——一个动作是膝跳反射而不是故意踢脚,这是一个遵循程序的电子自动机器人——但在这样做时,你不仅拒绝信念和愿望,而且完全拒斥输入代理机构的整个框架的适用性。如果一个候选判断违反了这些规则,那么就会触发一种特定类型的认知不协调模型。这是因为它是违反直觉的。如果一个表达规则内容的判断被迅速而无意识地确认为模型的含义,那么这个判断就被识别为直觉的。并且,这样的判断可以由某种机制产生,将模型的隐含规则转换为命题形式,或者由命题表达式与模型规则进行比较的机制来确定。像"代理有目标"这样的判断似乎是*必然*的真理,甚至是老生常谈。要思考或谈论代理,必须使用一种模型来估算目标、信念或愿望。事实上,它们*是*必然的真理,有着明确的意义。"代理有目标"类似于代理机构模型的隐式公理。因此,代理机构模型中的真理很大程度上更像是与欧几里得几何中的真理平行假设。要使用代理模式,必须将构成代理的事物视为实现其目标的行为。为了使某事物的构成成为适当的代理,对其目标的归因(imputation)也必须是恰当的。

  类似的事物可以说是物体在空间中的直觉表征。要把某物表征为存在于空间中,就必须以一种假定它的四面八方都有空间的方式来表征它。(当然,这里所说的"空间"是专有意义上的,与*几何学上*定义的空间相对应,而不是"*空的空间*"。如果有人说"橱柜左侧没有空间",因为橱柜的左侧与墙壁齐平,那么他们的意思是没有*空的*空间,而不是说墙壁存在于空间之外。)这似乎是我们用来表征空间中物体的模型(或一组模型)的一个基本特性。因此,提问"它的左边有(几何)空间吗?"这样的问题似乎很荒谬。答案是模型基本原则的直接结果。因此,从在模型内运作的角度来看,答案应该不言而喻。断言"在它的左边没有任何东西,甚至没有空的空间"是非常违反直觉的,因为你必须使用一个空间模型来理解它,但是断言的内容违反了模型的隐含规则。

  在某些情况下,我们可能根本无法在模型中形成候选内容的表征。我们的空间直觉可能无法容纳一个三维空间的表征,该三维空间像球体的二维表面一样在自身上弯曲。我们可以通过其他方法来设想这些事物,比如数学方法,但它们似乎总是违反直觉,因为它们与一个根深蒂固的空间几何模型不协调,这个几何模型或多或少是欧几里得式的。同样地,对于我来说还没有模型的事物,我的思考方式也必然会显得反直觉,也就是说,至少在我获得并掌握了它们的模型之前,它们似乎是反直觉的。当代科学的主张一开始常常显得令人费解、荒谬,甚至是完全不可能的。一旦我们掌握了当代科学主张所处的科学模型,它们就会失去一些这种氛围,甚至在职业科学家使用必要的模型时,当代科学主张对于她来说似乎是常规的和明显的。

  代理的和空间的表征的例子都涉及模型,这些模型被深深地渠化,难以脱离。

但在判断的直觉性方面也有类似的观点，这些判断陈述了模型的基本原则，模型的使用更为自愿。在国际象棋比赛中，不用说每一个棋子都必须占据棋盘上的一个正方形。事实上，在游戏模型中，没有空间间隙的位置。当然，我们完全有能力用*其他*方法，把棋子看作是跨越两个空间的。我们可以完全拒绝用国际象棋模型来解释它们；或者我们可以考虑出于游戏的目的"在"哪个空间放置一个笨拙的棋子，或者我们可以将其解释为出于游戏的目的在某个特定空间中。不把它解释为在一个特定的空间，就是根本不把它解释为在下棋。

我觉得这和我直觉的方式略有不同，其中我直觉地看到象可以在右前方对角线上向前移动一个或两个空格，或者可以移动第三个空格，抓住对手的棋子。如果我是一个稍微熟练的棋手，那么我只是*看到*这些可能性，不需要做任何外显推理来发现它们。问题"你怎么知道的？"将是令人费解的，除非也许有人问谁不知道国际象棋的运动规则。对于我来说，移动的可能性是突然出现的，因为这些可能性是我的象棋心理模型中隐含规则（在本例中，是移动的允许规则）的结果。这些允许规则指导我识别游戏中可能的移动。相反，如果有人沿着一行或一列移动象，或将其完全移出棋盘，那么这将立即导致与反直觉相关的认知失调。假设与模型相关联的某个无意识机制检测到了违反模型规则的行为，并且用这种特殊的现象学标记了违反规则的行为。这样一来，就不可能在国际象棋模型内保持平稳运行；而要弄清楚我的对手到底做了什么，我就必须在国际象棋模型之外重新定义它：他也许是想惹恼我，或者他是一个对游戏失去耐心的孩子，只是在胡闹。

另一种直觉的过程可能包括*模拟*，比如说，如果我尝试一个特定的策略，那么游戏中会发生什么情况的模拟。这种使用模型的内部化规则来产生一系列管理状态的表征，或者可能是一个战略如何可能展开的表征。在这里，内部化的规则指导着模拟过程的动态。类似地，当我想象一个实体的旋转时，我用于空间推理的模型规则会生成一个模拟，产生关于*最终结果*的直觉。我完全可以满怀信心地看待这个结果，因为它是由模型的规则产生的。

另一种类型的直觉过程通常被称为"语义推理"。即使我们以前没有考虑过狗的很多事情，但是它们在直觉上似乎很明显：狗是动物、食肉动物、四足动物和终将死亡的；狗有毛发、心脏、肾脏和情感；狗是其他（成对）狗的后代；等等。相应地，我们会发现其他的说法与直觉相悖：狗是蔬菜类、素食者、两足动物、不朽动物或机器人；狗有鳞片、鳃，或对哲学问题的看法；狗是在工程师的工作台上创造的，是由火构成的，或父母是鱼；有些狗的质量大于地球；等等。一些直觉上显而易见的说法，可能是作为关于狗的事实被学习和存储的。这些说法甚至可能出现在你所学的狗的定义或描述的一部分中。但是，其中许多说法是你以前不太可能思考的事情，而且它们是直觉上显而易见的。为什么会这样？一个自荐的答案是，概念**狗**要么是它自己，要么是一种结构丰富的语义实体的一部分，这种实体提供了一套丰富的推理，超越了先前形成的判断。

帕斯卡·博伊尔（Boyer，2001）认为，像**狗**这种物种的概念是建立在一个最高阶的概念基础上的，这个概念是大众生物学的组成部分，他将其描述为"本体分类的"*动物*。博伊尔将概念比作内部数据库中的笔记卡，将本体分类视为此类笔记卡的模板，这些笔记卡既指定了分类的一般假设（例如，动物是终将死亡的，也是同一物种父母的后代），也指定了空白的"槽"，以便在物种层次基础上填写其他信息，如特征外貌、饮食、生境等。当遇到一种新的动物时，我们会在**动物**分类的基础上形成一个新的数据库条目。这就导致我们假设这个物种会有一些特征外貌、饮食等。这就引导我们寻找需要获得哪些信息来填补空白。当我们填写它们时，我们对该物种有了一套越来越详细的假设，这些假设来自物种的"条目"、本体分类以及介于两者之间的任何层次（如**哺乳动物**）。

这样"编码"的信息不必成为明确判断的一部分。在某个时刻，我拼凑了一组关于内脏器官的假设，如心脏、肾脏等。我希望在某些高级动物身上能找到这些器官，这些假设要么"写进"我的狗模型，要么以一种我可以轻易利用的方式与之相联系。其他内容可能会通过经验建立在我的狗的心理模型中：我观察狗吃什么，并将它们吃肉的假设编码到模型中，即使我从来没有想过"狗是肉食动物"这样的想法。除非得到提示，否则我可能*永远*不会对狗是否有肾脏、是不是肉食动物、是否永生，或是不是其他狗的后代等问题形成判断。但一旦我被提示，答案可以是"读出"的心理模型。判断是通过（某种方式）读出的以非命题形式在模型中已经存在的事物而直觉地产生的结果，并且是直觉地推荐的结果，*因为*判断是模型中已经存在的事物的产物。

博伊尔在《宗教解释》中发展了他的概念理论，认为宗教信念中人物的超自然存在的概念，是由一个熟悉的本体分类（或其从属概念之一）开始，然后违反其中一条规则而产生的，比如说，一种可以转化为人类的不朽的狗或狗的概念。这些概念是"反直觉的"，因为它们违反了本体分类的规则，比如说，动物是终将死亡的，是单一物种的单个成员，或者具有（恒定）的外貌特征。博伊尔认为*超自然*概念之所以是特殊的，因为它们（a）违反了*分类*（而不是物种）层面的规则，（b）*只*违反了一条规则。但是，出于同样的一般原因，在物种层面违反规则（例如，六条腿的狗或没有心脏的狗）或不止一条规则（没有心脏的六条腿狗）的想法，也是违反直觉的。

如果说直觉判断（或其中一个显著的类型）是可以从心理模型的规则中"读出"和"弹出"的判断，那么似乎需要三个条件：

1. 判断的内容是由模型规则所隐含的，无论是在其本身中还是适用于特定的情况。

2. 存在与模型相关的某种机制，能够在模型的基础上产生跟踪判断的含义。

3. 存在一些快速和无意识的过程，它们将判断与模型的原则进行比较，并赋予判断一种自信和自我确证感，这是直觉推荐判断的主观标志，或与反直觉判断相关的认知失调。

这三个条件可以通过多种方式分离。不清楚的是，从自己掌握的模型中产生的判断所带来的自我确证的正确性的*感觉*，与愿望实现或偏见所带来的感觉是否不同，甚至专家们也会犯他们主观上感到非常肯定的错误。相反，模型约束机制可能会产生缺乏主观确定性的候选判断。模型的规则可能隐含着一些东西，这些东西可能没有检测的过程，或者只能通过费力的明确推理来发现。（例如，欧几里得几何学的所有定理都隐含在公理中，但要证明它们需要费力的工作，因此有些可能最初给我们的印象是非直觉的，甚至是违反直觉的。）而且，可能存在虚假的判断产生过程，它们不能可靠地跟踪模型的规则，无论是因为它们经常产生不受模型规则支持的直觉，还是因为它们有时会产生执行错误。

第三节　直觉的模型相对性

需要注意的是，判断的直觉性和反直觉性被描述为*相对于特定模型*。事实上，对于一个模型，判断可能是直觉的，而对于另一个模型则是违反直觉的。再次考虑欧几里得几何的平行假设：有一条直线 L，一个点 P 不在 L 上，有且只有一条线穿过 P 平行于 L。如果一个人使用欧几里得模型，那么这似乎是直觉上必然的。事实上，欧几里得原理似乎深深植根于我们的大众几何思维中。从常识上看，这似乎是直觉上的真实，甚至是必然的。直到 19 世纪，人们才发现了其他的几何学。但是，一旦人们知道罗巴切夫斯基的双曲几何，双曲几何允许多条平行线穿过一个点，那么至少当我们使用双曲几何作为我们的模型时，平行假设就不再是直觉的了。或者更确切地说，平行假设是否让我们觉得是直觉的，可能取决于*我们使用的是哪类模型*，或者我们是否从不同的几何图形的更深层的抽象层次来处理这个问题。如果一个人对双曲几何学有了初步了解，比如说，如果我们正在上这方面的课，此时有人突然断言，有且只有一条直线通过 P 平行于 L，那么这样的平行假设很可能会使我们感到*反直觉*，因为它违反了我们使用的模型规则。

考虑另一个例子：光的波和粒子理论以及杨氏双缝实验。我们完全有能力想象这两组分散模式。但是，如果我们认为光是由粒子组成的，那么一种模式在直觉上似乎是显而易见的，因为当我们对粒子通过缝隙传播进行心理模拟时，就会产生这种模式。如果我们认为光是由波组成的并模拟出结果，那么另一种模式可能在直觉上很明显。如果我们单纯地假设一个模型的适用性，也就是说，没有意识到还有其他模型，那么直觉似乎具有*必然性*的力量。事实上，*如果*粒子模型适合这个问题，那么光就*必须*以这种方式运动。但是，通过适当的临界距离，我们可以看到，直觉判断真正隐含的那种"必然性"并不是真正的客观必然性。第一，也是最重要的是，它是一种与规则有关的必然性：*在这种模型中*，这一原则被*视为必然的*。第二，存在一种额外的必然性，这种必然性的程度使这种模型适合于某一类特定问题：如果（或在某种程度上）这种模型适合于某一类特定问题，那么世界也必然如此行事。在经典光学中，这产生了尖锐的悖论。在某些情况下，光似乎表现为粒子（粒子模型是适当的），而在另一些情况下，它似乎表现为波（波模型是适当的）。通过记住任何给定的模型可能适用于某些情况而不适用于其他情况，可以部分地（尽管只是部分地）解决这个悖论。科学能力的一个很好的部分在于知道在什么情境下使用什么模型，但像这样的难题也促使我们去寻找一个可以容纳迄今为止需要通过不同模式处理的案例的模型。

第四节 模型、直觉和专门知识

对直觉的这种基于模型的说明，也可以解释为什么直觉的讨论通常包括专家的直觉判断。专家与新手在任务中的表现不同之处在于，新手有意识地以一种明确的、逐步的方式思考问题，而专家通常报告说，"正确答案"很快就会毫不费力地跳出来。例如，德雷福斯（Dreyfus H and Dreyfus S，1992）通过以下方式对比了新手和专家：

汽车驾驶学员学习识别如速度（由车速表指示）等无须解释的特征。换挡的时机是根据速度来规定的。初学国际象棋的人，不论棋子的位置如何，都要学习每一种棋子的数值，而且规则是："如果捕获的棋子的总价值超过了丢失的棋子的价值，就要交换。"但是，这种僵化的规则往往行不通。一辆满载的汽车会停在山坡上；一个象棋初学者每牺牲一次都会失败。（Dreyfus H and Dreyfus S，1992：114）

专业的驾驶员通常不需要任何注意，他不仅凭感觉和熟悉程度知道何时需要减速等动作；他还知道如何执行动作，而无须计算和比较备选方案。他在没有意识到自己行为时就在适当的时候换挡。在出口匝道上，他的脚只需抬离油门就可以了。必须做的事，就简单地做了。

国际象棋高手，被列为国际大师或特级大师，在大多数情况下，他们都会体验一种令人信服的问题感和最佳动作。优秀的棋手可以以 5—10 秒的速度，甚至更快地一步一步下，而不会出现严重的技能下降。以这种速度，他们几乎完全依赖直觉，根本不依赖于对备选方案的分析和比较。我们最近进行了一项实验。实验要求一位国际大师朱利奥·卡普兰（Julio Kaplan）以每秒大约一步棋的速度，快速地让他进行弈棋。同时，要求比卡普兰稍弱但也是大师级的棋手，五秒一步棋进行弈棋。即使卡普兰的分析思维完全被急迫时间所占据，卡普兰在一系列的比赛中也还是把控住自己对比赛的主动。由于没有时间来解决问题或制定计划，卡普兰仍产生流畅和战略性的比赛。

初学者似乎是用严格的规则和特征来作出判断的，但初学者可以凭借天赋和丰富的经验，成长为一名专家。专家能直觉地看到该怎么做，而完全不需要应用规则和作出判断。理智主义传统对初学者和面对陌生情况的专家都有准确地描述，但通常情况下，专家不会深思熟虑。他没有理由地去做。专家甚至都不刻意行事。他只是自发地做了正常情况下所做的工作，即自然地、正常地工作。（Dreyfus H and Dreyfus S，1992：116-117）

德雷福斯将专家的表现描述为"直觉"，并将其与基于明显确定的特征、命题信念和规则的新手思维进行对比。当然，说某人"只是在做"并不能说明她是*如何*做出这种行为的。有关潜在原因的问题肯定是有保证的，尤其是在一个获得专业知识这样的情形中。（德雷福斯定期地探索认知的并行分布式处理模型的适用性，将其作为回答此类问题的经典计算径路的替代方法。）

基于模型的方法提出的基本解释是，从新手到专家的过程涉及心理模型的形成，这种心理模型允许快速而恰当地反应，而不需要有意识的命题思维。学习途径通常包括从命题和规则的明确表征开始，这些命题和规则可能在某些情况下近似于模型的特征，比如科学理论，一个已经存在的模型甚至存在一个命题的表述，可以作为学习的辅助手段，但成为一个专家需要形成一些不同的东西，一个系统的心理模型。专家的理解能力比新手*更好*，因为新手使用的特征描述是专家模型的近似值，还因为新手即使使用近似值也可能不完全胜任。专家的表现是不费力的，不涉及有意识地逐步推理，因为专家的答案是由基于模型的认知在快速和非命题的过程中产生的。专家的判断感觉很确定，因为它是由模型的隐含规则驱动的，而且因为她有有效使用模型的历史。

第五节　模型和倾向信念

基于模型的说明也有助于阐明非判断的信念的本质。这些特征通常用"倾向性"或"规范性承诺"来描述，但这两种特征都无助于心理学理论的发展。我们所讨论的直觉判断产生的方式，可以帮助我们理解*为什么*我们"倾向于"产生或同意某些类型的判断，以及这种倾向如何成为规范性的。

让我们假设，在昨天，我从未考虑过"狗有肾"这一命题。尽管如此，我们还是应该说，我*相信*这一命题，因为如果得到适当的提示，那么我已经愿意欣然同意这个命题了。我为什么会有这样的*倾向*？本章探讨的假设将表明：①信息在模型的结构中已经可用，尽管是以非命题的形式；②存在快速运行的可用的无意识过程，可以（a）产生具有该内容的判断和（b）如果与候选判断一起呈现，那么确认它是由模型的隐式规则暗示的。如果信念是以模型的稳定特征为基础的倾向性，再加上在提示时根据其内容以非推理的方式产生或确认判断的机制，那么我们就有了一个信念的特征，它以一种心理实在论的形式为基础，但并不拘泥于倾向性信念是心智中类句子的实体这一论点。

此外，我们还可以解释这样一个事实，即信念的归因也是规范性承诺的归因。我所描述的类型的信念是由其起源模型的隐含规则暗示的。因此，当一个人使用模型时，她就被它们规范地保证了。当然，不同的模型有不同的承诺。而且，一种模型的承诺可能与另一种模型的承诺相冲突。这似乎意味着，在这种情况下，我们有相互冲突的倾向性信念。但这实际上可能是一个有利于该主张的观点。大量的心理学研究表明，我们倾向于做出的判断在很大程度上取决于语境和前提。因此，在没有进一步限定的情况下，将信念简单地描述为对判断的倾向是行不通的。此外，语境并不能简单地突然地改变倾向性。我们需要某种方式，将不同的语境与它们所引发的不同判断联系起来。一种可行的方法是，假设语境和前提激活了特定的模型，结果是，人们倾向于产生*那些*模型而不是其他模型的保证的判断。

并非*所有*倾向形成判断都是以这样的方式运行的。胆怯的人倾向于在危险中判断自己。在一个 60 华氏度[①]的房间里，我在某种意义上倾向于判断它有点冷。这些倾向可能不是建立在心理模型上的。但出于同样的原因，我们也不清楚，我们是否应该将它们视为与信念有关。胆怯的人对危险的判断以及各种警惕的触发点都很低。但我觉得，说他总是在注意危险，随时准备归咎于危险，比说他总是

[①] 1 华氏度=17.2 摄氏度。——译者注

相信自己处于危险之中更合适。尽管如此，可能存在这样的情况，即我们将无法根据模型的隐含承诺来解释信念的归因，因此该假设应被视为至少一类信念归因的解释。

第六节　模型、直觉和认知错觉

如果专家的理解常常与直觉联系在一起，那么还存在另一种几乎相反的情况也与直觉联系在一起：各种各样的*错误*，尽管它们在直觉上似乎是正确的。事实上，心理学中的许多关于双系统文献关注的是人们（包括专家）如何在推理中产生错误，即使在反思之后他们会明白他们采用的各种方法是错误的。有时，这种错误可能是简单的心理错乱。但是，似乎也存在一些方式，我们被这些方式系统地引导，以不恰当的方式思考问题。在下一章中，我提出这样的情形，即心智受制于各种各样的*认知错觉*，在这些错觉中，判断自己表现为直觉上的推荐，这有时甚至是必要的，但是要么它们是错误的，要么至少我们倾向于太高估我们对它们的信心程度。（用康德的术语来说，它们是*知识*的错觉，不管它们是不是偶然地真实。）

第十四章　认知错觉

大家都知道光学错觉，比如缪勒-莱尔（Müller-Lyer）错觉，在这个错觉中，两条真正相同长度的直线看起来长度不同，这是因为一条直线以向内的箭头终止，另一条直线以向外的箭头终止。在知觉错觉中，事物看起来是这样的，但实际上并非如此。不仅仅是任何古老的错误内容算作错觉。至少在心理学家使用这个术语时，知觉错觉是持久的（例如，错觉不会仅仅因为你知道线是相等的就消失），并且错觉是我们知觉系统特性的产物。

我们也可以谈论*认知*错觉，在这种错觉中，由于我们心智的特性，我们会规律地、持续地（在智力上而不是在知觉上）认为某件事情似乎是或必须是这样的。在哲学中，康德对在一定条件下心智的运作能够产生认知错觉这一观点的探讨最有影响力。但是，康德所说的"错觉"与我们通常在普通语言中所说的不同。在一般意义上，一个错觉包含了一个错表征：一个信念要成为错觉，它必须是*虚假*的。然而，康德的错觉概念并不需要虚假性。错觉是*知识*的表象，无论信念是真是假。康德自己关于所谓的"先验的"或"辩证的错觉"的讨论，还有一些特殊的特征。我将在后面讨论这些特征，但首先区分认知错觉的两个概念是有益的。康德的错觉概念——一种认为信念就是*知识*的错觉，我们可以称之为*认知*错觉。从这一角度，我们可以区分出一些更接近于普通用法的内容。在这个意义上，一种错觉所表征的是*虚假*的，作为一种*真实的*（alethetic）*错觉*（用希腊语的 alethea 表示真理）。康德的认知错觉也可以是真实的错觉。但是，康德主要关注的是这样一种认知错觉——在这种错觉中，我们实际上无法知道所讨论的信念是真是假。

心智的哪些特征可能产生认知错觉？康德探索了它们产生的一种方式，这种方式我将在本章后面讨论和展开，但我们没有理由认为只有一种方式可以产生认知错觉。基于理想化模型的理解说明，提出了从模型中产生判断的几种方法。当这些判断超出模型的理想化条件时，这些判断可能出现错误。在第十三章中提出的建议是，至少某些基于模型的判断带有直觉的正确性，有时甚至是必然性，这有助于解释它们*似乎*是知识，甚至是对必然真理的先验知识。认知错觉的类型可能比我在这里所能探讨得更多，但我将描述三种类型：

1. 由于不恰当地将模型应用于特定情况而产生的错觉。
2. 将模型内部的原理视为不受模型理想化条件约束的无限制真理而产生的错觉。
3. 通过不受限制地应用关于更多局部知识如何结合在一起的二阶模型，试图将植根于各种模型的理解统一到一个单一系统中而产生的错觉。

康德的辩证错觉是第三种类型，尽管我会争辩说，它们不是这类的唯一例子。第三种类型是迄今为止最具哲学旨趣的，因为可以说，许多熟悉和有争议的哲学论断实际上是这种类型的错觉。在本章中，我将从认识论的角度更完备地阐述认知错觉，而且本章将以一种可能的第四种认知错觉的考虑来结束，我们可以称这种错觉为*投射*错觉。

第一节 不适当应用的错觉

掌握一个模型的一部分要求是，掌握模型的概念和规则。但是，掌握一个模型还有第二个方面的要求：理解什么时候模型可以被恰当地应用，什么时候不能。牛顿无疑很了解他的光微粒理论，并通过棱镜反射和折射的实验表明，光微粒理论可以很好地应用于光学中的许多问题。托马斯·杨直到牛顿死后很久，才设计出杨氏双缝实验，该实验的结果不适用于粒子理论。牛顿是一个坚定的实验主义者，如果杨的实验在他的有生之年得到发展，他肯定会意识到杨的实验给他的理论带来的问题。然而，我们可以很好地想象这一场景，有人向牛顿提出这样一个问题：如果光穿过一个隔板上的两个狭缝，会有什么样的行为，牛顿就会自信地根据他的粒子理论预测出一个结果。如果将粒子模型应用于这种情况，那么粒子模型所能*预测*的是相当简单的：直线运动的粒子应该会产生两条与两个狭缝相对应的光带。事实上，在其他类型实验的证据和光以直线传播的观点符合常识（无疑植根于某些大众模型）之间，牛顿很可能假设光线*必须*以直线穿过缝隙，并在对面的墙上产生两条光带。但是，事实并非如此。相反，这种装置产生了一种扩散模式。如果光的行为像波的话，那么人们可能会想到这种扩散模式。

无论如何，实验表明，牛顿的微粒模型在杨氏双缝实验等情况下是不适用的。事实上，牛顿自己设计了实验，其结果似乎与微粒模型兼容，但与波模型不兼容。这使得实验结果更加复杂。由于这个原因，经典光学被一个难题所困扰，因为一些实验结果意味着一个模型，而其他实验结果则意味着另一个不相容的模型。如果没有一个能解释*所有*实验的模型，那么就没有人真正能够果断地宣称光或是波或是粒子现象。存在两种模型，每种都可以很好地应用于预测特定情境下的结果，但在其他情境下则不适用。此外，每一个模型都对每一种语境中应该发生的事情产生了直觉的预期——事实上，如果光线按照模型所描述的运行，那么一定会发生什么。第一次展示实验结果的人与他使用的模型的直觉预期相反，这个人很可能会对这些结果感到惊讶（因为我们中的许多人是第一次遇到杨的实验），并觉得自己有必要复制它。事实上，即使知道杨氏双缝实验已经很长时间了，我有时仍然会发现结果违反直觉，尽管我知道它们已经得到了很好的证实。

再举一个科学的例子，在流体动力学中，根据诸如温度、摩擦、黏度、压缩以及流动是层流还是湍流等因素，会应用不同的模型。欧拉方程给出了一个相对简单的数学模型，可以优雅地应用于许多问题，被视为纳维-斯托克斯方程（Navier-Stokes equation）的有用简化。但是，正如马克·威尔逊（Mark Wilson）所写，"这些无摩擦的简化显示出各种各样的违反直觉的后果——即飞机机翼既不应该产生阻力也不应该产生升力（导致许多 19 世纪的专家悲观地预测不可能进行比空气重的飞行）"（Wilson，2006：186）。欧拉方程适用于预测多种类型的流体运动，并把握重要的不变量。但是，它们也是理想化的，在理想化很重要的情境下（比如机翼上的升力），至少在没有其他模型[这里指路德维希·普朗特（Ludwig Prandtl）的边界层]补充的情况下，模型不能恰当地应用。不恰当地应用这个模型会导致错误地预测，例如，不可能进行比空气重的飞行。在普朗特于 1904 年发现边界层之前，我们可以很好地想象，流体动力学家应用他们的模型，并可能会自信地得出空中飞行是不可能的结论，这是*因为流体动力学家必须使用的模型暗示了这个结论*。当然，一个人也可以不恰当地应用一个模型，即使他已经有充足的技术指导它不适合在那里应用。

如果我们假设：①模型可以产生关于什么将是或甚至必须是这样的直觉；②模型是理想化的，使它们仅在特定条件下才适合；③我们并不总是知道模型适用于何处，甚至可能不知道其适用性受到限制，那么我们应该期望当模型不恰当应用时，会产生认知错觉，但我们无法意识到这种不恰当。这种无意识可以从几个方面产生：作为一个简单的错误（我们知道恰当应用的条件，但忘记了特定的情况在它们范围之外），出于对特定的情况属于条件之外类型的无知，或者出于对一般模型的理想化特征或我们正在使用的特定模型的更深层次的单纯。

心理学中关于"认知错觉"的讨论主要涉及模型的不恰当应用。参考一下黛博拉·凯勒曼（Deborah Kelemen）的"混杂的目的论"的概念。目的论思维是成熟正常的人类思维的一个共同特征。它也在幼儿身上被发现，也许早于因果解释。接受过科学指导的成年人倾向于拥有对人造物的目的论解释，以及（可能带有一些疑虑和模糊）对生命体的解释。但是，凯勒曼的研究指出了一种发育模式，在这种模式中，儿童首先会更广泛地应用目的论模型，而且优先于因果模型。

尽管幼儿和成人的目的论在功能直觉之间有相似之处，但西方教育的幼儿在目的论功能角度中对各种现象的解释比西方教育的成年人更为广泛。除了生物部分和人造物外，他们还认为非生物自然类及它们的性质"为"目的存在——一种这样的发现，即对幼儿中目的论推理有意义的提议是选择性的，是最早的具体生物的思维形式。（Kelemen，1999：461）

弗兰克·基尔（Frank Keil）（Keil，1992）提出人类有一个与生物思维相关的目的论解释的先天系统。凯勒曼的证据表明，幼儿倾向于将目的论推理应用于他们理解为非生命的事物。凯勒曼的证据似乎与弗兰克·基尔的假设不符。因此，凯勒曼假设，一个目的论推理系统可能是在早期出现的理解意向代理系统的基础上发展起来的。

经验表明，在世界上存在的客体是为了实现代理的目的，当面对解释鸿沟时，可能会导致随后过度生成基于目的的解释的倾向。换言之，随后，在没有其他解释的情况下，儿童可能会利用他们对意向和人造物的特有知识，得出结论：像人造物一样，自然物体存在于这个世界上，是因为某些代理把它们放在那里是有目的的。（Kelemen，1999：466）

如果我们和凯勒曼一起假设，将目的论模型应用于除有机体和人造物以外的事物是不恰当的，那么混杂的目的论就是一种偏见，即以不恰当的方式过度概括模型的适用性。在随后西方教育中普遍存在的科学学习，缩小了目的论框架应用的范围。这种范围的缩小，很可能是特定类型的教育和文化融合的副产品。如果没有这种教育和文化的融合，那么我们应该可以看到在成人群体中出现泛灵论倾向。这似乎是古思里所持的观点，他还将"泛灵论"思维归因于非人类动物，并将其描述为"错觉"："将生命性的特性归因于非生物和植物，这似乎在复杂的生命体中很普遍。因为错觉是知觉不可避免的伴随物，这种归因可能是普遍的。"（Guthrie，2002：53）

第二个例子：在第十三章中，我提到了由卡内曼和特沃斯基（Kahneman and Tversky，1973）开创的关于试探和偏见的研究。在这一传统的研究中，他们已经发现了一些关于统计问题的推理偏离了概率的最佳贝叶斯推理的情况。科学家们通常把这些偏差视为推理错误，有时还把它们描述为"认知错觉"。吉格伦泽（Gigerenzer）在批评性的回应中，用以下话语描述了卡内曼和特沃斯基的计划：

卡内曼和特沃斯基（Kahneman and Tversky，1973）将他们观点的要点描述如下："在不确定性条件下做出预测和判断时，人们似乎没有遵循机会演算或预测的统计理论。相反，他们依赖于数量有限的试探法，这些试探法有时会产生合理的判断，有时会导致严重的系统性错误。"（Kahneman and Tversky, 1973: 237）他们认为概率推理中系统错误的研究，也被称为"认知错觉"，与视觉错觉的研究类似。"判断错误的存在是通过将人们的回答与既定事实（如两线长度相等）或公认的算术、逻辑或统计学规则进行比较来证明的"（Kahneman and Tversky, 1982: 493）。他们在不确定性条件下对"正确"和"错误"判断的区分得到了许多社会心理学家的认同："当正式科学家一致认为规则适用于特定问题时，我们按照惯例，使用'规范性'一词来描述规则的使用。"（Nisbett and Ross, 1980: 13）。（Gigerenzer, 1991: 2）

这里使用的*错觉*这个词，在某种意义上暗示了*错误*，无论是在判断结果中，还是在选择一个启示法中，都不适合这个问题，因为它不同于统计规范。这很容易被转化为我们正在发展的框架，因为卡内曼和特沃斯基对错误的解释实际上是在调用心理模型：

许多成年人没有与大数定律、贝叶斯推理基本比率，或者回归预测原理相对应的普遍有效的直觉。但并不是所有与这些规则相关的问题都会得到错误的回答，也不是规则在特定情况下显得不具说服力。使形式等价问题容易或难以解决的性质，似乎与问题所引发的心理模型或图式有关。（Kahneman and Tversky, 1982: 129-130）

用我们的术语说，对错误的诊断似乎是，被试用一个不适合于该问题的模型来描述他们所面对的问题，并用与该模型相关的启示法得出答案。吉格伦泽同样呼吁将"概率心理模型"作为解释人们对他们一般知识信心的一般框架（Gigerenzer et al., 1999）。

在吉格伦泽和卡内曼与特沃斯基之间主要存在争议的似乎是：①卡内曼与特沃斯基将专业统计学家的判断作为确定启示法的结果何时错误的规范标准；②人们通常使用的启示法在多大程度上真的不合适，从而导致结果是否是真的"错觉"。这些差异与我们这里的主题无关，因为我们关注的是认知错觉而不是真实的错觉，因此争论的不是结果判断是否正确，而仅仅是我们自信地假设它们是*已知的*。与此密切相关的是，心智——或者更具体地说是将特定模式应用于特定问题——如何产生认知错觉的概念。在不确定性条件下，利用不完整或不可靠的信息，或信息本身以概率分布的形式进行推理，这是我们经常面临的一种情况。即使是像使用贝叶斯方法这样的形式技术，也不能确保正确地预测。而且，这种技术需要大量的学习（是最近发明的），在人类历史的大部分时期都是不可用的。使用贝叶斯分析方法还需要拥有一个包含这些方法的模型；但使用吉格伦泽所说的"快速和节俭的启示法"通常是必要的，而且在许多情况下，会产生同样好甚至更好的结果（Gigerenzer，Todd，and the ABC Research Group，1999）。但在不确定性推理的情况下，*哪种*模型和启示法适合于给定的情况，这一点尤其明显。这将在很大程度上取决于情境的细节和推理者可获得的信息。使用不适合构建问题的模型，很可能会产生错误的评估。

当然，这类错觉的情形说明，通常很难甚至不可能确切地知道一个给定的模型是否适用于某个特定的情境，至少部分原因是，所涉及的有限信息可能使我们无法知道它是什么样的情况。所涉及的那种"错误"往往不是我们"应该知道得更清楚"的错误。尽管我们也可以了解许多不同的模型以及它们适用于哪些情况，但这种不恰当最终是由外部标准决定的。当我们实际上没有恰当的模型，只能应用我们所拥有的模型时，我们可能会受制于一种弱形式的强迫错误。（这是一种弱的形式，因为它只是由于事实上缺乏恰当模型，与此相反的是更强的情况，在那里我们无法拥有恰当模型或使用不恰当模型是自动的且不能被中断或覆盖的。）

然而，请注意，仅仅是我应用了一个导致错误的不恰当的模型这一事实本身，并不足以使结果被视为一种错觉。毕竟，应用模型存在不同的方法。在这个谱系的一端，我可以不加批判地假设模型恰当地描述了情境，并且完全信任结果判断，就像第十三章中描述的直觉判断那样。这似乎确实值得贴上"错觉"的标签。然而，在谱系的另一端，我可能会反省性地不确定什么能为某种情境提供一个适当的模型，并尝试一个或多个模型进行试验和实验。我可能根本不赞成以判断的形式来支持模型的输出。如果这不是一个判断，那就不能是一个错觉的判断。或者，我可以在一个反射性觉知的范围内认可这个判断，即只有当模型是适当的时候，这个判断才是有保证的。这样一个修正的判断可能确实是*正确的*，即使模型事实上并不恰当，但它不会是一个认知错觉，因为我没有以绝对的方式认可基于模型的预测。

第二节 无限制主张的错觉

上一节中的例子涉及模型在具体案例中的*应用*。但是，当我们从实践转向理论时，我们不仅仅使用模型，我们还试图使它们的原则明确化并加以坚持。在科学中，任何理论或模型都有*边界条件*来控制它在哪里可以恰当地应用，这是众所周知的事实。充分理解一个科学领域需要理解其边界条件和理论。然而，特别是在学习过程中，对模型的理解和对其边界条件的理解往往是截然不同的认知成果。在科学教育中，一个模型可能会使用从其核心应用领域中提取的问题来引入；而学生可能只会在稍后（或者根本不会）知道它可以和不可以适用于哪些案例。大众媒体对科学模型的报道往往缺乏对边界条件的讨论。事实上，一个没有真正理解这门科学的人，可能会在范围上犯下明显的错误，比如认为关于有机体的一切都必须是一种适应性。

  在科学之外，人们很少像研究科学模型的边界条件那样，仔细研究模型的适用范围和理想化方法。一般语言中的概括形式——"狗是四条腿的""人们根据自己的信念和愿望行事"——使得这种主张的确切含义相当模糊，而且我们往往不知道它们的适用范围有多么广泛或多么准确。从逻辑的观点来看，概括性的主张是一种生硬的工具。这有它的优点：很少有概括可以*准确地*表达为，比如说，普遍量化的主张；如果我们经常知道它们适用于广泛的情况，但却不知道具体是*哪些*情况，那么有一种表达它们的方式使这个问题成为开放的，这是有用的。（如果我们的判断形式仅限于量化的一阶谓词演算中可用的逻辑形式，那么我们可以说是做不到这一点的。）我们可能会含蓄地知道概括是理想化的，但并不确切地知道它们是*如何*理想化的。当然，风险在于，我们*忘记*了我们处理的是理想化的主张，而把它们误认为是完全普遍的主张。显然，我们可以这样做，以这种主张的直觉力——即*正确性*的直觉感的方式——就不会丧失。但当这种情况发生时，我们已经陷入了知识的和真理相关的错觉：如果你把一个理想化的模型变成一个完全普遍的主张，如果你不认识到理想化和直觉力仍然存在，它可能仍然像知识一样，作为一个完全普遍的主张，那么它就是*错误的*。不是所有的狗都有四条腿，也不是所有人的所做都视他们的信念和愿望而定。

  尽管认知错觉的产生本身总是令人失望的，但产生这些错觉的机制可以说是建立在我们认知结构的进一步特征之上的，这赋予我们独特的认知优势。我将讨论其中的两个特征：直觉本质主义和通过显性规则或原则来增强理解。

一、直觉本质主义

  大量的心理学证据表明，即使在儿童时期，人类也是"直觉本质主义者"。也就是说，在将世界划分为不同的种类时，我们默认这些种类具有隐藏的内在本性，这些本性对其特有的可观察属性和行为负责。苏珊·杰尔曼（Susan Gelman）在一篇回顾儿童期（包括学龄前儿童）本质主义思维研究的文章中写道：

本质主义认为，某些分类有一种人们无法直接观察到的潜在的现实或真实的性质，但它赋予一个对象以同一性，并对分类成员共享的其他相似性负责。在生物学领域，"本质"是指生物体在生长、繁殖和形态变化（从婴儿到人；从毛毛虫到蝴蝶）过程中保持不变的性质。在化学领域，物质的本质是改变形状、大小或状态（从固体到液体再到气体）时，它保持不变的性质。

本质主义的说明已经被提出和讨论了几千年，至少可以追溯到柏拉图在《理想国》中的洞穴比喻。许多领域，包括生物学、哲学、语言学、文学评论和心理学，都存在关于本质主义的说明。在这里，我们关注的是本质主义作为一种心理学的说明。虽然本质主义作为一种形而上学的学说存在着严重的问题，但最近的心理学研究一致认为，本质主义是一种儿童和成人都可以使用的推理启示法。本文回顾了这些证据，并讨论了人类概念的含义。（Gelman，2004：404）

心理本质主义可以说是一个讨论儿童如何思考和认识世界的深刻原则。儿童并不是简单地把*特定*的特征归咎于各种事物，比如说，作为本质属性的物种；相反，他们*期望*种类（或者至少是某些种类）有本质，即使他们不知道这些本质可能是什么。

梅丁和奥尔顿（Medin and Ortony，1989）认为，本质主义是一个"占位符"概念：人们可以相信一个分类拥有一个本质，而不知道本质是什么。例如，一个儿童可能认为男女之间存在着深刻的、不可见的差异，但不知道这些差异究竟是什么。本质占位符意味着分类可以进行丰富的归纳推理，把握底层结构（以因果和其他不明显的性质形式），具有内在的潜力，并具有明显和不可改变的界限。（Gelman，2004：404）

本质主义是儿童思考世界的一个*隐含*特征。（本质主义成见似乎仍以某种方式发挥作用，这一点似乎很清楚。但是，心理本质主义是如何受到成年后进一步学习的影响，这个问题是一个更大的争论话题。）但是，本质主义也经常被概括为"狮子是肉食动物""女性是养育者""日耳曼人是严谨的"。概括的表面形式可以进行许多精细的解释，但是，当它表达一个本质主义的假设时，它将一个特征归因于某种内在的性质。如例子所示，这种思维所适用的"种类"并不一定局限于像物种这样的科学种类。

本质主义的概括可以作为经验的结果产生，但也可以通过语言在社会上传播。本质主义思维是一种强有力的归纳工具。使本质主义的概括明确化也是一个强大的工具（见下一节），同时也使其可用于社会传播。当然，关于人类子分类的本质主义思维在社会成见和偏见中是众所周知的。因此，一个强大的学习和分类工具的好处显然伴随着极大的成本和风险。然而，这有助于说明本质主义思维容易出现的一些错误类型。即使某些事物在某些语境中*被*恰当地认为具有本质（或本质属性），我们也可能*不恰当地*用本质主义的术语来思考*其他*种类的事物。即使存在一些种类可以恰当地归因为本质属性，我们也可能把*错误的*属性误认为本质，或者误认为任何"本质"等同于*普遍性*的东西。如果物种有本质的话，那么四足对于狗来说可能是必不可少的，但不是所有的狗都有四条腿。雌性哺乳动物可能拥有的生物学特征使其更可能表现出养育特征，但这些特征的表达取决于其他变量，在养育行为范围内既存在雄性，也存在雌性。

当然，各种本质主义在哲学史上发挥了重要作用。亚里士多德哲学可能是最完备的本质主义哲学，但当代谈论的"自然类"作为优先的本体种类，而且由克里普克（Kripke，1980）和普特南（Putnam，1975）开创的"新语义学"的理论似乎认为，像"水"这样的词能够指代所指物质的内在本质（例如，H_2O的分子种类），即使这种本质还不为人所知。然而，作为明确的理论，这种哲学观点在下一节中有更好的讨论。

二、明确的规则和原则

人们在*使用*一个模型时，其原则仍然是隐含的和未阐明的。事实上，许多能够使用基于模型的认知的非人类物种可能*只能*以未阐明的方式使用模型。然而，语言为人类提供了使模型的原则明确化的方法。斑马可以系统地将狮子*视为*危险的掠食者，我们也可以；但我们也可以思考并说，"狮子是危险的掠食者"。将它作为一种判断的能力为通过记忆学习提供了某些帮助，而且这种能力可以说使知识能够在社会上传播，而无须每个人通过经验学习。不能高估通过采用明确的原则来学习在人类生活中所起的作用。（某些熟悉的教育学风格几乎完全基于它。）当然，明确的原则也使我们能够检查、测试和完善它，尽管明确的原则也可以使用，甚至可以不加批判地相信。

原则通常采取语法上普遍主张的形式：

Xs 是 Ys

Xs 做 A

Xs 有属性 P

这种形式当然也可以是一种非正式的方式来表达普遍量化的主张，比如"所有的 Xs 都是 Ys"。但是，如果将大多数有用的一般主张解释为普遍主张，那么这些主张可能是错误的。而且，不清楚它们"真的有"某些*其他*逻辑上的确切含义，除非"Xs 是 Ys"这个形式本身被算作一个逻辑形式。为了阐明这种概括的*恰当用法*，我们可能必须做一些等同于为科学理论定义边界条件的事情，并且必须为每个这样的概括分别这样做。但是，我们很少能够做到这一点。我们可能认为一个特定的概括是一个有用的经验法则，也会意识到存在例外。但是，不知道例外的全部范围是什么，也不知道如何描述（或预测）它们。而且在许多情况下，可能不存在一种方法能够准确地说明概括的应用和不适用之处。

同样，从心理学的角度来看，所有这些都是可以理解的和有用的。在某种程度上，我们要学会一个原则何时适用，何时不适用，我们首先要学会这个原则，并尝试应用它。这就要求学习这一原则与掌握其适用的条件是分离的。这就打开了不适合应用于特定情况的大门，如前一节所讨论的。但是，该原则的无保留形式也允许将其解释为一种完全普遍和未处理的主张。

把一个概括误认为是一个普遍的主张，当然会导致认知错觉：普遍主张的直觉能力可能仍然存在，但它已经默然地变成了另一种主张。（这是否也是一种*真理相关*错觉取决于判断内容是否真实的非心理学事实。）"Xs 是 Ys"是一条有用的经验法则。在某些不特定的语境范围内，这并不能确保"*所有* Xs 都是 Ys"的真理。当我们（也许是在不知不觉中）将一个建立在通常很恰当的模型基础上的有用概括变成了一个普遍的主张，我们可能仍然感觉到直觉力的普遍化，没有意识到它已被非法地转移到一个未经证实的普遍主张，从而陷入一种认知错觉。

但是，心智从一般性主张到普遍性主张的跳跃趋势，也可能是一种富有成效的归纳检验辩证过程的开始。"Xs 是 Ys"可能太模糊了，根本无法测试。"所有的 Xs 都是 Ys"是可以测试的，通常首先是*共同*测试的，而且这种形式的大多数声明都是错误的。但是，在一般主张的直觉吸引力与普遍主张被证明的虚假性之间的不协调，驱使人们去寻找一个更为恰当的精确表述。事实上，这是我们在哲学讨论中看到的主要方法之一。一个论题可能首先是基于一组小的范例提出的，似乎是一种恰当地看待事物的方式。这个论题被提出作为一个普遍的主张（通常以假定的充分必要条件的形式），然后理论家自己或其他哲学家通过考虑可能的反例来检验它。这个说明经常被修改以适应反例，并受到新一轮的批评，等等。

从这个角度来看，我认为我们可以看到这种哲学方法的一些常见的缺点和优点。一方面，许多哲学理论都是由一组令人遗憾的少量范式驱动的。这并不是一个新的观察案例。从表面上看，似乎令人费解的是，怎么会有人相信这样的理论：*所有*思想都是图像，或者人们所做的*一切*都是基于图像的理性的计算，包括他们的信念和愿望。相应的一般主张，如"思想是图像"或"人们根据自己的信念和愿望决定做什么"，可能在更有限的范围内是可信的和有用的，并且可能与的确适于理解*某事*的模型相联系。但是，普遍的主张并没有很好地归纳支持，而且如果从不同的范式案例出发，那么就会得出截然不同的结论。任何人都可能认为普遍主张是可信的，这表明他们是一种认知错觉的受害者。这种错觉包括忽视一般主张的有限范围。这种类型的解释通常是作为对理论家及其推理过程的*批评*而提出的。但是，只有当我们假设找到好的归纳概括的过程是通过首先收集所有的证据然后从中得出结论的时候，它才真正起到批评的作用。作为一个*辩证的*过程，哲学方法往往涉及多个参与者扮演辩护者和批评者的角色，在有限的案例范围内提出一个普遍主张，然后用反例加以批判。这个过程在原则上可以很好地发挥作用。在其他案例中，这种过程最终是徒劳无益的，它伪造了普遍主张，但却没有提供任何建设性的内容。从认识论的观点来看，也许更为独特的是，在这种辩证法中扮演倡导某一特定理论角色的职业哲学家，即使意识到突出的反例，也似乎常常认为致力于理论是*真实的*。我怀疑，这种承诺的根源确实存在于对一个适合理解一系列特定案例的基础模型的承诺中。

一个需要进一步实证研究的重要问题是，在日常语言资源中的概括是否促进了错觉的产生。这并不是说我们*不能*精心设计语言的用法，这种用法包括明确的限制语，表明概括所依据的模型的理想化，或采用更正式的逻辑工具。事实上，整个哲学流派都致力于"纠正"日常语言的模糊性和歧义性。相反，有趣的问题是，日常语言的某些结构，比如"Xs 是 Ys"，在转换为语言之前，是否会丢失纯粹基于模型的理解中存在的*信息*。例如，当我们以一般主张的形式用语言表达模型时，我们是否更容易忘记模型的理想化条件。

第三节　统一的错觉

康德的认识论有许多精妙之处，其中之一就是他关注这样的事实，即心智不满足于从认识个体事物的意义上讲的"知识"，而是有一种天然的动力以更加完备的方式*统一*所知道的东西。康德认为，这种动力既是自然的（在我们心理学的一部分意义上）也是一件好事，但他在第一版《纯粹理性批判》中用了相当大的篇幅（题为"超验的辩证法"一节）来说明，这种驱动力也能使心智陷入某些认知错觉。我们可以在下面的几点中总结康德的整体叙事，我已经格式化了这些叙事，以便他的一些更特殊的假设在大纲的第二层中得到体现。

1. *心智有把它所知道的东西统一起来的动力。*
2. *心智有特定类型的技术来统一知识。*
   a. *这些技巧是三段论的三种形式。*

3. 心智试图运用追求其统一知识的动力，将知识统一到理想极限（一种调节原则）。

    a. 这是通过构建有条件的前提（通过三段论构建）来实现的。

4. 心智投射出这个理想极限是什么样子的，如果达到这个极限，情况又会怎样。

    a. 其中有三种纯粹理性的观念：上帝、灵魂和世界。

5. 心智可能会把这些投射的理念完型误认为是它所知道的事物，而这些事物的形式必须是无条件真实的（错觉）。

    a. 纯粹理性的观念是不可能被知道的，因为知识的范围仅限于可能是感官经验对象的事物。

我赞同大纲第一层的一般观点，我不赞同第二层更具体的康德式观点。康德在这方面的总体见解是非常出色的。但我认为，康德试图仅以演绎逻辑中的判断形式和论证形式来描述理解（这里的理解不是我在康德的技术意义上所指的理解），这是他的主张的主要局限之一，如果在他那个时代有更先进的认知科学，也许他自己也会有不同的发展。（同样地，我至少表示怀疑，他会有对可能的知识领域与通过感官经验可以体验和证实的东西的认同。）

我的认知多元主义和康德哲学之间的一个基本区别是，我的理论将理解定向为产生于理想化的领域特异模型，而不是来自句子大小的判断和由这些判断组成的论证。我们已经看到，模型的理想化会导致一种认知不统一性。我曾推测，有时适当模型之间存在原则性和持久性的不兼容，但我也赞同将不兼容作为调节原则进行调和的尝试。很明显，关注那些以不兼容的方式理解事物的问题，往往会产生智力上的进步，比如，对我们以前使用的模型进行修正，从而发现更好的模型（有时是覆盖两个已经存在模型的领域的模型），以及设想模型之间关系的二阶方法，例如将一个模型视为另一个模型的极限情况。整理这些问题不同于整理命题之间的不一致，或试图把命题统一成一个更完备的系统，而不考虑模型。同样地，我们试图统一模型的方法可能会导致一些错觉，如果我们只关注命题和论点，那么这些错觉是不明显的。

这种错觉最基本的假设是，所有我们有理由相信的基于恰当模型的事物应该彼此一致。毕竟，一致性是一种逻辑规范。这是一个非常强大的规范，因为它产生了一个强烈的直觉假设，即两个不一致的主张不可能都是真的。但是，我们现在有几个理由来反思这个令人信服的直觉假设。

第一，一致性规范是*针对*句子大小单元的规范：命题、判断、信念、主张、断言、语句。模型的引入作为一种不同类型的认知单元——在某种程度上*先于*句子大小的单元，因为正是模型定义了一个可能的命题表征空间——使问题变得复杂。比较两个模型时的"一致性"与比较两个命题时的不同。欧几里得几何和非欧几里得几何相互不一致，但这并不意味着其中至少有一个是假的。事实上，说一个纯数学系统是"假"的，或者说一个纯数学命题是全真或全假，是没有意义的。数学系统就是它们本身的系统，而像毕达哥拉斯定理这样的纯数学命题的真理就是系统中的真理。当模型应用于经验世界时，它们的规则和表征系统之间可能存在形式上的不一致性，但这不需要约束我们认可相互矛盾的命题，原因已经在第十二章中探讨了。一些统一的计划，如那些涉及理论间还原的计划，其目标是模型之间的关系。但即使我们认可命题的非冲突原则，这也没有理由期望所有适当的*模型*在形式上是一致的。

当然，对不统一性的讨论还包括这样一个观察：虽然存在一些明显的例子（其中正确理解特定模型是如何理想化的）阻止它们使我们陷入相互矛盾的信念中（例如，在纯数学模型和量子互补等情况下），但可能还存在更多的例子，在那里模型以可选择的方式构造问题，这种方式似乎是矛盾的，没有任何决定性的实验技术的可能性，以决定何时适当地应用每一个模型。尽管如此，它们在适当性方面也可能存在其他不同的方式。例如，后果论、道义论和德性论模型在各种情况下对善的评估可能不同，它们之间没有决定性的仲裁方式，且在它们所提供的可能证明对道德审议和评估有用的见解方面仍有分歧。一致性规范确实给了我们在这种情况下辩证地参与的理由，但它并不是我们受惠的*唯*一规范。即使我们关心的只是理论上的理解，也可能存在其他的调节原则，比如有好的方法去理解尽可能多的东西，这可能会把事情推向相反的方向，而且，任一调节原则在多大程度上能被一个给定的心智完全实现，取决于该心智的认知结构的经验事实。这是一种认知错觉，认为一个给定的心智*必须*能够实现一个调节原则，更不用说同时实现所有这些原则。

第二，我们有各种各样的*策略*将模型统一成一种更完备的形式。在数学和科学领域中，已经发展了许多这样的策略。一个家族被称为"还原主义"，在还原主义最纯粹的形式中，涉及一个理解领域与另一个理解领域的公理化重构（例如，从集合论推导算术，或试图证明特殊科学可以从物理学中推导出来）。第二种方法是把两个明显不同的领域统一起来，作为更一般的东西的特例（历史上最重要的例子也许是，牛顿在一个万有引力理论中统一了行星轨道和地球弹道学）。第三个不同的策略是证明一个模型是另一个模型的极限情况（一个范例是，经典宇宙是相对论宇宙的极限情况）[1]。第四个策略，牛顿力学方法的特点，试图将不同的模型视为表达独立的*因素*，这些因素可以重新组合（在牛顿力学中，通过向量代数）以获得全局图景。还存在一系列的策略，我不太愿意称之为"统一"，我们可能会称之为"语境的"或"相对论的"。它们的基本方法是说，不同的模型允许我们表达真实的事情，但这是一种受*语境*限制的方式。我挑选这些例子是因为它们是常见的而且重要的，但我不是说这个清单是详尽无遗的。事实上，我认为统一策略清单是开放的，因为可能存在尚未得到承认的统一策略。

这些策略中的每一种都已成功地应用于解决特定的问题案例。然而，从思想史的角度来看，令人震惊的是，人们对某一特定策略的认可往往充满信心，在认真尝试应用它之前，要做好准备，并描绘出如果它*能*成功应用，事情会是什么样子。在我看来，这在还原主义策略的例子中尤其引人注目。前苏格拉底时期的哲学家们似乎非常自信地认为，任何事物都*必须*由土、气、火、水或以太的"基本元素"之一组成，尽管他们对哪一种元素有不同的看法。毕达哥拉斯主义者也有类似的信心，认为一切最终都是数字。近代的唯物主义者和一些20世纪的逻辑经验主义者有着相似的信心。他们认为特殊科学可以还原为基础物理学，而早期那些没有什么科学证据可供研究的支持者（如霍布斯）也不亚于后来的人。事实上，即使面对科学哲学家关于真正的理论间还原很罕见的强力论证，还原主义的直觉吸引力似乎依然存在（Horst, 2007）。霍布斯和笛卡儿似乎也有进一步的雄心，认为物理性质最终是几何性质的属性。许多当代理论物理学家似乎把统一场论的前景，看作是必须为真的。

第十二章探讨了为什么这种信心实际上是不正当的。但是，我们也可能会问一个同样有趣的问题：为什么这样的观点在直觉上吸引人，甚至被认为一定是真实的？我认为一个似是而非的答案是康德关于统一的动力及其产生认知错觉倾向的一般叙事的变体。心智不仅有统一信念的动力，而且有统一使用模型的动力。统一模型的策略多种多样，超越了康德确定的基于三段论的策略。我们有能力预测，如果这样一个策略能够实现，那么事情会是什么样子，结果是系统会有什么特征。这里确实涉及一种必要性：*如果*这种统一能够被实现，那么由此产生的系统*就必须*具有某些特征。关于我们的心理学，存在这样一个事实：这样的景象具有强大的诱惑力，它能产生一种特殊的健忘感，即我们所*投射*的是一种方法应用的理想结论。我们把理想的直觉吸引力误认为是一种形而上学的必然性。统一的动力是一个健全的调控理想，这或许增强了我们的信心。但这样的理想是否真的能够实现，并不能被保证。它不仅取决于关于世界的经验事实，也取决于关于我们认知结构的经验事实。

第四节　投射的错觉

在本章的结尾，我将讨论一个现象，一些哲学家认为这是一种认知错觉，但其地位更为复杂。我引用康德的观点介绍了认知错觉的概念。但事实上，休谟已经谈到了心智产生"错觉"——康德无疑意识到了这一事实。休谟所描述的"错觉"（因果关系是心智之外的一种真实关系）中，至少有一种在把康德从"教条式的沉睡"中唤醒方面起到了重要作用。

休谟在《人性论》中对常识和以往哲学所共有的几个假设表示怀疑。其中，最著名的是他对因果关系的怀疑论，认为因果关系是独立于心智而存在的一种真实关系。根据休谟的心智理论，我们了解世界的唯一来源是通过感官印象，不存在因果关系的印象。相反，当我们认为一个事件涉及因果关系时，我们的脑海中会出现一个印象，紧接着伴随另一个印象。后一个印象是心智以特定的方式联系在一起的。这种方式是一种我们称为"因果关系"的联想联系——这种方式使我们在经历第一个印象的时候，形成第二个印象的期望。在休谟后来的《人类理解研究》中，保留了因果归因心理学的这种一般观点，尽管用了更谨慎的术语。然而，在《人性论》中，他实际上把所谓的"因果关系"归因到精神外世界的说法，称为"错觉"：

事实上，在日常生活中，我们并没有意识到我们观念中的这种缺陷。我们也没有意识到，在最常见的因果关系中，我们对把它们联系在一起的终极原则一无所知，就像在最不平凡和不寻常的事情中一样。但这仅仅来自想象的*错觉*。（Hume，1738：pt. 4，sec. 7；斜体字为本书作者所加）

休谟在《人性论》中还使用"错觉"一词附加了两个第二怀疑论论题。在第 4 部分第 2 节"关于感官的怀疑论"的开头，他写道：

那么，我们现在研究的主题是关于促使我们相信身体存在的原因：我在这方面的推理将从一个区别开始，这个区别乍一看似乎是多余的，但它将大大有助于随后的事情的完美理解。我们应该把这两个经常混淆在一起的问题分开研究。这就是：为什么我们把持续的存在归因于对象，即使它们不存在于感官；为什么我们认为它们有一种区别于心智和感觉的存在。（Hume，1738：pt. 4，sec. 2）

在这里休谟提出了两个关于面向对象认知心理学的问题：①我们怎么会认为对象是持久存在的东西，即使我们对它们没有印象；②我们怎么会认为对象*不同于心智和它的印象*。休谟在接下来的几段中把这两种心智倾向称为"错觉"。关于持续存在，他写道：

假设我们相似的知觉在数量上是相同的，这是一种严重的*错觉*；正是这种错觉，使我们产生了这样的看法：这些知觉是不间断的，而且仍然存在，即使它们

不存在于感官之中。（Hume，1738：pt. 4，sec. 2；斜体字为本书作者所加）

关于外部存在，他写道：

> 我们的感官不提供它们的印象，因为它们是某个独特的、独立的、外在的事物的形象，这是显而易见的；因为它们只向我们传达一种单一的知觉，从不给我们任何超越它们的最小的暗示。一个单一的知觉永远不会产生双重存在的概念，这是通过某种推理或想象产生的。当心智看得比它眼前所见得更远时，它的结论永远不能用感官来解释；当它从一个单一的知觉中推断出一个双重的存在，并假定它们之间的相似关系和因果关系时，它当然看得更远。
>
> 因此，如果我们的感官暗示了任何关于区别存在的概念，那么它们必须通过一种*谬误*和*错觉*来传达出那些存在的印象。（Hume，1738：pt. 4，sec. 2；斜体字为本书作者所加）

280　　关于休谟希望在这三个主题上支持*何种*怀疑论，存在大量的学术争论。迄今为止，休谟关于因果关系的观点引起了最广泛的学术兴趣，但解释问题的一般形式也可以推广到其他问题。《人性论》是休谟年轻时的作品。在休谟后来的作品《人类理解研究》中，他似乎对其中一些比较有争议的观点有所回避，或者至少保持沉默。休谟关于因果关系的怀疑论，可以从两个基本方面来解释。在较温和解释层面，休谟是一个怀疑论者，只是因为我们对因果关系没有印象，所以印象并不能为我们提供关于世界真实因果关系的*知识*基础。这与存在这样一种关系的可能性是一致的：我们的心理习惯认为这样一种关系是偶然正确的，至少在我们*正确地*将其归因的情况下是这样的。根据更激进层面的解释，因果关系根本不是世界上的一种真实关系，而是我们自己的联想解释在世界上的投影，是心智在调色板上描绘出来的。休谟在其早期著作《人性论》中使用了"错觉"一词，这就提出了这种更激进的解释。但正如我们所看到的，康德使用"错觉"一词的方式并不意味着*信念的虚假性*，而只是意味着一种错误的*认识*，即知道事实上一个人不能知道的东西。我们可以把休谟解读为康德使用"幻觉"一词的先驱，尽管康德并没有仔细区分以澄清这一用法。

关于我们如何在一个单一持久物体的许多印象的基础上对其进行思考这一问题，这在两部作品之间发生了变化是非常清楚的。在《人性论》中，休谟赞同知觉的"绑定理论"，根据这个理论，每个"知觉"（即印象或想法）是完全不同的和自主的。

既然我们所有的感知都是不同的，并且与宇宙中的其他事物不同，那么它们也是独特的和可分离的，可以被认为是独立存在的，拥有存在独立、不需要任何

其他东西来支持它们的存在。（Hume，1738：pt. 4，sec.5）

既没有印象存在的东西（"心智"），也没有任何"物体"或"物质"的概念，它们是所表征的属性的*承载者*。我们的想法只是以前印象的复制品。既然我们除了对红色和圆形等事物的印象之外，没有对"物体"或"物质"的印象，那么我们也可能对"物体"没有印象。因此，关于存在着独立存在的物体，并通过不断变化的感知而持续存在的常见假设，不能以休谟的心理学为基础。这样，我们再次面临两种可能的怀疑论解释：一种较弱的解释，即我们没有*证据*证明世界上有独立存在的持久物体（因为证据只能来自印象）；另一种较强的解释，即把它们的存在归因于把心智本身的内容投射到世界上是错误的。问题是，休谟的描述甚至没有告诉我们心智是如何产生这样一个错觉的观念的，所以任何一种解释都是有问题的。休谟在后来的著作中悄悄地放弃了他的哲学中的绑定理论，但他从来没有提供一种方法来解释我们是如何来思考一个由持久的物体组成的世界的。休谟只是保留了一个关于我们如何将不同时期的印象的*相似性*误认为是它们之间的*同一性*的苍白的故事。

然而，关于这三个怀疑论命题，我想强调的是：不管人们倾向于对休谟进行温和或强烈的怀疑论解释，他都明确地宣称，我们根深蒂固地倾向于认为世界是由独立的对象组成的，它们通过时间和我们感知对象的方式的变化而持久，并与彼此（以及作为感知者的我们）形成因果关系，这在某种程度上是他称为"错觉"的某些思维特质的产物。他至少坚持这样一种观点，即关于外部物体和因果关系的主张超过了我们可能拥有的任何证据，因此我们对物体或因果关系的任何*知识*都是错觉的。他可能会进一步认为，它们涉及将世界的特征强加于*错误*，而这些特征实际上只是我们*关于*它的思考方式的特征。

我们可以将更强的观点描述为这样一种假设，即因果关系或独立存于世界中的物体的归因构成了一种*投射错觉*，在这种投射错觉中，实际上只是心智属性的特征被"读入"世界。当然，像哲学家笛卡儿和洛克已经提出了这种观点的更温和版本，他们主张像颜色这样的次要属性被错误地认为是物体的属性，但这实际上只是物体通过我们的感官影响我们的方式。然而，笛卡儿和洛克都假设，确实存在一个物质的世界，它们彼此之间和人类观察者之间存在因果关系。我们可能容易对物质本身具有什么性质产生错觉，但这些错觉可以通过哲学推理加以纠正，物质和因果关系等基本形而上学分类反映了世界真正的形而上学结构。休谟似乎拒绝了这种实在论假设，转向了更完备的认知主义。康德的观点至少是同样的认知主义的，他在《纯粹理性批判》中提出了一个重要的观点，即物质和因果关系的分类，虽然是先验观念，但在经验上是真实的，确实是必要的。并且，通过合成的先验推理是可知的，因为心智受到了约束将这些分类应用于所有可能的经验物体。

当然，认知多元主义也是一种认知主义哲学。对其可能的形而上学含义的讨论将不得不等待另一本著作。但很明显，关于认知多元主义与实在论和理想主义的关系等问题，还有一些重要的问题需要回答。我将在这里仅就投射错觉的问题作一简短的讨论。适当性归根结底是一个语用问题。事实上，面向对象的认知和因果关系模式是我们认知结构的特征。这提供了理解世界的基本方式，但这并不妨碍它们被视为恰当。在某种程度上，允许我们建立一个因果关系中的物体世界的模型，并对这个世界提供了良好的认识和实践的牵引力，使得它们是恰当的。但对此，我们应该补充两个重要的注意事项。第一，与康德时代的科学不同，当代科学包含了一些假定了现象的模型，而现象不是经典物体的特性。在某种程度上，心智试图将这些现象强行纳入物体或因果关系概念的模子，这很可能是一个产生认知错觉的过程。第二，当我们超越了在普通认知和经验约束科学中模型的应用，并试图将物质和因果关系作为基本的形而上学分类来思考时，我们很可能会超越它们被恰当应用的领域。特别是，如果我们采取单纯的实在论立场，将这些分类视为独立于思维的世界划分方式，那么我们的确会陷入类似投射错觉的境地。

第十五章　认知多元主义和认识论

基于模型的认知多元主义认知架构是作为三层标准心智观的替代方案发展而来的。三层标准心智观承认概念、信念和推理，但不认为心智模型在理解中起根本作用。虽然在许多关于认知本质的论述中都假定了标准观点，但它在哲学的其他领域也占有突出地位：认识论、语义学、真理论和逻辑学。事实上，我曾说过，标准观点之所以能被哲学家推崇为认知架构的一种观点，原因之一正是它在这些其他哲学领域被假定。在某种程度上，标准观点为哲学家们提供了一个框架，使他们在追求成功的理论方面得到了很好的服务，这本身就提供了一些理由，假设它为思想的基本单位提供了一个适当的分类。我们现在考虑了另一个建议，即心理模型是理解的基本单元，以及这个建议的几个应用。在最后几章中，我将考虑认知多元主义对知识、意义和（在更有限的范围内）真理的影响。

本章将考虑基于模型的认知多元主义对认识论的意义。大多数当代认识论者把它当作他们学科的一个框架假设，即知识是确证的真信念。有一些有趣的反对者反对对知识的这种描述（例如，Sayre，1997），一些哲学家提出了一个似是而非的理由，他们认为这比他们的同事们所认为的更偏离了古典认识论，比如，柏拉图对希腊单词 epistēmē 的使用被翻译成"理解"更好（例如，Kvanvig，2003；Grimm，2010）。这里存在一些值得探讨的问题，但为了本章的目的，我将探讨目前的主流观点，并因此假设知识是确证的真信念。

本章分为两个部分。第一部分考虑基于模型的理解观对认识论的影响，其假设是知识是确证的真信念。模型和信念之间的关系是什么？在信念的确证中，模型扮演了什么样的角色？因此，它们作为知识的地位如何？模型本身是可以确证的东西吗？第二部分考察认知多元主义对三种有影响的知识理论的意义：基础主义、融贯主义和可靠主义。

第一节 什么是信念？

在第二章中，我做了一个术语上的决定，把涉及支持命题内容的出现状态作为*判断*。这种状态有时也被称为"偶发性信念"，这是一个与"倾向性信念"相对应的术语。我进一步决定广泛使用"信念"一词，包括判断和倾向性信念，不管后者可能是什么。在随后关于直觉和认知错觉的讨论中，我主要集中在判断的概念上，而不是信念的概念上，因为这些章节讨论的是模型中出现状态的结果。我们可以并且将要讨论判断是如何被确信的问题。然而，认识论者一般不会把他们对知识的讨论局限于发生的状态，而是采用一种既包含偶发性又包含倾向性的信念概念。因此，在本章中，我们需要讨论模型与信念以及判断之间的关系。我在第十三章中结合直觉的讨论谈到了这个话题。在这里，在叙述信念和其他意向状态的语境下，我将再次讨论这个问题。

作为第一步，我想探索心理模型如何进一步阐明我们所描述的信念的心理基础。首先，让我们重新考虑几种理解我们在归因信念时所做的事情的方式。

1. *意向实在论*：信念归因一般涉及心理表征的属性。"S 相信 P"形式的陈述，只有在 S 有内容 P 的心理表征时才是真的。在这个说明中，所有信念都是像判断一样的发生状态，尽管它们可能不是有意识的状态，并且可能以无法带到有意识觉知的方式（例如，在认知上不可穿透的子系统中）来表征。在信念需要根据其内容（或跟踪内容的非语义特征）对心理过程或行为进行因果解释的情况下，这种假设似乎是必要的。但是，它不能公正地对待广泛的完全普通的信念属性，在这些信念属性中，假设内容有外显表征是不可信的，例如，你相信（并且从你年轻时的某个不确定的时间以来一直相信）狗有肾，117+8=125，等等。

2. *倾向主义*：S 相信 P，只是在 S 倾向于在适当的提示时欣然认可 P 的情况下。你对"狗有肾"或"117+8=125"的直接性和自信的认同，是你已经相信这些命题的一个标志，甚至可能是由这个事实构成的。就目前为止这可能是真的，但它并没有告诉我们多少关于信念的心理学。归因倾向与其说是描述一种机制，不如说是指出需要指定一种机制。

3. *意向立场*：信念属性包括采用一种立场，用信念和欲望来解释一个系统。也就是说，如果这个系统是理性的，那么它应该拥有这些信念和愿望。有时候，这种意向性立场让我们能够选出世界上真正的模式；但由于属性是规范理性的而不是事实性的，所以它不需要与这些信念和愿望相对应的个别发生状态的属性。

当意向立场是用来预测一个系统的行为时，S 算作一个真正的相信者，不管其行为在心理上的真正原因是什么。然而，这低估了一个事实，即至少有时原因是实际的有意识地判断。这也低估了一个重要的可能性——即使没有意识，也存在与判断有许多共同点的内在状态。在许多情况下，这种立场-立场可以描述我们在归因意向状态时所做的事情，但与倾向主义一样，它并没有告诉我们潜在的心理。此外，关于 S 的理性和 S 拥有其所需环境信息的假设，在使用意向策略来解释由非理性过程（如错误推理）或错误信息导致的行为时存在问题。

4. *规范性承诺*：S 相信 P，只是因为 S 规范性地承诺支持 P 或将 P 视为真。规范性承诺的本质不需要以理想的理性和拥有完整的信息来兑现，而能以其他 S 所拥有的承诺的含义为基础。如果 S 认可 Q 并使用一个推理规则，使得 Q 暗含 P，那么 S 也因此规范性地承诺 P。同样，这是一个理解信念属性的框架[在这种情况下，作为可计算和记录（Brandom，1998）]，没有关于承诺和推理规则基础的心理叙事。

5. *塞拉斯的琼斯神话*：在说 "S 相信 P" 时，我们假设了某种内在状态，我们通过类比 S 断言 P 来概念化。我们通过类比断言来构想内在状态的假设，这种假设涉及一种关于状态属性的真正心理本质的不可知论。

因此，我们有一个建议（意向实在论），它主张信念的心理本质（但对于许多完全普通的信念属性来说，它是不可信的）。我们还有一系列建议，它们对我们在探寻信念属性时的行为提出了主张，并在不提供这种解释的情况下，对信念的心理现实解释设置限制。显然，我们在这里需要的是一个心理建议，这个心理建议可以解释我们形成判断的倾向、意向策略的成功、对规范性承诺的拥有，以及信念和断言之间的类比。心理模型有助于提供这样一种解释。

首先，如果我们倾向于快速、自动、自信地判断狗有肾和 117+8=125，那么我们凭什么倾向于这样？我们对直觉判断的讨论表明，至少在各种各样的此类案例中，这种倾向是植根于拥有一种心理模型，它包含了无须明确推理就能够产生判断的资源。我从来没有考虑过狗是否有肾脏。但要思考这一点，我所需要做的就是参考一些典型动物生理学的内在模型，然后判断就出来了。我以前从来没有把这两个数相加过（或者，如果我加了，结果也忘了）。但我掌握了一个整数相加的模型，当我把这些特殊的加数插入其中时，答案就出来了。（请注意，如果我们调整例子，使相加数字超出性能限制，例如，20 位数相加，那么你对 "你相信……吗" 问题的回答很可能是 "我不知道"，至少在你用铅笔和纸或计算器解决问题之前是这样。）

我们也可以很自然地谈论一些事实，比如狗有肾脏作为模型的承诺，如果它们以某种方式包含在模型的规则、表征系统或数据结构中，或者由这些东西所暗示的话。使用人工智能和理论认知科学的语言来说，如果我有一个动物生理学模型，它包含一个与根节点相连的肾脏节点作为默认特征，或者一个能生成表征的产生式规则，其内容是"……有肾脏"到模型应用的对象，那么通过使用这个模型，并将其视为恰当的，我规范地承诺这样的推理，即使我实际上没有运行它们。如果模型是适当的，那么还有第二种规范性：它是一种你*应该*做出的推理，因为推理模式跟踪真实的模式。

然而，我们在第十二章中看到，不同的模型涉及不同的、有时相互冲突的承诺。如果我们致力于我们的模型的含义，无论是它们的一般承诺，还是它们应用于特定情境的含义，那么我们似乎也将致力于相互冲突的信念。这在一开始看起来可能是一个问题，但实际上我们*需要*一个关于信念的心理学解释来暗含或至少容纳它。一方面，大量的心理学研究表明，我们的判断对语境和启动非常敏感。一个自然的解释是，不同的语境和启动条件激活不同的模型，产生一组判断，而不是另一组判断，这取决于哪个模型被激活。另一方面，即使经过许多思考，我们也经常发现自己倾向于赞同两个我们知道是矛盾的命题，当每一个命题都是由一个模型直觉地推荐的，而我们无法理解为什么另一个模型不适当，或者以其他方式在它们之间作出裁决的时候。不清楚的是，事实上，我们有一套自相矛盾的信念，本身应该被视为自相矛盾。但是，如果是这样的话，我们似乎可以通过理解这样一种情况来获得某种解决，即我们不是同时肯定地赞同 P 和非 P，而是感受到我们所承诺的两种模型相互冲突影响的吸引力。

如果我们称为"相信 P"的现象相当于有一个模型，那么这个模型可以在恰当的唤起语境中容易地产生对内容 P 的判断，在这个语境中，模型被视为恰当的，而且我们将其编码为"S 相信 P"，很明显信息在这个转换中丢失了。这里我们看到了丹尼特和塞拉斯的警告背后的智慧。信念归属*看起来像*是断言的报告，并且很容易认为，所报告的内容必须像断言一样是命题的和认知的。但事实上，它是一种倾向的和规范的。它可能是一种倾向，产生特定类型的知识——一种判断，但它的本质必须从模型的动力学角度来理解。模型不是判断或其他句子大小的单元，模型产生判断的过程也不是在句子大小的单元上运行的逻辑论证形式。此外，与断言的类比可能会诱使我们假设信念，或者至少是判断，必须以一种类语言的媒介发生。但是，模型有它们自己的资源来表征特定的事务状态。像我们这样的语言生物，可以很容易地将其中的许多（虽然不是全部）转换成语言和类语言的思想，但还有一些事物是基于模型的表征*之外*的东西。如果我们假设，基于我们如何*报告*它的方式，它必须是结构上是类语言的，那么我们很可能是错的。一些，而非全部判断，都是通过语言或类语言的思想来做出或转换的。一些，而非全部信念，也是判断。

在我看来，意向策略本身就是一个典型的模型——一种解释代理行为的模型。或者更好的是，意向策略可能是许多解释代理的某些更特定模型的一个特征（如核心代理系统、大众心理学和在这些提供的支架上建立的更多专门的模型）。它很可能是这样运行的，正如塞拉斯所建议的那样，通过将代理的行为描述为*好像*是由类语言的内部状态驱动的。像任何模型一样，这种模型是理想化的，并因其适用性而回答了许多语用因素。它特别适用于涉及类语言表征的心理过程的情况，包括但不限于自然语言中的思维和推理。当基于模型的判断没有转换成语言或类语言的思维时，它会更扭曲目标，但它仍然可以抓住心理上真实的情节，即使它（错误地）把它们当作是在类语言的媒介中。它还提供了基于模型思维的倾向性和规范性承诺的讨论方式，尽管这样做的方式没有提供对其形式或动态的洞察。它跟踪的真实模式是从一个基于模型的基本动力学涌现出来的。在我看来，正是这些动态的特征才是它真正的目标——一种心理实在论的形式，它不是*关于*类语句表征的实在论。

但是，该策略也可以应用于缺乏相同基于模型的动力学的系统，并取得不同程度的成功。在特定情况下，我们可以说像"恒温器认为太冷了，并打开火炉"这样的事情。这种说法可以让我们获得某种程度的预测成功，即使在很大程度上扭曲了我们所预测的系统的表征方式。对于丹尼特来说，预测性的成功似乎是衡量适应性的唯一标准。对于我来说，这是其中之一，我会坚持更深入地分析意向策略模型是如何适用于一系列情形的，而不是一个简单地基于预测的标准来判断什么是"真正的相信者"。在我看来，这种意向策略旨在跟踪一种特定类型的目标现象，这些现象是一种人类和不确定数量的非人类物种共有的认知形式。它可以很好地预测其他类型系统的行为，但当我们将其用于此类目的时，我们必须提醒自己，实际上我们是在采用一个目标的模型，并将其用作另一个目标的模型。

这种方法似乎特别有助于解释非人类动物的信念归因。一方面，如果我们假设语言和类语言的思维是人类独有的，而信念归因将形成类语言的发生状态的倾向归因于人类，那么似乎非人类动物不可能真正拥有信念。另一方面，把信念归于狗，似乎不像把信念归于恒温器那样奇怪。然而，如果我们认识到许多非人类动物确实有某种心理模型，即使它们不能形成我们所能形成的许多事物的模型，即使它们的模型在细节上肯定与我们的不同，我们也能理解这一点。用一种类似于报告人类语言的方式来描述它们的信念，更多的是扭曲了它们心理状态的真实心理内容，因为它们没有以语言形式做出判断的倾向。但是，在把信念归于它们时，我们指的是同一种内在状态，当我们把倾向性信念归于另一种信念时，我们指的是这种内在状态：基于它们拥有的模型的倾向性。

第二节　作为认知单位的模型

从心理模型的角度实现信念的概念，提供了与认识论的第一个但相对较弱的联系。在本节中，我认为还有更牢固的联系：模型是信念和判断的确证来源；模型本身在认识上是可评价的，并且模型是不可还原为信念的完整单元的；这一事实要求认识论适应模型大小的单元。

一、模型作为保证的来源

我主张模型是*生成性的*，从这个意义上说，因为拥有一个模型，一个人就拥有了一个可能的表征空间，而这些表征可以用该模型来构建。特定情境的判断是通过应用一个用于构建情境的模型来形成的，并且由此产生的判断是从该模型生成的可能表征的空间中得出的。（当然，我们还可以使用更普遍的语言表征媒介，将从多个框架模型中提取的表征结合起来，但这些最终从所使用的模型中获得了大量的语义内容。）在一个特定的模型中构建一个判断的事实，也将它与模型的推理资源联系在一起：把某个东西组成一个象棋的象，就是把它当作一个可以对角线行走的东西，可以被捕获，可以捕获其他棋子，等等。

我们现在需要探讨模型和判断之间关系的认识论含义。我将在这里阐述的基本思想是一种可靠主义论题：模型是在其适当应用的语境中产生知识的可靠机制的。如果是这样的话，那么至少有一部分关于保证许多判断的内容，是关于用来构建它们的模型的。在这种情况下，心理模型对于认识论来说是非常重要的。我还将探讨（在下一节）模型本身是否以一种超越其适用性和可靠性的方式，接受认识论评估的进一步问题。例如，我们是否应该把模型以及判断和信念说成是有保证的。

我们应该区分两种类型的判断及其与模型的不同关系。一种类型的判断明确了模型的一个或多个特征或承诺。"静止的物体将保持静止，除非受到外力的作用""平方反比定律描述物体施加的引力"表达了牛顿力学的基本承诺。"象可以对角移动"表达了国际象棋模型的基本承诺。只要一个人在使用这个模型，他就规范地承诺这样的判断。只要模型是适当的，判断就是正确的。在许多情况下，这样的判断对于熟悉模型的人来说，似乎也是显而易见的，甚至是必然的。（事实上，在模型是构成性承诺的意义上，它们是"必然的"，就像平行假设是欧几里得几何的构成性承诺一样，因此在真实的欧几里得几何学中必然为真。）至少一个人单纯地使用模型——也就是没有注意到它是理想化的，并且可能不适用于所有情况，这样的判断似乎是*不言而喻*的。事实上，我怀疑，绝大多数判断的真理似乎都是不言而喻的，*因为*它们表达了根深蒂固的模型的原则，我们可以通过直觉的过程获得这些模型[1]。当然，模型是理想化的，并不适用于所有情况，这一事实意味着，如果我们认可这种普遍性和非理想化的主张，我们就有可能产生认识错觉（见第十四章）。但是，它们被证明是（a）作为关于模型承诺的主张，（b）作为模型无论在哪里都必须是恰当地应用的主张，并且（c）通常是作为初步但可行的假设，若模型是广泛的和常规适用的。

虽然第一类的判断在哲学和科学中常常很突出，但我们所做的绝大多数判断都不是这一类的；在这些判断中，我们采用模型来描述特定的事态："这个物体处于静止状态""这个物体在坠落后需要 5 秒钟才能到达地面""白象能够捕获黑皇后"这些判断，既不能仅从模型中推导出，也不能仅由模型来确证，因为它们也依赖于世界中的事实。然而，框架模型与判断的真理性和正当性之间存在着重要的关系。如果一个判断是用一个不恰当的模型来描述的，那么它可能在某个方面出错。在宇宙学的语境中，谈论绝对静止是没有意义的。坎特伯雷大主教和英国女王可能以对角线关系站在一个有格子的台子上，有人瞥了一眼，可能会认为这是人类象棋游戏的一部分；但是这个观察者应该弄错了，主教没有准备好捕获皇后（因为他根本就不是*象棋*的象或她不是*象棋*皇后，象棋中使用的"捕获"的概念不适用于他们）。如果我使用一个不恰当的模型来构建一个情境，那么它的推理规则可能为基于这些模型的判断提供的任何确证都是无效的。

即使我们使用适当的模型，如果我们不使用它们的资源来恰当地表征情境的细节，我们也可能出错。在交通法庭上，谈论"保持静止"或"处于静止"是有道理的（地球表面或道路被视为一个固定的参照系），但人们通常似乎认为他们停在我街道底部的十字路口，而事实上他们没有减速到每小时 5 英里[①]以下。棋手可能看不清楚棋局，或者没有意识到移动他的象会使他的王被将死。在这些情况下，所采用的模型*确实*提供了以一种我们认为正确的方式来表征事物的方法，但实际作出的判断却以另一种方式来表征事物，我们认为这种方式是错误的。同样，在这种情况下，该模型可能赋予的任何保证都是无效的。如果棋局像*已是*我想象的那样，那么我的判断是，我有能力通过移动我的象来捕获对方的女王。这一点*已经*得到保证，但这个条件的前提事实上是错误的。

当我们使用一个模型构建一个情境时，通过基于模型的直觉理解，模型的所

---

① 1 英里=1.609 344 千米。

有推理能力都会立即变得可用。我们能够通过模型的镜头来关注进一步的含义，这通常以这样一种方式进行，即通常可以看起来不像是推理，而仅仅是"简单地看见"事物，比如我可以捕获到对方的女王。如果框架*正确*——如果我们采用适当的模型，使用模型提供的最佳表征来进行判断，那么这些进一步的判断也是*有保证的*。因此，模型提供了丰富的生成判断的机制，当模型适当时，它们是生成真实判断的可靠机制。此外，如果在某种程度上这个保证是由模型的推理效力提供的，那么当这些信念是我们能够利用基于模型的理解资源做出判断时，我们不仅可以将这个保证归因于判断，而且归因于更广泛的倾向性意义上的信念。

二、模型在认识论是可评价的吗？

模型本身在认识论上是可评价的吗？鉴于知识的标准特征是确证的真信念，模型不能算作知识，因为模型不是信念。（由于"真"和"假"这两个术语只适用于信念和其他同样大小的单元，如命题和语句，所以模型也不能是真的或假的。）当然，我们有时会把某些类型的模型，如科学理论，说成"真实"和"知识"，但这并不是一个挑战，而是一种比技术用法更广泛的普通语言用法，或者是一种多余的假设，这是说，理论在特征上是命题的，或者也许我们真的可以*对*模型的适当性做出陈述，这种*陈述*可以是真的，也可以是假的，可以是有保证的，也可以是没有保证的。

我已经讲过（尽管简短）为什么要用单独的术语来表达适当地归因于判断（和其他句子大小的单元）和模型的真理相关优点，但我还没有讨论模型是否也是可以被认识论地*评价*为保证或类似的单元的问题，这里不包括与它们相关的信念是否独立保证的问题。我们这里至少有两个不同的问题。第一，作为模型，模型是否受制于任何形式的认识论评价？第二，如果是的话，对于模型来说，被视为认识论优点的特征是否足够像那些对于信念或判断来说被视为认识论优点的特征？我们应该对它们使用相同的术语吗？例如，我们应该说模型是可以被保证的东西吗？

考虑到我之前给出的可靠主义特征，人们可能会认为模型不太可能受制于任何形式的认识论评估，除非它们可以成为产生真实信念和判断的可靠机制，从而为这些信念和判断提供保证。知觉机制常被用作可靠判断产生机制的范例。但是，这种机制——比如说，无论神经过程从对感官传感器的刺激模式中产生出什么概念上负载感觉的格式塔——本身并不是可以被保证或不被保证的，除非我们的意思仅仅是它们是*可靠的*。它们只在*输出*中处理概念和判断，其操作既不受制于反省审查，也不受制于修改订正。可以肯定的是，我们通常是基于一种默认的假设（一种非常广义的"信念"），它们做出的判断是真值的，我们可以根据经验判断它们在特定条件下是不可靠的。*这些*信念和判断可能（或不能）得到保证，但这并不意味着这些机制本身是保证的或无保证的。将"保证"的概念应用于这种感知觉机制，似乎是一种分类错误。

但是，这并不意味着产生信念的机制除了是否可靠地产生真正的信念外，*一般*在认知上是不可评价的。知觉预处理所涉及的机制的特殊特性，可能会使它们无法进行特定的认知评价：这些机制不是在负载概念的内容上运行，而是自动运行，也不受制于审查或修改。模型也可以自动运行；由于某些模块也可能是模型，有些模型可能也不受制于审查或修改。但是，其他模型的推理模式是对命题内容进行操作的，既可以有意使用，也可以自动使用，而且要根据这样做的*原因*进行审查和修改。

我已经用科学理论作为心理模型的范例。科学理论显然是按照认知评价的标准来进行的：它们相互比较是否充分，我们说它们是"被证明的"或"被证实的"。这也许是一个语义选择的问题——我们是否应该说理论本身是"被确证的"，或者说，相反，*关于*它们的确信的信念是得到保证的，并使用一些其他术语（比如"被证实的"）来描述理论本身。但某种形式的认知评价显然是合适的。所以，至少*有些*心理模型会受制于认知评估，无论我们称之为"保证"或"确认"或其他名称。

但是，也存在其他类型的心理模型，在这些模型上使用同样的术语听起来显然很奇怪。我们不太可能把某人对象棋、餐厅用餐或虚荣的理解说成是正当的、保证的、确证的或有证据的。如果我们对某人把此类问题的理解进行规范性评估，通常是根据他们是否*正确*掌握了模型。以非法的方式移动一个棋子，或者看不到即将到来的将死，或者去餐厅厨房准备自己的饭菜，这些都表明有局限性，甚至缺乏理解。但它们所表现出的缺陷更像是虚假（拥有完全错误的模型），而不是缺乏保证。

然而，仔细审视后，问一个人是否有权使用他正在使用的模型中隐含的所有假设是有意义的。我记得小时候学象棋的一个阶段，当时我观察兵移动两个空格，但没有意识到这只允许在兵最初的移动。我的错误很快被指出后，我做了一个我们以为是聪明的（实际上是非法的）移动；回想起来，我可以看到，根据我的观察和当时在游戏中接受的任何指导，我不小心做出了一个错误的概括。这很可能是因为在我熟悉象棋的早期，这种情况就发生了。我还没有完全形成一个游戏的模型（甚至是一个不正确的模型），我仍然在记忆规则的水平上操作。但即便如此，如果没有早期纠正错误的机会，我很可能已经形成了一种异常的象棋模型。形成一个不正常的模型本身仍然是一个让模型*出错*的问题。但是，我们可能会继续问一些关于这个过程的认识优缺点的问题。通过这个过程，我形成了一个假设，即一个兵通常可以向前移动一个或两个空格。有人可能会辩护说，我将一个模型内化为一套特殊的异常规则是不是*合理的*——我似乎记得当时的一种愤慨，我的老师没有明确指出，兵*只在第一次移动*时移动两个空格——但事实上，有这样一个问题要问这意味着这种认识评估在这里有一席之地。

我们可以就如何理解模型何时可以恰当地应用提出类似的问题。我记得我曾在一家高级餐厅点过酒，在那里点的酒不是由侍者或女侍者来处理，而是由一位叫侍酒师的葡萄酒专家来处理。我习惯的餐厅用餐模型是，一个人接受所有类型的食物和饮料订单，这确实是我所访问的绝大多数餐厅中使用的一种合适的模型。我假设在这家餐厅也可以用，但我弄错了，侍者礼貌地回答说他会请侍酒师过来。这是一个可以理解的错误；根据我去餐厅的相当长的经历，我没有办法知道这些，没有人来提醒我，这是餐厅工作人员每天可能遇到的一个错误，等等。可以说，虽然我犯了一个小小的失礼，但我这样做是基于我可能主张的认知权利的假设。尽管如此，我后来对在不熟悉的环境下就餐采取了更为谨慎的态度，特别是在服务员打着黑色领带的餐厅，或者在我面对一大堆银器时，我不知道该怎么办。*知道*就餐环境并不完全相同，因此我面临着一些我可以放心地假设什么的问题。甚至在我意识到这一点之前，这些假设仅仅是假设，在做出这些假设时，我偏离了某种理想的认知规范。

国际象棋和餐厅礼仪的模型在一个重要的方面不同于科学模型：一个人有一个"正确"的国际象棋或用餐礼仪模型，仅仅是凭借一个与其他人正在使用的模型相对应的模型。理解一个科学理论也存在同样的道理，比如说，对经典力学有一个正确的理解，但另一个问题是，这个模型是不是它所应用的现象的一个适当的模型，后一个问题在科学证实中是有争议的。但是，科学模型在这方面绝非独一无二。我用来导航我的房子或我居住的城镇的模型，必须跟踪这些环境的特征，如果它们使我能够成功导航，即使它们的假设和确证很少明确表达。我们在日常生活中使用的统计启示法适合（或不适合）特定的环境，我们可以在更好或更差的位置来评估它们的适用性。（因此，研究人员倾向于用试探和偏见来描述不适当的策略是"非理性的"，尤其是当使用它们的人知道它们不适当的时候。）我们的社会分类模型，如种族和性别，往往严重到不足以表征它们的目标。而且，这些社会分类模型是通过众所周知的不可靠的机制来追踪事实而产生和加强的。能使我们消除这种社会偏见的意识提升过程，不仅在道德上有启迪作用，而且使我们在社会理解方面处于一个更好的认识位置。

我们可能需要更多关于模型的认识评价的讨论，更多的讨论不是我在这里所能给出的，不同类型的模型可能需要不同类型的评价。对于模型的产生方式，如何（或是否）对其进行审查和调整，以及我们如何学会区分哪些情况是适当的，哪些情况不是适当的，并且只在适当的语境下使用，这些认识评估似乎是适宜的。像核心系统这样的发育渠化模型，主要是通过进化和发育产生的，但这些可能被视为先验机制，可以评估其在生成适应模型时的可靠性。学习的模型可以对承诺标准负责，通常也可以进行调整和改进。在这两种情况下，对模型的真正掌握不仅涉及*拥有*模型和能够使用它，而且还涉及理解它在哪里被恰当地应用。

三、作为整体认知单元的模型

基于模型的理解观对认识论有影响，因为模型本身就是重要的认知单元，凌驾于信念之上。如果模型本身在认识上是可评价的，并且为判断和信念提供了依据，那么专门处理信念的认识论理论就缺少了一些重要的东西。但是，将心理模型纳入认识论也有进一步的含义，即它将证明，在评估两个主要认识论理论——基础主义和整体主义的适当性时，特别重要。

模型是*完整的单元*。通常，模型的承诺可以用判断和蕴含规则的形式来表达，但模型并不是简单的信念和蕴含规则的集合，这些信念和蕴含规则可以独立地加以规定，因为它们是组成性的相互关联的——或者，有时也可以用短语表达——"相互定义"。这是几十年来关于科学理论的一个常见说法，仅此一点就足以引起对基于信念的认识论的重新思考。如果说它是心理模型的一个一般特征，而模型又是理解的基础，那么其意义就更为迫切。

在科学哲学中，理论通常被视为*确认*的主要单元。关于质量的相对论主张的可信性，不能脱离关于空间和时间的相对论主张来评价，反之亦然。同样地，该理论在特定情况下的应用，也是由该理论作为一个整体的适当性所保证的。在接受正当性和授予保证方面，一个适当的科学认识论必须适应模型的角色——作为完整的单元。如果类似的考虑普遍适用于模型，那么对认识论的影响就相当广泛了。我将在下一节中论证，这对认识论领域有着严重的影响：无论是基础主义还是全局融贯主义，都不可能是一个完全充分的认识论理论，因为它们都没有赋予模型大小的单元适当的地位。

第三节 认知多元主义与知识理论

既然我已经粗略地描述了认知多元主义对模型、信念和保证之间相互关系的

297 看法，那么让我们来谈谈认知多元主义与认识论中熟悉的理论的关系及其对这些理论的影响。认识论是对知识的研究。当代主流的认识论是在共同的假设下进行的，即知识是确证的真信念。不同的理论主要是在它们的主张中使信念得到确证。传统的关于确证的不同方案是基础主义和融贯主义，还有一个最近的竞争者被称为可靠主义。

一、可靠主义

虽然可靠主义是一个相对较新的增加到哲学主张的认识论确证，但我将首先讨论它，因为我对由适当模型所赋予的确证的描述，实际上似乎是一个可靠主义的观点。可靠主义者认为，当且仅当一种信念是由一种可靠的机制产生的，而这种机制是在这种语境中产生真实信念时，这种信念才是有保证的。例如，阿尔文·普兰丁格（Alvin Plantinga）写道，当且仅当一个信念满足以下条件时，它才是有保证的：

①它是由正常工作的认知能力在我身上产生的……在一个适合我的认知能力的认知环境中，②设计计划中控制信念产生的部分是为了产生真信念，③有一个高统计概率，在这些条件下产生的信念将是真实的。（Plantinga，1993：46）

说信念产生的机制在产生真信念时是"可靠的"，并不能真正告诉我们很多关于这个机制的信息，即使这个机制的可靠性是以概率的形式实现的。对于可靠主义理论来说，这并不一定是一个坏的特征，因为可能存在许多可靠的机制，它们以不同的方式和出于不同的原因是可靠的，因此实际上可能需要一个高度灵活的确认说明。

可靠主义说明的一个核心应用是通过知觉产生信念，而信念的起因并不是信念本身。知觉过程在某种广义上是"机制"，这一点似乎已经很清楚了，至于它们如何工作以及为什么是可靠的，这些细节可以留给认知科学家。但为了进一步扩展这一理论，我们需要一些方法来澄清在非知觉信念形成中可能涉及什么样的"能力"或"机制"。

298 在我看来，模型提供了构建情境和形成对情境的判断的方法，以及许可对情境的判断。此外，在倾向性意义上的一些"信念"，可以从模型的推理规则所许可的推理中看到。因此，除其他外，模型是产生判断的"能力"或"机制"。当模型被恰当地应用时，它就为由此形成的判断提供了依据。因此，我们很自然地将基于模型的解释，视为坚实可靠主义认识论的一种方式，这种认识论涉及通过非知觉过程形成信念的一大类重要方式。

二、基础主义

基础主义是一种非常古老的哲学观点。它的变体是亚里士多德及其中世纪追随者、理性主义和经验主义阵营中的近代哲学家，以及相当数量的 20 世纪哲学家，包括一些逻辑实证主义者如莫里茨·石里克（Moritz Schlick，1934/1979）都赞同的。亚里士多德经常被认为是在他的《后验分析学》中首先阐明了知识的基础主义解释，以回应关于证明性知识的怀疑论问题，即*回归问题*。怀疑论者认为，任何已知的事物都必须得到证明，也就是说，从已知的事物中有效地推断出来。但是，为了让这些事物被知道，它们必须从其他已经知道的事物中得到证明。以此类推，在一个无限的递归中，这样证明的链条就不能取得进展，因此，知识是不可能的。亚里士多德似乎赞同证明作为知识的一种范式，但他反对怀疑论的递归和循环论证的替代方案。亚里士多德支持这样一种观点，即可以存在另一种非证明形式的知识的第一和基本前提。因此，我们有两种知识：一种是直接以自己的能力知道的东西，另一种是从这些基础有效地衍生出来的东西。这是基础主义知识观的核心：在当代术语中，一个信念是确证的，当且仅当它是①正确的基本信念或②以正确的方式（通常是通过有效的演绎的手段）从正确的基本信念中派生出来。

几点简短的观察就罗列到这里。第一，核心观点及其形成方式都带有标准认识观的明显标志。不仅是这些*单元句子*大小（信念、判断、命题或实际语句）和论证大小（证明），而且讨论的起点也是作为证明结果的知识范式。第二，虽然当代认识论中的讨论通常使用"信念"一词，但似乎很清楚的是，这一解释实际上是对具体*发生的*信念（即判断）的解释，这是因为很难看出仅仅是倾向性信念如何被合理地视为证明的产物。第三，我已经描述了我迄今为止所提出的基础主义的"核心"，因为它留下了一个问题：*什么样*的信念可以是正确的基本信念，*什么种类*的信念可以被确证为知识，*以什么样的*方式正确的基本信念应该得到保证。

直到最近，绝大多数基础主义者还认为知识的标准必须是*确定性*。其结果是，正确的基本信念通常被认为是那些在某种程度上是不言而喻的，不容置疑的，或不可更改的。对于理性主义者来说，这些可能是不言而喻的理性真理，因为对它们的否认要么是自相矛盾的，要么是不可想象的。对于经验主义者来说，它们可能是人类的印象或实证主义的感觉数据。基础主义观点是，另外寻求适当的基本信念在某种程度上是不容置疑的，现在被称为*强基础主义*。

从当代的观点来看，在哲学史的大部分时间里，知识的概念被限制在可以证明的事物上，或者被限制在不需要证明的非常确定的事物上，这似乎有点不寻常。

我怀疑其中有两个因素。第一是怀疑论的影响，以及对怀疑论挑战作出回应的必要性。第二是许多代哲学家继承了"知识"的技术概念（epistēmē——认识论，scientia——科学），这事实上有类似亚里士多德的证明标准的东西。我看不出有什么办法可以理解：为什么洛克说他的"敏感的知识"可以更好地被称为"信念或意见"，或者为什么休谟认为归纳法的非证明性导致了怀疑的结论，除非他们只是以一种已经标准化的方式，简单地使用"知识"（或拉丁语——scientia）一词*意指*"直接地、毫无疑问地知道的事物，或者通过证明从这些事物中衍生出来的事物"。

当然，洛克也将正确的基本信念描述为"直觉知识"。我对直觉的性质及其产生认知错觉的能力的讨论提供了进一步的理由，这会怀疑主观确定性是真理或确证的任何保证。但是，现在对*强*基础主义的额外论证的市场是渺茫的，因为它在 20 世纪中叶突然失宠，这在很大程度上是由于奎因（Quine，1951）和塞拉斯（Sellars，1956）的批评，然而，在 20 世纪 70 年代，一些哲学家提出了"温和的基础主义"的版本，这对基本信念的认识地位的要求较弱：

1975 年以前，基础主义在很大程度上与强基础主义相同一。基础主义的批评者抨击了基本信念是没有错误的、不可更改的或无可争辩的主张。然而，在这一时期，人们越来越认识到，基础主义与缺乏这些正确认识属性的基本信念是相容的。威廉·阿尔斯通（William Alston）……，C. F. 德莱尼（C. F. Delaney）……，和马克·帕斯廷（Mark Pastin）都认为，基础主义认识论仅仅要求基本信念具有一种独立于其他信念的确证关系的积极认识状态。根据基础主义这种较弱的形式，它对无可辩驳性、不可救药性或不可更改性的攻击，并没有触及基础主义认识论的核心。（Poston，2015）

温和基础主义避免了强基础主义的一个问题：强基础主义对正确的基本信念或判断过高的认识标准。但它保留了核心的基础主义承诺，即信念是单独确证的，有些信念是通过正确的基本信念，而其他信念通过正确的基本信念来推断出来的。正是这种承诺与基于模型的认知多元主义是最直接的矛盾。

从认知多元主义的观点来看，一些判断被确证是因为它们是如何从其他判断中推断出来的主张，其本身不需要被认为是有问题的。认知多元主义者当然可以认识到，我们有时确实会使用各种形式的逻辑进行推理，超越了句子大小的单元；推理形式的有效性和前提的保证肯定与由此得出的结论的认识地位有关。问题是，这既不是唯一的，甚至不是*最根本的*保证来源；模型赋予的保证也不是简单地依附于一个接一个的个别判断。至少，我们的*一些*信念，在计算作为知识方面有很好的凭证。例如，那些涉及科学理论的信念，既不是单独正确的基础，也不是从其他已经被证明是基本的信念中推断出来的。相反，信念和整个框架的概念和推理模式是作为一个单元在一起被保证的。认知多元主义者认为这不是科学理论的一个特殊特征，而是基于模型的理解的一个更普遍的特征。如果认知多元主义者是正确的，那么基础主义者就缺乏资源来解释我们大量的信念是如何被保证的。至少，基础主义作为一种对知识的主张是不完整的，需要一种完全不同的类型来补充它。

从认知多元主义的角度看，基础主义似乎最好被解释为一种认识优良的特定维度的理想化模型。它特别关注论证推理产生的判断，而且基础主义将推理的有效性和前提的确证性，作为与由此得出的判断认识评估相关的因素进行了较为合理的认定。回归论证的合理结论是，对于这样一个通过逻辑推理得到保证而取得进展的过程，必须有以其他方式得到保证的前提。最好在这里停下来，把这看作是主张如何理想化的结果：它*只是*通过推理来保证说明的主张，简单地把其他判断如何得到保证的问题悬置起来（括起来）。

然而，一些版本的温和基础主义，事实上已经探索了用其他种类的资源来补充理论方法，并且至少其中一种版本建议了一种温和基础主义者可尝试将关于心理模型的见解合并的方式。认识论的一个长期存在的问题是，感觉和知觉如何保证信念。阿尔文·古德曼（Alvin Goldman）（Goldman, 1979）提出了一个可靠主义说明：通过可靠地产生真实信念的感性机制，感性信念可以成为适当的基础。虽然可靠主义理论被认为是一种提供自身保证说明的认识论理论，但古德曼的说明通常也被归类为基础主义说明。古德曼的说明补充了一个关于某类判断如何成为适当基础的可靠性叙事。这反过来又表明，一个温和的基础主义者可能会接受模型，认为模型在保证信念和判断方面发挥了作用。如果像感知机制一样，模型在恰当地应用时可靠地产生真实的判断，那么至少从模型中产生的一些判断可以算作适当的基本判断。

我宁愿把它留给基础主义者来决定，什么应该被视为基础主义的变体，或者基础主义的补充，什么应该被视为非基础主义的说明。显然，基础主义的核心承诺留下了关于保证的非推理来源的开放性问题。我相信其中一些来源于基于模型的理解。基于模型的理解如何与基础主义的说明相结合，受到基础主义者将所有非推理知识归为适当的基本信念分类这一事实的制约。因此，从模型中获得保证的信念是否能在一个基本的基础主义框架内被容纳，将取决于人们如何理解一个信念是适当的基础的含义。当然，强基础主义对于适当的基础性有极高的标准，而基于模型的机制产生的判断，似乎不符合这些标准。我探讨了模型如何产生"直觉"判断，但我们也看到，这种判断远非绝对正确，尽管它们可能带有主观确定性。但是，温和的基础主义者并不承诺这么高的标准，对于温和的基础主义者应该如何理解适当的基础性这个问题，似乎没有明显的、无争议的答案。

　　一种可能性是，一个信念只要是有保证的，就应该被算作是适当的基本信念，但不是以逻辑推理得出的方式。在这种解释中，模型的恰当应用所产生的判断，可能确实算得上是适当的基本判断。但是，如果这是所有"适当的基础"的含义，那么可能存在某一数量的非推理的保证来源，而将它们归为一个类的是它们所缺乏的一个特征：它们*不是*逻辑推理的过程。如果它们也有一些共同的特性，使它们在某种可认知的意义上成为*基础的*，那么这可能不是一个问题。但是，一旦放弃了更强形式的基础主义，我们就不清楚"基础"的隐喻应该如何理解。也许，应该从认识的角度来理解：基础性信念是那些没有进一步的认识问题可追问的信念。或者从心理学的角度，从信念和判断的起源来理解：基础性信念和判断是一个过程中第一个可评价的认识性信念和判断，或者假定没有基础性的信念和判断，其他信念和判断就不能得到保证。

　　在我看来，这似乎是合理的，即基于模型的信念可能符合*某些*这样的*心理*标准：没有模型，我们根本就没有信念，而这些信念正是任何其他认识过程所依据的信念。然而，大多数模型都是习得的。在学习一个模型的过程中，我们经常参与某个过程来确认它是一个好的模型，至少对于特定的认识和实践目的是这样的。确认的过程可能是无意识的、隐含的和非论证的（尽管在科学模型这样的情境中，大量的明确的推理经常用于构建和确认它们）。但是，模型并不是真正的"认知基础"，在"所予"（givens）的意义上，他们的认识标准可以被认为是理所当然的。因此，从模型产生的判断似乎也不是一个认识论基础。关于模型产生的判断，还*有*进一步的认识论问题：一个模型是不是其领域的一个好模型，是否适用于这种情况，以及产生的判断是不是模型可用选项中的最佳判断。同样，关于模型本身和表达其系统承诺的信念，还有进一步的认识论问题：关于它们是如何理想化的，关于模型适合于什么样的情况，以及因此关于它们产生的判断和它们隐含构成的信念中的哪些是真的。（此外，这些问题不仅可以询问学习模型，还可以询问发育上渠化的模型。）

　　因此，将模型描述为认识*基础*似乎非常奇怪。在某种意义上，模型可能确实先于信念和判断，而信念和判断的认识标准最终取决于形成它们的模型的质量。但鉴于有多种学习模型，它们往往拥有不同的构成信念和相互矛盾的判断，由此产生的图式更接近于纽拉特（Neurath）的木筏隐喻——我们总是在重新配置，而不是石里克的知识金字塔模型。

　　或者，温和的基础主义者可能倾向于将模型产生判断的过程中的至少一些判断，看作是*推理*的形式，这些判断与演绎推理不同，但不一定比演绎推理更不受尊重。一些基础主义者长期以来一直将非演绎推理形式，如归纳、倒推，作为赋予的表征，似乎没有原则上的理由认为其他推理过程也不能包括在内。然而，我觉得这种策略也有问题。我不反对将一些产生判断的基于模型的过程称为"推论"；事实上，这似乎是一个很自然的描述它们的方式。潜在的症结在于，如果我们这样做，那么它们是*对*命题形式事物的推论，而不是*来自*命题形式事物的推论，这是因为模型既不是信念或判断，也不是由信念或判断组成的。这里的问题是，基础主义将推理的基础关系描述为信念之间的关系。这在基于模型的过程通过自己的非逻辑、非论证机制生成判断的"推理"过程中是不成立的。以这种方式扩大了"推理"的基础主义概念，这似乎有失去基础主义核心的区分的风险：通过论证获得的保证凭证与判断或信念可能获得的任何其他方式的保证之间的区分。

如果模型本身受到某种形式的认识评价，并在为判断和信念提供保证方面发挥作用，那么基础主义是对知识的不充分解释。最根本的是，它忽略了模型作为一种独特的认知单元，不能还原为信念和推理。正因为如此，它也缺乏资源来适应模型在确证信念和判断方面所起的作用。温和的基础主义者可能会寻求将基于模型的说明视为与基础主义相兼容的补充叙述。无论是将模型视为产生正确基本信念的可靠机制，还是将产生判断的基于模型的过程视为推理形式，都是这样的补充。但他们这样做的风险是放弃深度基础主义的承诺。

三、融贯主义

融贯主义者认为，一个信念是相互融贯的一大套信念中的一部分，这是一个信念的确证。然而，"融贯性"是一个相当模糊的概念。在最小的解释中，融贯性需要一致性：一组融贯的信念必须是一组相互一致的信念。但"融贯性"这个词似乎也暗示了更多的东西，从*相互支持*到*相互蕴含*的关系。

认知多元主义有助于解释与特定模型相关的信念之间的相互支持关系，但会给全局一致性带来问题。心理模型所涉及的意义、信念、规则和隐含联系的系统，通常不仅相互一致，而且相互支持，在某些情况下还相互蕴含。*在*一个模型*中*，应该存在一致性和相当强的融贯性。但是，这一点在模型*之间*并不适用。因为每个模型都是以适合特定领域、问题和兴趣的方式被理想化的，所以这两个模型在假设和应用于特定情况时的含义上都可能相互矛盾。

因此，我们应该区分两种融贯主义的主张。一个要求*模型内*融贯性的主张与认知多元主义是完全一致的。如果一个模型在内部不一致，或者在应用于各种特定情况时产生不一致，那么它显然是有问题的。但如果模型被理想化，而两个模型以不同的方式被理想化，那么它们可能产生不一致的含义。因此，一个更具全

*局性*的融贯性的论题，即要求所有信念之间的一致性以保证任何一个信念，或将一个信念与*任何*其他信念的不一致性视为与其所保证的信念不相容，是有问题的。事实上，如果在第十二章中探讨的观点是正确的，即某些这样的不一致性可能被证明是原则性的和持久性的，那么认知多元主义可能被证明与全局一致性是不相容的。（当然，还存在一个更普遍的问题是，由于我们都有一些不一致的信念，一个全局一致的认识论将意味着一个强烈怀疑的结论，即我们谁也不知道任何东西。）

与基础主义一样，认知多元主义者可能认为融贯主义表达的是一种局部的、理想化的真理。无论是在模型内部还是模型之间，一致性和更强形式的融贯性本身都是*好*事。一方面，模型之间的不一致性是问题的初步证据，并为我们提供了进一步审查的理由。但是，如果它是由不同模型的理想化方式引起的，那么它可能会带来一个无法克服的问题。另一方面，模型之间的不可通约性并不总是导致信念之间的不一致，因为模型是理想化的，并不适用于所有情况。在某些情况下，如量子互补性，模型的不可通约性可能不会导致信念的不一致，因为我们认识到，其中一个模型不应适用于当前的情形，因此我们并不赞同将该模型应用于这个情形，而是根据该模型做出判断。

第四节 对认识论说明地位的看法

我对标准认识论观点提出的批评的基本路线是，虽然每个人都可能挑选出与保证的评估相关的因素，但没有一个因素能够说明全部情况。在基础主义和融贯主义的情况下，问题是，作为一般理论，它们遗漏了重要的东西，或者弄错了一些东西。在可靠主义的例子中，问题是简单地诉诸"可靠性"并不能告诉我们太多关于可靠机制的心理本质。

基础主义、融贯主义和可靠主义通常被视为关于保证的竞争理论。在哲学论著中，一种主张的支持者通常会展示他们的理论如何很好地处理一系列特定的情形，但认为竞争的主张产生了关于哪些信念是得到保证的直觉的评估。这类论证的基本假设是，每一种观点都被认为是对同一事物的一种完备的、未理想化的解释：某种东西被称为"认知确证"或"知识"。但是，认知多元主义提出了不同于它们的另一种观点。每一个主张都是对认知评价的*一个维度*的*理想化*说明。信念可以通过不同方式与其他信念的关系来证明。正如基础主义者所说，我们从一些信念到其他信念的推理方式，与衍生信念的整体地位有关，各种信念之间的一致或冲突的方式也与他们的认识状态有关。同样地，在某种特定的情况下，由可靠或不可靠的机制产生的方式也与它们的认识状态有关。可以说，每个主张都提供了一种有用的方式来观察信念如何偏离其他信念没有把握到的事物。因此，我们可能会把不同的认识论理论视为一个问题的多重理想化方式（认知确证，或信念如何被视为知识）而不是竞争的说明，这是因为这个问题太复杂了，无法用单一的理论来处理，并提供了一种三角测量的方法，比我们从任何单一说明中都能得到更好的理解。

这种情境并不像人们想象得那样不常见。考虑一下**健康**这个概念。医学采用了健康的概念，但没有对其作出积极的说明。相反，医学研究一个有机体可以接近或偏离一个无法表达的理想标准的各种维度：各种形式的疾病、畸形、损伤和功能障碍。我称这类概念为——其中之一没有一种明确的积极说明，而是关于如何以不同方式接近或偏离理想的各种相关说明——一种*标准*。*健康*就是这种类型的概念，所以我认为，**知识**和*保证*也是这样。我怀疑，经过分析，其他重要的哲学概念，如**善**，也可能成为标准。

这里将认知多元的解释工具置于哲学理论解读的工作中。哲学理论本身就是模型，因此，它们有着以特定方式表征的特定内容领域。它们是理想化的，不太可能把握它们目标域中真正重要的*一切东西*，因此，在所有情况下，单一理论可能都不适当。事实上，我们在长期的哲学辩论中发现的这种情况，其中"竞争"理论的支持者都有一套核心案例，这些核心案例似乎可以被他们的理论恰当地处理，但其他理论却不能，这种情况可以诊断为这样的情境，在这种情境中我们有多个域重叠的模型，但其中没有一个适合*所有的*相关情况。

第十六章　认知多元主义与语义学

许多种类的事物被称为"有意义的"或"有语义内容", 其中一些是心理的: 概念、信念和其他倾向性的意向状态, 判断及其他偶发性的意向状态。其他的是语言的: 单词、短语、语句、言语行为、话语、铭文。有人会说, 逻辑有自己的有意义单元, 这些单元既不是真正的心理的, 也不是真正的语言的: 有界变量、常数、谓词字母、弗雷格命题、完善的公式。这些有意义的实体也有各种各样的大小: 单词大小的单元(语言、概念、谓词字母中的词汇单元)、句子大小的单元(语句、话语、言语行为、信念、判断、命题、完善的公式)和更大的单元, 如论证。

在某种意义上, 我们因此有了许多不同类型的"语义单元", 它们在构成大小以及是心理的、语言的还是抽象逻辑的方面各不相同。但我们也可能会问, 这些类型的单元是不是*基本的*。关于这个话题的讨论, 通常会列出两个或三个候选答案。也许最常见的是, 原子主义和整体主义选项之间的双向区分:

> 语义原子主义把意义定向在单个词的层次上(每个词的意义都在其中); 语义整体主义把意义放在一个更广泛的层次上, 从一个不确定的连接单元网络到一个完整的语言。(Engler, 2011: 266)

形式语义学的传统是绝对原子主义的, 在这个意义上, 语义解释者对一个元素(如专有名称)的赋值, 被认为是可理解的, 独立于语义解释者对任何其他元素(如谓词或其他专有名称)的赋值。人们理解在地图上一个特殊的点表征克利夫兰市, 不需要知道其他点表征什么, 或者蓝色波浪线表征什么。形式语义学的任务是自下而上地解释语义相关的存在是如何系统地分配给复杂的表达式, 假定它们已经分配给简单的表达式。原子主义补充说, 简单的任务可以一个接一个地完成。相比之下, 推理语义学绝对是*整体主义的*。在概念内容的推理主义说明中, 除非一个人有*许多*概念, 否则他不可能有*任何*概念。因为每个概念的内容都是由它与*其他*概念的推理关系来阐明的。因此, 概念必须是封装的(尽管这并不意味着它们必须在一个大的实体中)。(Brandom, 2000: 15-16)

布兰登（Brandom）的主张"这并不意味着它们必须在一个巨大的封装包中出现"，导致了进一步区分——在全局整体理论与"分子主义者"（Block，1998）或"局部主义者"（Weiskopf，2009）理论之间，这些理论定义了个体概念与整体概念、信念和推理承诺网络之间的基本语义单元：

心理（或语义）整体主义是这样一种学说，即一个信念内容（或表达它的语句的意义）的同一性，取决于它在由一个完整理论或一组理论组成的信念或语句网络中的位置。它可以与其他两种观点进行对比：原子主义和分子主义。分子主义以网络中*相对较小的部分*来描述意义和内容，使得许多不同的理论能够共享这些部分。例如，分子主义者可能会说"*追逐*"的意思是*试图捕捉*。原子主义以意义和内容为特征，而*不是*以网络为基础；它认为，语句和信念的意义或内容独立于它们与其他语句或信念的关系。（Block，1998）

基于模型的认知多元主义显然支持"分子主义者"的语义学理论。然而，这一领域的大多数争论都将原子主义和整体主义视为一种选择，而且经常是一种理论在很大程度上宣扬另一种理论是不可接受的。人们普遍认为，分子主义者的主张并不是真正可行的第三种选择，理由是，除了整体主义之外，没有办法遏制语义相互关系的传递。*如果*我们假设唯一相关的单元是概念、信念和推理，那么分子主义可能是正确的。然而，这正是认知多元主义不同于常见理论的地方。心理模型是一种独特的心理单元。此外，心理模型并没有被*定*义为概念、信念和推理之间的相互关系，在某种意义上不是由它们*构建*的。它（心理模型）被认为是认知架构的一个真正特征，因此可以为模型*内*的构成关系提供一个原则性的基础，这种关系可以区别于与模型*外*的事物的单纯认识和推理关系。这正是分子主义者需要摆脱的观念，即有一种不可避免地滑向整体主义的倾向。

第一节　模型和语义价值

几十年来，科学哲学家们普遍接受这样一种说法，即一门科学中的理论术语是与该理论中的其他术语组成性地相互定义的。理论术语的意义——至少在宽泛但合理的"意义"的含义上，包括一个人倾向于通过理解这些术语而得出的构成性推论——也是从理论中衍生出来的。但科学理论并不是唯一的正确的理解形式。掌握了**国际象棋—象**这个概念就等于理解了国际象棋这个游戏，理解了象是国际象棋的棋子，它们可以在游戏中沿对角线移动。要掌握*服务员*这个概念，就必须理解用餐环境中,有些人扮演着为他人提供食物的角色,服务员接受顾客的点菜,并带上食物和饮料。事实上,人们往往是通过观察一种行为来决定某一特定概念是否适用于某一特定情况的。如果我看到有两个人在沙滩上画了一块 8×8 的方格,并且在移动两个空格之间的一块石头,那么我可能会判断他们在下棋,并确定其中一块石头是象,因为它是对角线移动的。在餐厅里,我可以断定某人是服务员,因为我观察到他在点菜和送菜。

一个词或概念的意义,部分取决于它所使用的推理,这是推理语义学的核心。但是,并非所有我们倾向于得出的推理,都被合理地视为与概念的语义价值有关。一方面,存在基于句法的推理。如果我根据命题的句法性质进行三段论推理,那么所涉及的概念的语义价值与运作中的"推理倾向"无关。我可以做出或倾向于这样的推理,而不会对我的**服务员**概念产生任何构成性影响。另一方面,我们的推论仅仅是基于联想。住在纽约或洛杉矶的人可能会把服务员和失业的男女演员联系起来,甚至可能认为所有服务员都有戏剧的愿望。然而,这并不是**服务员***语义学*的一部分。更确切地说,它是建立在一些额外的信念上的,或者仅仅是建立在一种偏见上,我甚至不会深思熟虑地赞同这种信念。面对一些甚至大多数服务员都没有雄心壮志的证据,我不会强迫自己改变自己对**服务员**的看法,它最多能消除我的偏见。与其他*一些*概念的联系,以及与*特定的*信念和推理的联系,是概念语义属性的重要组成部分,但并非*所有*的语义和推理联系都*构成*了概念的语义价值。

但是,我们如何区分在一个概念的语义中包含哪些其他概念和推理呢?根据前面的几章,答案是这样的:在同一个模型中涉及的那些概念和推理可能是相互关联的,而在这个模型之外的那些概念和推理则不是。推理语义学得到了正确的东西,但它本身没有资源来区分不同类型的推理倾向。我们需要一种有原则的方法来划定这种界限。基于模型的认知多元主义提供了一个很有前途的候选答案:模型*内*的连接可能是概念语义价值的组成部分,而基于模型外事物的倾向则不是。

然而,这里有一个重要的问题,我将在本章末尾讨论:一些概念似乎出现在多个模型中。**行星**的概念可能出现在我们自己的太阳系模型中(它适用于少数物体),也可能出现在更一般的引力系统力学模型中(它适用于无限数量的物体)。像**水果**和**蔬菜**这样的概念似乎出现在生物学、烹饪和营养模型中,但它们的外延在不同的模型中是不同的。根据生物学分类法,西红柿是水果,但根据烹饪分类法,西红柿是蔬菜。质量的概念存在于经典理论和相对论理论中,但它们有不同的蕴含和不同的意义。这就提出了关于概念的同一性条件的问题。这也表明我们可能还需要找到一种方法来说明概念的全部内容并没有完全包含在单个模型中,或者说在不同模型中发现的概念实际上是不同的概念,尽管我们使用相同的单词来表达它们。

第二节　认知多元主义和其他语义理论

现在让我们转向基于模型的认知多元主义语义学和最熟悉的替代方法之间的关系，以及认知多元主义对这些理论的影响。主要的语义学理论是原子主义和整体主义。从基于模型的认知多元主义的观点来看，每一种理论都是有问题的。

一、原子主义

关于语义原子主义的讨论包含了几种重要的不同类型的考量。原子主义的一个分支观点是，句子大小单元的语义值——自然语言语句、信念、判断、命题和逻辑上完备的公式等——具有（a）单词大小单元的语义值和（b）句子大小单元的逻辑或句法结构的功能。语义值的基本轨迹是以单词大小为单元的，如单个概念或单词。

从分析视角看，我们可以区分较弱的论点和较强的论点：

组合性（弱）：每个句子大小单元的语义值是（a）其组成单词大小单元的语义值加上（b）其组合句法（或任何在判断中起类似句法作用的东西）的功能。

语义独立性（强）：每个单词大小单元的语义值，独立于使用单词的句子大小单元，包括涉及单词大小单元的信念和使用单词的判断。

这两个命题是否等价，取决于假定的"独立性"概念。存在一个明确的意义，即**单身汉**的概念不能"独立"于关于单身汉是未婚的判断或信念的承诺。不能说一个人拥有**单身汉**这个概念，而不能承诺单身汉是未婚的。但是，也存在一种更具方向性的"依赖性"和"独立性"的概念，它关注的是更根本的东西。例如，一种语义学理论认为，像"所有的单身汉都未婚"这样的分析句是正确的，因为**单身汉**这个概念*包含了***未婚**这个概念。这会使"所有的单身汉都未婚"的判断成为**单身汉**这个概念语义学的*结果*，而不是相反。

但是，无论人们是否认为语义值和认知承诺之间存在这种单向依赖性，可能仍然存在一种*组成*依赖性："所有单身汉都是未婚的"这句话的含义是由其成分和句法结构构成的。这里要避免的潜在混淆是：

1. 在一个单词大小单元 w 的语义值 M(w) 与含 w 的句子大小单元 s 的语义值 M(s) 之间的关系；

2. 在单词大小单元 w 的语义值 M（w）与一个人的承诺之间的关系，（a）认为含有 w 的句子大小单元 s 为真，或（b）从 s 推断出句子大小单元 s*。

狗这一概念的语义价值使我们认为"狗是动物"是真的，并允许从"x 是狗"到"x 是动物"的推论。同样，它也使我们认为"狗是蔬菜"是假的，对"狗是教皇方济各最喜欢的动物类型"这一真理没有任何承诺。但是，所有这三个句子中的这些意义，是以同样的方式被建构的，是从它们的组成部分的语义值和各自的句法结构中建立起来的。原子主义者与整体主义者和分子主义者之间的区别不在于（通常）句子大小的单元是否在构成上得到它们的意义，而在于（或在一些情况下）认识和推理的承诺是否是单词大小的单元本身所具有的某种东西的结果，或者单词单元是否因为认识和推理的承诺而具有这样的语义属性。

语义原子主义的一个更严格的概念增加了一个附加条件，即一个单词大小单元的语义值不能依赖于它与其他单词大小单元的关系：

语义原子主义者认为，任何表征（语言的、心理的或其他）的意义都不是由任何其他表征的意义决定的。从历史上看，18 世纪和 19 世纪的英美哲学家认为 X 的概念是关于 X 的，因为这个概念在物理上类似于 X。相似理论不再被认为是可行的，但许多当代语义原子主义者仍然认为，基本的语义关系是概念和它所适用的事物之间的关系，而不是概念本身之间的关系（Lepore，1999：829）。

按照这个标准，如果**单身汉**包含了其他的概念（**男人**和**未婚**），那么**单身汉**这个概念就不是一个语义原子了。旧的语义学定义方法主张，我们用更简单的原子概念来定义许多概念，也许是大多数的概念，而要让这样一个理论起步，它必须假设一定存在一些原子概念。当然，问题是什么类型的概念能以这种方式成为原子式的。英国经验主义者和一些早期逻辑实证主义者探索出了一个答案，即最好的候选者必须是类似洛克关于感觉的简单想法，或者在最近的正式表达中，是感觉数量或感受性质。最近的其他原子主义，试图在思想者和一个对象或一类对象之间的因果关系和信息关系中建立语义原子。根据一种因果理论，一个概念 C 意味着 X，这是因为 Cs 确实是由 Xs 引起的（Fodor，1987）。在另一种类型的因果理论中，C 意味着 X，这是因为 Cs 是由 Xs 在特许的参考固定期内引起的（Kripke，1980）。在德雷斯克的远程语义学说明中，当且仅当 C 具有指示 Xs 的功能时，C 意味着 X（Dretske，1986，1988）。可以说，任何这样的说明只适用于一个人拥有的概念的子集（在一种情况下，是感官数据；另一种情况下，是"自然-种类"概念）。

让我们进一步区分一些有时与*原子主义标签*有关的主张。

A1. 概念的语义独立性：概念的语义价值固定在概念层面，不依赖概念以外的认知单元（如信念、推理倾向、心理模型）。

A2. 原子和非原子概念：至少有些概念是原子的，在某种意义上，它们的语义价值不依赖于它们与别的概念的关系。

A3. 没有非原子概念：所有概念都是 A2 定义的原子概念。

第一个论题，概念的语义独立性，可以独立于其他两个论题。有人可能会坚持概念意义的网络理论，同时否认一个概念的语义值是由任何其他类型的认知单元决定的，比如信念、推理倾向或心理模型。A1 是对推理语义学的否定，因此是语义学非推理主义解释的标准假设，但这类解释的显著特征在于它们如何超越 A1，以提出关于概念的语义值如何固定的主张。从历史上看，概念语义学的主要观点是一种*定义明确*的观点，这种观点认为大多数概念是由相对较小的原子概念构成的，这些原子概念被认为是先天的想法或通过感官经验获得的。鉴于我们经常通过口头定义来*学习*概念，这种观点可能会让很多人觉得最直观可信。然而，从 20 世纪 70 年代开始，哲学家们在索尔·克里普克（Saul Kripke）（Kripke，1980）和希拉里·普特南（Hilary Putnam）（Putnam，1975）的批判下，开始质疑定义明确的观点。克里普克和普特南认为，至少有些概念的表现更像是专有名词，指称的是外延中的对象，不是通过选择它们的属性，而是通过一种基于因果关系的直接指称。杰瑞·福多（Fodor，1998）和露丝·米利根（Ruth Millikan）（Millikan，2000）是比较著名的哲学家之一，他们提出了否定概念具有内部结构的语义解释，并接受了有点违反直觉的观点（A3），即所有概念都是原子的。当然，这个理论还有一些潜在的问题，它们不会影响 A1 和 A2。但是，由于原子主义、整体主义和认知多元主义之间的问题可以结合前两个主题来考虑，而不用涉及 A3 提出的进一步问题。因此，我将使用"原子主义"这个标签来指包含 A1 和 A2 的观点。

从认知多元主义的观点来看，语义原子主义的问题在于，它无法解释概念、信念、推理倾向、感知能力和行动能力等之间在模型中的构成性联系。我对象棋中象如何被允许移动的理解的改变，也是我对象棋中象概念的改变。这与我们熟悉的反对原子主义的整体主义论点类似，但重要的区别是，认知多元主义者认为，在一个模型*内*、模型*外*或模型*间*的情境之间存在着原则上的差异。

此外，认知多元主义者不需要认为原子主义的故事没有任何正确之处，也不需要认为不存在它拥有最好故事的概念。认知多元主义者需要坚持的是，*在基于模型的理解的情况下*，概念的语义必须是与别的概念的语义以及模型的规则、表征体系和推理承诺构成联系的。认知多元主义与这种想法相兼容，即*也存在*一些情况下，我们的概念在模型中不是以模型这种方式为基础的。事实上，我认为，在某些学习语境中,概念可以(至少最初)被获得,而不需要与形式规范的模型相关联。当我们遇到一种新事物时,如果我们还没有对它有任何具体的理解,那么这个概念很可能会以一种非常像一个概念原子的形式出现。当我们通过语言定义学习一个概念时,它可能与别的概念有构成性依赖关系。我们通过其他概念定义这个新概念,但新概念尚未嵌入模型中。我倾向于认为这些主要是学习过程的特点,这通常会导致一个或多个模型的嵌入,但这是一个经验假设,需要仔细探索。

二、整体主义

概念整体主义是这样一个命题:我们所有的概念都是构成性的相互定义的,任何一个概念的改变都等于所有概念的改变。此外,整体主义一般不局限于语义学。例如,奎因(Quine, 1951)和戴维森(Davidson, 1967)的整体主义假设了人的所有概念、信念和推理承诺之间的结构性联系。

基于模型的认知多元主义还假定概念、信念和推理承诺之间存在构成性的相互联系。因此,基于模型的认知多元主义与整体主义有着重要的相似性。它们的区别在于范围。整体主义者认为,所有概念、信念和推理承诺之间都存在这种构成性的相互关系。认知多元主义者发现它们仅仅(或*主要地*)存在于一个模型的概念、信念和推理承诺中。整体主义者认为,与概念语义相关的网络是完全*全局的*。认知多元主义者认为,这是一种心理模型。

区分两种类型的整体主义主张在这里会有所帮助。第一种是,任何理解领域(包括我们还不理解和完全不知道的事物)的任何东西,原则上都可能被证明与任何其他概念、信念或推理承诺有关。因此,任何地方对任何单元的改变都可能需要在其他任何地方进行调整。认知多元主义者可以接受这是一种"对我们全部所知"的主张:我不能预先排除这样一种可能性,即我对物理学理解的某些变化,可能会迫使我重新思考我如何理解象棋、餐饮或伦理等其他领域。这似乎不太可能,因为我看不出它是怎么出现的。这在一定程度上是因为,我无法预料我对物理学的理解有一天会发生什么样的变化,而这些变化可以做出这样的调整。出于这个原因,我不能预先明确地说,还有哪些其他的理解领域与之隔绝。

第二种也是更强类型的整体主义观点是,每一个概念、信念和推理承诺都与每一个其他概念、信念和推理承诺*构成性*地联系在一起,*从而*任何改变都是对系统中其他一切事物的改变。认知多元主义与这样一种*构成性*整体主义的不同之处恰恰在于,构成性整体主义似乎是最脆弱的领域。概念、信念或推理承诺的改变对其他概念、信念和推理承诺都有影响,但这些影响是有限的。如果我改变了我的理解，比如说，一个骑士如何在国际象棋中移动，那么这显然意味着我需要调整我对**象棋-骑士**这个概念的理解，以及我对国际象棋理解的其他方面。但是，这并不意味着我需要同样地调整我对力学或餐厅礼仪的理解。类似地，从经典力学到相对论力学的转变涉及**质量**和**空间**概念的变化，以及*力学领域内*的信念和推理承诺的变化，但它不必对我对象棋的理解或**祖母**这样的概念的语义产生丝毫影响。认知多元主义为这种常识性的洞见增添了一种理论，解释了为什么它可能是正确的，即存在一种不同于概念、信念和推论的心理单元（心理模型），这种心理单元为这种变化应该分化到什么程度设置了界限。基于模型的认知多元主义意味着，至少存在一部分概念语义学是由分子主义图景进行最好的描述，但认知多元主义在提供关于什么是真实的理论说明方面，超越了对语义分子主义的简单断言。

简言之，整体主义使一些事情成为正确的：①意义上的某些变化确实或应该构成其他概念和信念上的变化，反之亦然；②我们所相信的东西在某些方面与我们所使用的术语的语义构成性联系起来。但整体主义在成为一个完全全局性和普适性论题上犯了错误。并不是所有的信念和意义的变化对一个人认识空间的其他元素都有相同的影响，整体主义缺乏处理这些差异的资源。

第三节　概念的多重生命

到目前为止，我们的讨论可能会对概念及其与模型的关系提出一种特殊的观点。如果在一个模型中使用的概念，如**象棋-骑士**或相对论引力模型中使用的**质量**概念，与模型中使用的其他概念以及模型的规则和表征系统构成性地相互定义，那么这似乎表明每个概念都存在于一个模型中。此外，它还可以用于将不同模型中的概念结合起来的语言推理。它与其他模型中的概念之间可能存在关联，但这些并不*构成它是什么概念*。我将把这一主题称为概念的*住宅模型*观点，即每个概念都定居于一个单一的模型中。

如果我们接受这样一个更大的论点，即模型形成了紧密集成的单元，其中概念和推理承诺是构成性地相互关联的，那么这可能是建议一种关于概念的住宅模型观点。但也有理由怀疑，住宅模型的观点不可能是正确的，或者至少它不可能是关于概念的完整叙事。一方面，我们有理由认为，一些概念或与概念非常相似的东西根本不需要置于模型中，这些概念起着更直接的作用，并将刺激分为不同的分类。心理学中许多关于概念的文献主要是关于分类的，而且重要的是检查概念是分类工具这一观点与住宅模型观点之间的关系。另一方面，我们有理由认为一个概念可以在多个模型中发挥作用。至少，我们经常使用同一个*单词*来表达基于多个模型的判断和推理。乍一看，这种情况往往看起来不像是一个简单的同音异义词，而是一个横跨多个模型的单一概念。

我认为这两个问题都是真实存在的，它们表明有必要超越概念的住宅模型观点，而不排斥这样一种观点，即概念的许多语义内容都来自它们所起作用的模型。当然，在决定什么叫"概念"，什么叫其他名称时，涉及一定数量的术语选择。例如，在知觉中用于分类的心理单元，是否与在基于语义的推理和离线模拟中使用的单元是相同种类的实体。但是，无论我们在术语上做什么选择，我们都需要尊重相同的数据。在这种情况下，我认为最好的进路是把概念看作复杂的混合实体，必须理解它们与不止一种心理系统的关系。基于模型的语义仍然是这个叙事的一*部分*，但它不是*整个*叙事。

第四节 无模型的概念

我将探讨三个理由，认为概念可以不嵌入心理模型而存在。第一，在心理学中，概念通常主要被视为分类的单元。（虽然这通常是一个隐含的假设，但讨论的真正核心往往是*在知觉上*的分类。）分类*能够*在没有心理模型的情况下发生。因此，如果概念可以（仅仅）成为分类的工具，那么它们就不需要嵌入到模型中。第二，在一些非人类动物物种中，我们可能有理由怀疑与推理语义相关的各种模型的存在，但仍然有理由认为动物有概念（特别是在知觉分类中使用的事物的意义上）。第三，概念*学习*似乎不需要掌握相关的模型。事实上，在学习模型的过程中，我们往往会在尚未掌握模型的早期阶段就学会识别与模型相关的对象类别。

在心理学概念的讨论中，我们发现大量的焦点集中在概念作为分类工具的作用上，特别是在原型和范例理论的支持者中。概念原型理论的先驱埃莉诺·罗斯克（Eleanor Rosch）写道：

> 两个分类形成的一般和基本原则业已被提出了。第一个原则是分类系统的功能，并认为分类系统的任务是以最少的认知努力提供最大的信息。第二个原则是所提供信息的结构，并认为*感知世界是结构化信息*，而不是任意或不可预测的属性。如果分类尽可能接近*感知世界结构*，那么则可获得最小认知努力的最大信息。（Rosch，1978/1999：190；斜体字为本书作者所加）

罗斯克对"感知世界"的强调表明，该理论的核心关注点可能更狭窄地涉及

*感知中*的分类。这一点在范例理论中更为明显，范例理论将概念视为（或涉及）一个类别范例的存储记忆痕迹（Smith and Medin，1981）。

知觉分类，或者说一般的分类，并不是概念理论所要解释的*唯*一东西。但是，它是概念在我们心理活动中的重要作用之一。心理学中的分类理论大多把分类过程看作是基于*特征*的分类划分。在经典理论中，这些特征可以被认为是为概念适用性提供必要和充分的条件。相比之下，原型和范例理论是*概率论*的：一个概念是由一组原始特征或存储在记忆中的一组范例的匹配过程激活的。这个过程可能涉及刺激与多个原型或范例的比较。并且，可以对这个过程的动态进行调整，以激活与刺激最适合的概念。模型应该支持的那种推论关系并不需要包含这方面，而且很明显的是，不需要心理模型的分类机制是可能存在的。

此外，似乎可以合理地假设，有一些类型的动物心智拥有分类机制，这种分类机制介于知觉输入和行为控制之间，而*没有*嵌入到内容领域的心理模型中。只有当你在认知结构的刺激端和运动端之间插入了概念之类的东西，你才能获得有用的认知类型。（概念之类的东西，如果你更愿意将这个词语限制在人类或其他语言使用者或其他有意识的存在身上，那么就是*原型概念*或*特征聚合物*。）我们这样思考它：运动反应的成功与否，往往很少取决于一个可供性或对象是通过什么感觉通道被探测到的，而很大程度上取决于它是通过*何种*可供性或物体被探测到的，以及它所处的*状态*。此外，可以有许多刺激是单一类型的可供性（关系上打入）或对象（"客观地"打入）的线索，并且可能存在许多运动图式对回应可供性或对象是有用的。因此，对于动物来说，在其认知结构中存在一种介于感知和运动控制之间的元素是很有用的，这种元素是一种中央信息交换所，用于需要结合在一起的各种感觉和运动图式，但并不与其中任何一种联系在一起。这允许动物有一个灵活的方式来检测和回应同一类东西——以一种*对待它们作为*同一类事物的方式。看来，在感觉和运动处理之间插入的这种"概念"（或"原型的"）层次，可能是我们应该在一系列物种中发现的东西（在那些物种中感知输入与行为反应更紧密地耦合在一起），以及那些能够获得学习模型的物种（图16.1）。

此外，有些时候，当我们人类学习一个概念时，我们并*没有*那种能够让我们用它进行推理的理解。我们可能有一些概念，我们只用其将事物识别为一个类别的成员。即使是在获得模型的过程中（比如，当我们学习下棋时）也存在一个早期阶段，我们能够做一些事情（比如识别不同种类的棋子），但还不知道如何使用它们，或者把它们*当作棋子*来思考。在这个阶段，我有一个概念，我用"骑士"来表达。它还不是**象棋-骑士**的概念，因为我不了解游戏或骑士在游戏中扮演什么角色。（这里的**骑士**也不是用来理解一个特定的封地角色的同一个概念。）但它仍然是*某种*概念。（事实上，我将在本章后面的部分论证存在一种心理意义，在

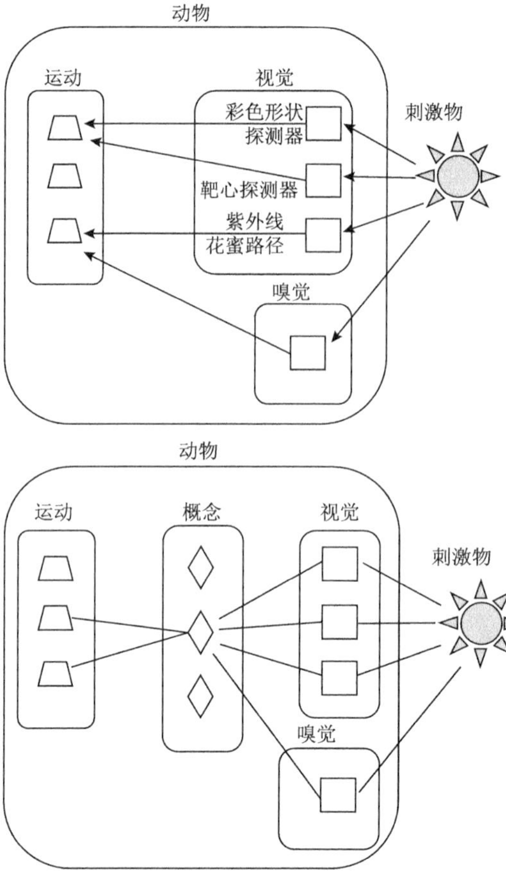

图 16.1 作为特征聚合器的概念。两幅简单的认知结构图。在第一幅图中，感知特征检测器（用于像彩色形状和花蜜路径这样的特征，从花朵到鸟类或昆虫）直接驱动运动控制。在第二幅图中，中间层被插入，中间层响应许多特征，无论是单独的还是组合的特征，并且中间层可以驱动多个运动响应。这种结构允许生命体从多个不同的线索中，检测相同的对象、属性或可供性，并将它们视为行为反应的等价物。

这种心理意义上，它甚至可能是同一个概念。也就是说，同一个概念是同一个心理连续物，随着时间的推移而被编辑。）

当然，这里也存在术语选择的问题：我们是应该讨论那些*仅*用于归类为"概念"的认知单元，还是为它们找到其他的术语？而且，特别是在更简单的动物思维的情况下，我们到底应该使用"概念"这个词，还是其他一些术语，比如"原型概念"？我们在这里所做的选择，可能会对避免在完备阐述概念的背景下产生误解产生重大影响，但我在这里的雄心要小得多。因为我要论证的是，在某种意义上，"同一个概念"作为一个心理连续物，在其性质的变化上是可以持久的，

第五节　具有多模型的概念

还存在另一个相反的问题，因为乍一看也是如此，即一个概念可以出现在多个模型中。至少，我们经常用*同*一个单词来表达基于不同模型的见解。当然，单词可以是同一个词，表达不止一个概念。bank 一词可以指一种存放货币的地方（银行）和河床的一侧（河畔）。在这两种用法中，它表达了不同的概念。但是，住宅模型观点将产生更为激进的后果。银行机构存在多种模型，如建筑模型、投资人使用的进行各种金融交易的模型、金融中使用的经济模型，这些模型都必须采用不同的概念。所有这些都用英语单词 bank 来表达。从分子推理语义学的观点来看，这可能是有吸引力的，与不同模型相关联的使用产生不同类型的推理。但是，这似乎也有悖常理，它提出了一个问题，即当我们通过不同的模型思考同一个机构时，我们如何知道（或者至少为什么我们有这样的感觉）我们在谈论同一个机构。我们不能*只*使用同一个*词*，因为一个词可以用来谈论不同类别的事物，比如金融机构和河床的一侧。在那些情况下，我们没有类似的原因来假设只有一个单一的概念。

考虑其他一些例子。毫无疑问，存在许多不同的模型来处理奶牛。牧人可能有这样的心理模型，即奶牛是如何单独或成群地游荡的，以及如何与它们互动，诱使它们去牧人希望它们去的地方；养牛的人对牛的不同遗传性状，以及如何通过选择性育种将它们结合起来，有着不同的心理模型；野生动植物生态学家在野外有涉及牛及其对特定环境的影响的生态模型；等等。他们都用"奶牛"这个词来谈论同一类的事物，而且不需要特别的心理训练就可以认识到，通过不同的模型，人们以不同的方式理解的是一类的事物。自然得出的结论似乎是，存在一个单一的概念，**奶牛**，它出现在许多模型中。

一个稍难的案例涉及理论分歧和理论变革。经典力学和相对论力学都使用了"质量"一词，尽管这两种理论中"质量"一词的基本含义有很大的不同。在某种意义上，我们可能倾向于说，经典力学中使用的概念 M_c 与相对论力学中使用的概念 M_r 是不同的概念。可能有相当数量的出版物将"经典的质量概念"与"相对论的质量概念"进行了对比。然而，说它们是"同一事物的概念"似乎也很自然。M_r 是 M_c 的一种改进，尽管是在整个理论的层面上进行更大规模的变革才能实现这一目标。

我们怎样才能理解概念的改变呢？在这里，我们似乎面临着一个两难境地。

一方面，对概念的*语义*方法使我们倾向于这样一种观点：概念是由其语义属性构成的，广义地解释为包括构成性推理。如果概念 C_1 和 C_2 具有不同的语义属性，那么它们就是不同的概念。另一方面，我们似乎能够*对*一个概念进行至少细微的调整。一个孩子一开始可能认为狗是家畜，每只狗都是某人的宠物。这甚至可能与他对狗的理解紧密地联系在一起，以至于构成了他的概念**狗**的一个组成部分。如果是这样的话，那么当他摆脱这个假设时，他的概念**狗**就经过了一定量的修正。说他失去（或停止使用）一个概念而获得（并开始使用）*另*一个概念，这似乎并不自然。

这种两难困境也可以被认为是两个人是否有相同的观念的问题。四岁的亚历克斯和他的姐姐贝蒂经常谈论狗。亚历克斯对狗的概念包含了一个隐含的假设：狗是人们的宠物。当第一次有人告诉他某条狗是*无人领养的*狗时，他会感到很困惑。贝蒂知道有野生狗、野外狗、流浪狗等。亚历克斯和贝蒂有"相同的概念"吗？一方面，我们可能倾向于说*不*，因为他们用"狗"这个词表达的概念有不同的语义属性。另一方面，他们可以毫无困难地谈论同一类动物，如果贝蒂试图推翻亚历克斯的假设（狗一定是宠物），亚历克斯一开始可能会感到困惑甚至不相信，但他很清楚贝蒂说的是哪一类事情——和他的概念**狗**，选择的是同一类事物。（事实上，正是因为亚历克斯能够做到这一点，他对贝蒂的说法感到困惑，这违反了*他的*概念**狗**的构成性规则。）

解决这一困境需要以下两种额外的资源。第一种涉及概念的两个*方面*（甚至可能是*组成部分*）：一个是涉及构成性语义连接的"内涵"成分，另一个是具有跟踪特定个体、种类、属性、关系和过程功能的"外延"或"外显"成分。第二种资源是区分概念的两种类型：根据其语义属性和作为个体心中的心理连续物。

一、内涵与外显

首先是内涵成分和外显成分的区别。通过考虑我们对个体的概念的认识，而不是我们对种类、性质、关系或过程的概念的认识，更容易找到一个切入点。我们认为个体拥有恒常的属性，并且属性会随着时间的推移而改变。要想思考一个人或一个物体，就必须有能力将其看作一个相同的东西，尽管变幻的属性不断变化：苏格拉底先坐着，接着站着，睡着了，然后在阿戈拉广场上聊天，蓄着胡子，然后剃了胡子。不过，"恒常性"和"变化性"之间的界限有点模糊：我们可能认为一个人的相貌和性格是相对稳定的东西，但事实上两者在整个生命周期中都会发生实质性的变化，也可能经历迅速而剧烈的变化。究竟*什么*变化不迫使我们得出结论说,我们所认识的那个个体不再存在,这似乎是开放的,这一事实反映在对立的个人同一性的理论和对象的同一性条件的理论中,以及反映在决定胚胎何时成为一个人所涉及的问题上。

对于这一点,最简单、也许也是唯一的解释似乎是,个体的概念(无论是人还是物体)涉及多个组成部分。其中一些涉及属性的归属,可能是在我们表征我们认为恒常的属性(甚至可能被认为是本质的一部分)和那些转瞬即逝的属性的方式上,存在着重要的心理差异。但除此之外,似乎还必须存在一个更为*外显*的组成部分——这一组成部分具有通过变化跟踪特定个体的功能。我们需要跟踪的"变化"不仅是个体的真正变化,而且是我们*关于*那个个体信念的变化。我知道苏格拉底,认为*他*是一个斯巴达人,但后来我改变了主意,确定*他*是一个雅典人。我看到路上有东西,把它当成石头直到它移动,我从另一个角度看*它*并得出结论,*它*是某种动物。我不是简单地先想到"有一个斯巴达人",然后否认这一点,再然后想到"有一个雅典人",或者先想到"有一块石头",然后想到"有一个动物"。我不是简单地记录(并改变我的想法)属性实例的存在;我一直在跟踪一*个个体*,我把不同的属性归结到这个个体身上。事实上,在某些情况下,我可能掌握的信息太少,以至于我只能简单地断定那里有*某种东西*(某个特定的个体事物),而没有*任何*关于它是什么的具体假设。在漆黑的夜晚露营,我听到树林里有响声,我想"外面有*什么东西*",然后也许我会狂热地想象关于它可能是*什么*的各种假说。

对于那些对哲学史感兴趣的读者,我认为我正在发展一种在哲学史上出现过好几次的见解。亚里士多德声称一件事总是"这个—那样"(*tode ti*)。我用认知的术语来解释这一点:*想到*一个事物(*作为*一个事物,也就是说,作为一个特定的个体)是拥有它的一个概念,其组成部分①旨在跟踪它作为一个特定的个体["这个特性"(this-ness)]和②赋予它特定的属性["那样特性"(such-ness)]。我的主张似乎也与胡塞尔所说的非常相似。胡塞尔所说的关于一个事物的思想的核心[他称之为"思考的此在"(noematic Sinn)],不仅包括描述性成分,还包括他所说的"纯 X",我认为"纯 X"意味着一个外显的类似名称的元素,具有追踪个体的功能(Husserl,1913/1989:§131)。

我认为关于其他种类的概念也存在类似的叙事:种类、属性、关系和过程的概念。或者更仔细地说,至少*某些*种类、属性、关系和过程的概念具有类似的特征。用种类的概念看情境是最清楚不过的。我们的心智不仅倾向于用系列的种类思考,而且在面对一些似乎不适合我们已经知道的系列种类的事物时,也会迅速形成新系列的种类的概念。当我们遇到一个不熟悉的现象,特别是一种新的动物或植物时,尽管这不是唯一的情况,但我们很快就形成了一种概念的存根。这涉及一个隐含的假设，即*存在*一种东西需要跟踪，尽管到目前为止我们还不太了解它。因此，存在一种外显行为，在这种外显行为中，我们抛出我们的语义钩，希望语义钩锁定在一个种类上，然后随着时间的推移收卷它，获得对它的更具体的理解，进而我们把它纳入我们的概念。当然，最初的默契假设可能被证明是错误的：我们观察到的可能是处于陌生状态的已知种类的一员，或者我们可能把真正的两个种类误认为一个，或者可能根本没有一个足够强大的现象可以算作一个种类。但是，我们要获得关于种类的更强大的理解，或者任何现象类型的更广泛的理解，首先取决于我们是否能够将我们的外显钩，作为一个概念所要跟踪的目标固定在其中，并且，在语义和认知发生变化的情况下，继续跟踪同一个目标[1]。

二、语义的与心理的分型

这很自然地产生了第二个观察：语义的和心理的分型（typing）之间的区别。存在一种完全合理的含义，其中出于语义的目的，人们可能希望根据概念的语义属性来分型概念，即使是在最细微层次上。许多哲学家都采取了这种方法，一些人得出结论认为，两个人不太可能共享许多概念，因为你的概念和我的概念在语义属性上，可能存在许多细微的差别。但前面的讨论表明，我们需要以不同的方式思考概念以作为*心理*实体的同一性。我在思考的基础上创造了一个新的概念，遇到了一个新的现象，而这个现象并没有被我现有的概念所捕获。我还不太了解这个现象，但一种新的心理结构被创造出来了——一种具有追踪*那*类现象功能的存根。然后，我探索和学习关于*它*的不同假设被编码在我的概念里。这种心理意义上的"概念"是一种*心理连续体*，其语义属性（特别是其意义）可以随着时间的推移而变化。亚历克斯在某个时候形成了一个概念狗，可能是通过与狗的早期接触。与此相关的还有各种语义属性，如狗是宠物。当他了解到一个令人不安的事实，即并非所有的狗都是*某人的*狗时，*那个*概念（在心理上个性化的意义上）将经历修订。

退一步讲，我们可以看到，这实际上是认知多元主义的基本观点在概念理论模型上的应用——比如，那些在语义上对概念进行个体化的概念和那些在心理上对概念进行个体化的概念。我们之所以称这些为主张、观点、模型或概念的理论，是因为一种假设，即存在某种它们都在寻求描述的真实东西。但是，他们用不同的方式来描述"它"，强调提供了明确见解和推理形式的不同东西，但理想化的方式会在我们试图把它们重新组合在一起时产生困惑[2]。例如，将概念视为由其语义属性个体化的东西，可以提供一种方式来审查它们如何表达可能共享的事物（属性），因为它们是抽象实体，尽管若定义的语义属性足够细致，*实际的*属性共享也会存在问题。相比之下，一个概念的心理学观念似乎不适合这种情况，因为它是一个单一思想中的连续性观念。另外，心理学观念允许我们解释我们心理生活中的连续性：我们不只是删除一个心理词汇中的一个元素，再创造另一个元素；我们是对一个先前存在的结构进行修正，这种结构在变化中持续存在，尽管形式有所改变。

三、模型内外的概念

我们现在需要的是一种将这个图景与基于模型的理解、语义和推理相结合的方法。要做到这一点，在我看来，我们需要假设不止一种心理实体。一方面，我们需要模型和作为模型组成部分的事物，包括与基于模型的判断和推理相关的表征类型。后者是我们在纯粹基于"住宅"模型的考虑中，可能会被视为"概念"的东西（称它们为概念－模型 CMs，因为*模型*中涉及*概念*的观念）。另一方面，我们需要一种站在模型之外的实体，一种准词汇实体（对于*词汇意义上的概念*，称它们为概念－词汇 CLs）。因为 CLs 需要能够改变它们的语义属性，所以它们的同一性不是由这些属性固定的。这就留下了一个我们应该讲述什么样的心理故事来描述它们的语义属性的问题，而且一个自然的假设是，它们通过以正确的方式与 CMs 的内部模型相联系，而具有语义属性。但是，由于 CLs 位于模型之外，单个概念 CL 可以连接到不同模型中的多个 CMs。我可以在一个单一 CL 的意义上有一个"单一概念"**奶牛**，它"参与"或"联系"各种放牧、物种生物学和草原生态等相关的模型。这样一个概念也可以随着时间的推移而改变它的语义属性，或者通过改变 CL 连接到的模型，或者通过改变 CL 连接到的模型内部。

似乎也有道理的是，在类语言的思维中使用的不是 CMs 而是与它们相关的 CLs。CLs 可以从字面上说是类语言思维中使用的准词汇单元。在默认情况下，日常语言很可能在 CLs 层次分配单词，而普通的同形异义词（*bank/bank*）涉及将公共语言的相同拼音单元意外分配给两个不同的 CLs。如果我们把这些同形异义词算作不同的词，那么一个词就是由一对相关联的词组成的，这对词由一个语音类型单位和一个 CL 组成。

第六节　走向概念的多因素图示说明

我们现在对概念的说明有几个限制：

1. 我们需要一种方法，将概念定向为涉及语义推理的事物。在一个多元的基于模型的主张中，这样做的自然方式是寻找模型中扮演这个角色的某些元素。在住宅模型观点中,这些单元可以算作概念。在一个更复杂的图式中,它们需要是某种可以构成概念的单元(概念—模型 CMs)。

2. 我们需要一种心理单元,它可以作为分类中使用的特征的集合。这样一个单元应该有可能独立于心理模型而存在,但它也可能被纳入一个模型中,或者这样一个单元至少作为一个机制的一部分,被用于选择将什么概念应用于一个刺激。

3. 我们需要一种方法来适应这样一个事实,即我们可以在多个模型中使用看似相同的概念。

4. 我们需要能够将概念视为在学习过程中可以改变的心理连续物。

5. 概念除了用于分类和推理外,还具有跟踪对象、种类、性质、关系和过程的功能。此外,这并不是一个仅从外部看就显而易见的事实,而是概念思维的现象学和逻辑结构的一部分。

6. 我们需要考虑语言中概念和词汇单元之间的关系。

7. 我们需要说明概念如何在类语言思维中发挥作用。

许多可能的理论模型可以作为满足所有这些限制条件的候选模型。充分列举它们并在它们之间进行选择,本身就是一个大工程,这需要大量的哲学分析和实证检验。这项工作可能需要一本书的工作来完成。因此,我将在这里尝试做的是更为谦虚的:提出我认为这样一个模型*需要*具备的要素,并为进一步的讨论和发展提出可能完成它的几种不同方式。我将参考图表来做这件事,我将从简单到复杂地构建图表。

让我用双线框表示个体模型,用单线框表示这些模型中与概念(CMs)相对应的元素。在该模型中使用的推理模式中起作用的 CMs 之间的构成关系,被表征为它们之间的联系(图 16.2)。

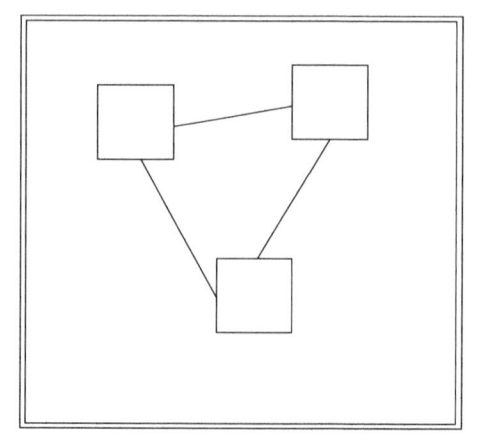

图 16.2 模型及其元素。模型用双线框表示。模型中与概念相对应的元素由单线框表示,它们之间的构成连接由连线示意性地表示。

我们还需要除了模型之外的单元。这些单元可以作为类语言思维中的准词汇单元（CLs），可以与 CMs 专门地联系起来，从而利用基于模型的推理。我将这些单元指示为下面这些阴影圆角矩形。特定的 CMs 的连接将用虚线表示，连接的 CMs 用阴影表示（图 16.3）。一个 CL 可以在多种模型中与 CMs 连接，例如，用于放牧、选择性繁殖和野生动物生态学的模型中包含的带有 CMs 的**奶牛**的 CL。

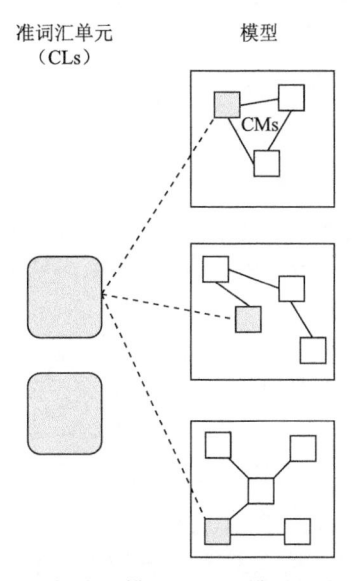

图 16.3　概念、概念－词汇 CLs 和概念－模型 CMs。模型外边的带阴影的圆角矩形表示 CLs。这些连接到模型中的元素。一个概念包括一个 CL 和它连接的 CMs。基于模型的推理可以应用于基于 CMs 的概念。

第一，作为第一个近似，一个*概念*涉及一个 CL 的连接网络和它连接到的各种 CMs（图的阴影部分和它们之间的连接）。与概念相关的推理能力在很大程度上是从其 CMs 及其嵌入模型的方式中派生出来的。但是，CL 使概念独立于特定的模型，并允许应用多个模型和跨模型推理。

第二，我们需要一种适应概念和特征之间关系的方法。这里存在两种可能的关系。一方面，概念可以由特征检测器激活，也许可以通过将特征合并为类别的机制来实现。另一方面，与概念相关联的特征将分类方案投射到世界上：特征分组定义了对象的主观范畴。同样，模型的构成规则投射出一类对象，其 CMs 适用于该类对象（对于出现在连接到同一 CL 的不同模型中的两个 CMs，这些可能不同）（图 16.4）。

·262· 认知多元主义

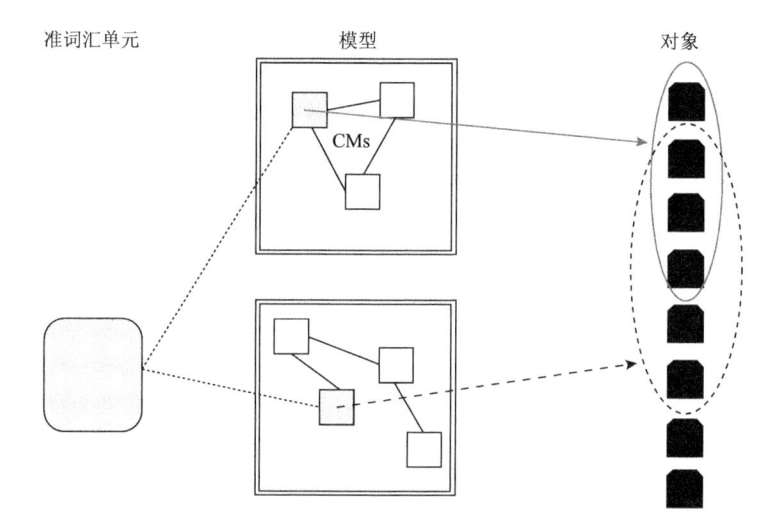

图 16.4 投影分类。模型的构成规则可以确定对象的投影类型或其 CMs 的属性，也就是通过应用于 CMs 的模型规则表征的一组事物。

关于我们的模型特征聚合器应该位于*何处*，这里存在几个可能的假设。对于不同类型的认知构架，答案可能是不同的。有些动物可能*只有*一些聚合器，而图 16.1 更恰当地描述了这些聚合器。在*人类*认知中，存在一个明显的问题，即特征聚合器（分类器、类别器）是直接激活 CLs、CMs，还是同时激活两者（图 16.5）。

然而，一方面，CMs 和特征之间的"外部"关系可能具有特殊的意义，因为它们可能提供了一种解释语义理论正确性的方法。语义理论将概念视为*决定*对象种类中成员资格的条件。在某种意义上，这是正确的，即模型确实投射了一个主观范畴，CMs 是决定对象投射类型的单元的自然轨迹。

另一方面，概念也有外显的元素。在某种意义上，我们可以有一个事物的概念——在一个概念具有跟踪这类事物的功能的意义上——而不需要对它的本质有具体的了解。即使我们误解了一种事物的本质，由一个 CM 产生的投射本体分类实际上并没有像我们所设想的那样挑选出某种事物，我们仍然可以有一种事物的概念。这要求我们在我们的模型中添加另一个元素：胡塞尔的"纯 X"概念的一个组成部分，它具有跟踪对象、种类、属性、关系或过程的功能。同样，在这个主题上也有一些变体，其中规范性外显关系与一个 CM、一个 CL、两个单独或整个构成概念的网络相联系。这里的图表（图 16.6）只展示了一种变体，但强调了一个事实，即一个概念的跟踪目标可能具有不同的外延，那是来自满足模型中隐含的任何规则的条件的一组事物。

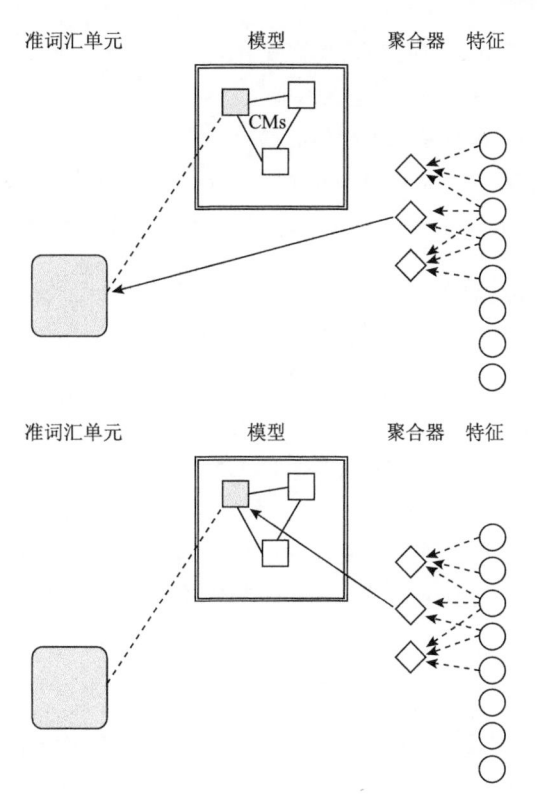

图 16.5 聚合器的两个可能定向。功能聚合器（菱形框）整合可检测的特征并激活概念的元素。在上图中，它们通过激活 CL 来实现；在下图中，通过激活模型中包含的 CM 来实现。

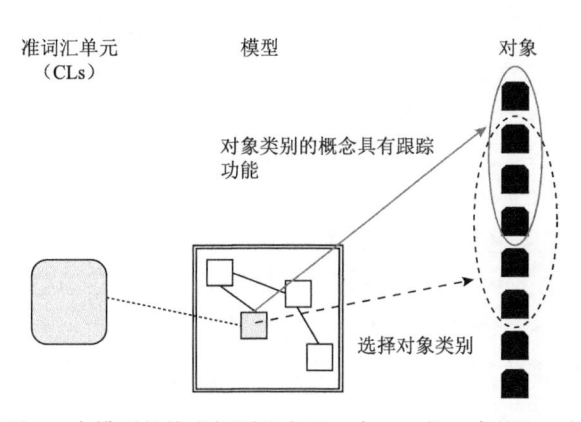

图 16.6 两个投影类型。一个模型的构成规则决定了一个 CM 的一个外延，由真正符合模型框架的东西组成（深色虚线）。但是一个概念也可能是为了跟踪一些可能被模型错误描述的事物，模型有一个不同的外延（实心灰线）。

这一总体模式还提出了不同类型的概念变化可能发生的几种方式。

1. 一个 CL 和模型之间的联系发生变化：
    a. 一个新的模型与一个 CL 相关联。
    b. 一个模型不再与一个 CL 相关联。
2. 对模型进行调整，导致模型中 CM 的构成特征与一个给定 CL 相关联。
3. 与 CL、CM 或模型关联的用于分类的功能聚合器发生更改。

CLs 的独立地位也使其成为非模型认知的单元，特别是在类语言思维中。在类语言思维中，我们发现了离散的词汇或准词汇单元，它们在类语言认知中可以是基本的单元。它们的语义属性并不是由它们作为类语言单元的本质决定的，而是由它们也是概念的组成部分这一事实决定的。语言和类语言思维以 CLs 作为它们的结构，但由于 CLs 与 CMs 相联系作为概念结构，语言也与基于模型的语义相结合。这种区分什么是语言的组成成分和什么被纳入语言的做法是相当有用的，因为这提供了一些关于无须语义属性的形式语言（不与模型或特征聚合器绑定的 CLs）的见解，以及我们如何能够在没有完全掌握相关概念的情况下，进行基于句法的推理。

第七节　关于概念和语义学争论的可能影响

我在上一节中提出的东西，应该被看作是概念语义学理论的示意性大纲。它不像一个理论那么具体，但它列举了一些进入一个理论可能需要的组成部分，并探讨了它们之间可能的联系的一些基本建议。

审视前面的提议涉及我们如何重新思考语义学中的哲学争论。关于语义理论的争论太频繁地被限定为非此即彼的争论，每个这些争论都关注不同的但可以说是同样合法的特征和关注点：意义、指称、真理或推理承诺，内在主义对外在主义，内涵对外延，原子主义对整体主义。有人试图超越这一点，比如菲尔德（Field, 1977）和布洛克（Block, 1986）提出的双重因素说明。我的建议是扩大这一方法来认识多种因素，这些因素不仅*是*语义能力的一部分，而且*必须*存在于任何具有人类所拥有的认知能力的有机体中，即使这意味着它们不能全部被紧凑和整齐的说明所容纳。

概念原子主义者和直接指称主义者有其正确之处。存在一个概念的要素，其功能是跟踪个体、种类、属性、关系或过程（取决于它是什么样的概念）：一个外显元素，类似胡塞尔所说的"纯 X"。就像通过不同的思考方式对个体进行三角测量一样，通过对"同一事物"的理解的改变来对"同一事物"进行思考是至关重要的，因此，概念有这样一个要素似乎是非常必要的。然而，在我看来，这里的外显跟踪关系不是纯粹的自然主义关系，如因果协变，而是一种*规范关系*。它不是概念的*唯*一重要语义特征。

推理主义者也有其正确之处。一个概念的语义本质在很大程度上取决于它与别的概念的关系及其构成含义。在我看来，这些不是在 CLs 这样的语言中，而是在嵌入到模型中的 CMs 中。基于功能的说明也有其正确之处。必须存在一些类似于特征聚合器的机制，这些机制构成了作为知觉类别的类，而这些是概念系统网络的一部分。不同的基于特征的说明，比如那些涉及描述、原型和范例的主张，在更细致的层次上也可能有一些是正确的。我们没有理由假设*只有一种方法*可以让心智检测和分组特征，并将它们作为分类的基础。内在主义方法有一些正确的部分：CMs 定义了一个由模型*输入*的属性构成的投射种类。但是，外在主义者也有一些正确的部分：概念，或其中的元素，旨在跟踪某些类别的事物，这些事物可能没有被 CMs 描述，或者可能被 CMs 错误地描述。

在这种观点下，特定的语义理论最好能被视为语义理解的*特定因素*的*理想化模型*。在一段时间内，将它们设置为直接竞争对手可能辩证地有用的，每一种竞争对手都试图解释语义的*一切*，因为这是揭示每一种竞争对手的局限性的有效方法。然而，当这种局限性被揭示出来时，要得出的结论并不总是说一个模型*什么都不对*，而是说该模型根本不适合处理一些事情，而这些事情可能会被其他模型所阐明。我建议的方法是，寻找各种可能需要的心理机制来支持概念和推理的不同方面，以及这些机制如何相互作用，即使它们的相互作用在逻辑上看起来并没有条理。逻辑条理性是一个值得称赞的理想；然而，我们的心智不是被设计成逻辑条理性的，而是做一些事情，比如跟踪对象和种类，对它们进行推理和预测，并从我们的错误中吸取教训。这种研究的结果很可能是，"概念"和"语义"比我们想象的要复杂得多。但是，这是前行的方向。

尾 注

第二章 认知架构的标准哲学观

1. "认知架构"(更宽泛地说是"认知科学")的定义在它从属的不同范围的心理的、心理学的和神经的现象上有所不同。一些人(例如,Pylyshyn,1991)将其范围限制在涉及语义内容的现象上。然而,另一些人则将其作为心智和大脑基本功能构架的通用术语。例如,在联结主义架构是否应被视为*认知*架构的问题上,这些用法是不同的。
2. 当然,丹尼特意识到了这一切。他在 1977 年对福多的《思想语言》的评论中谈到了这样的话题。
3. 这种方法的经典先例包括:Heidegger, 1927/1996;Merleau-Ponty, 1945/1962;Gibson, 1979。一些新近的重要出版物包括:Anderson, 1997;Chemero 2009;Clark, 1997,2008;Gallagher, 2005;Gallagher and Zahavi, 2008;Lakoff and Johnson, 1999;Noë, 2004;Shapiro, 2004;Silberstein and Chemero, 2011;Thompson, 2007;Thompson and Stapleton, 2008;Varela et al., 1991;Zahavi, 2005。

第五章 认知多元主义

1. *Alethetic* 意味着真理相关。*Aletheia* 是希腊语 "真理" 一词。

第七章 心理模型

1. 我在这里使用的术语 affordance("可供性")可能更接近唐纳德·诺曼(Norman,1988)的用法,而不是吉布森的用法。对于吉布森来说,可供性是环境的一个完全客观的特征,而这个特征恰好也与生命体有关。诺曼的描述更多地将可供性定向在有机体与环境的界面上。
2. 这在心理学文献中有时是模糊的,人们发现这些系统是"领域通用"的。这似乎是来自福多对领域特异性的描述,即只对某一特定感知模式的输入做出反应。这一直让我觉得称之为"领域特异性"很奇怪,但如果需要澄清的话,*我关于领域特异性的主张是关于内容领域的,而不是关于输入模态的。*

第八章　模型之间的关系

1. 德雷福斯用这个名词指出的问题，与麦卡锡和海耶斯（McCarthy and Hayes, 1969）所确定的人工智能中更早的和更广泛的用法有关，但与之不同。
2. 我们还可能注意到，早期的知觉加工本身并不像福多的工作所暗示的那样被封装。视网膜处理是一个相当简单的前馈结构。但是，即使是初级视觉区域，它们也与彼此之间以及丘脑之间的反馈关系高度相关。

第十一章　模型与语言的互补性

1. 对这一假设的批评，见：Horst, 1996, 1999。

第十二章　模型与语言的互补性

1. 更具体地说，他（康德）在《纯粹理性批判》的 A 版中主张了这一点，在 B 版中修正了这一点。他认为我们必须把所有的*结果*都看作是由一个原因决定的。这就留下了一个可能性，即有些事件也不是结果。然而，即使在 B 版中，他也保留了一个关于现象世界的决定论，作为理性的反常现象之一的一半。

第十四章　认知错觉

1. 如果 A 是 B 的一个限制性案例，A 不可还原为 B，并且 A 和 B 不是第三系统 C 的特殊案例，至少在限制性案例实际上与 B 的规则不一致的情况下。平面欧几里得空间是相对论空间的一个极限情形，即相对论空间随着物质量的减少和均匀扩散，渐渐逼近欧几里得空间。然而，由于物质和空间是相互定义的，因此不存在完全没有物质的相对论空间，而一个有物质的空间也不是完全欧几里得式的。

第十五章　认知多元主义与认识论

1. 这可能是批判在形而上学中许多基于直觉的观点的基础。阐述这些观点的章节最初是这个项目的一部分；但在写作这本书的过程中，经过与编辑和评审人的协商，我认为这样的批判更适合自己的书。

第十六章　认知多元主义与语义学

1. 罗伯特·康明斯（Cummins, 1996）探讨了一个与意向态度目标相关的概念。
2. 马切里（Machery, 2009）也提出了类似的观点，认为哲学和心理学中的各种概念的描述不能很好地结合在一起。我相信我比马切里更倾向于把它看作是同一事物的多模型的实例，以不同的方式被理想化，但正如以下几节所指出的，我也认为我们需要将概念分解成更细粒度的元素。

参 考 文 献

Agnoli, F. 1991. Development of judgmental heuristics and logical reasoning: Training counteracts the representativeness heuristic. *Cognitive Development* 6: 195–217.

Agnoli, F., and D. H. Krantz. 1989. Suppressing natural heuristics by formal instruction: The case of the conjunction fallacy. *Cognitive Psychology* 21: 515–550.

Allen, Colin, and Marc Bekoff. 2005. Animal play and the evolution of morality: An ethological approach. *Topoi* 24(2): 125–135.

Anderson, John R. 1983. *The Architecture of Cognition*. Cambridge, MA: Harvard University Press.

Anderson, Michael L. 1997. *Content and Comportment: On Embodiment and the Epistemic Availability of the World*. Lanham, MD: Rowman & Littlefield.

Anderson, Michael L. 2006. *The Incorporated Self: Interdisciplinary Perspectives on Embodiment*. Lanham, MD: Rowman & Littlefield.

Anderson, Michael L. 2007. Massive redeployment, exaptation, and the functional integration of cognitive operations. *Synthese* 159(3): 329–345.

Anderson, Michael L. 2010. Neural reuse: A fundamental organizational principle of the brain. *Behavioral and Brain Sciences* 33: 245–313.

Anderson, Michael L. 2014. *After Phrenology: Neural Reuse and the Interactive Brain*. Cambridge, MA: MIT Press.

Armstrong, David. 1968. *A Materialist Theory of the Mind*. London: Routledge.

Armstrong, David. 1984. Consciousness and causality. In *Consciousness and Causality*, ed. D. Armstrong and N. Malcolm. Oxford: Blackwell.

Austin, J. L. 1962. *How to Do Things with Words*. Oxford: Clarendon Press.

Bailer-Jones, Daniela M., and C. A. L. Bailer-Jones. 2002. Modeling data: Analogies in neural networks, simulated annealling, and genetic algorithms. In *Model-Based Reasoning: Science, Technology, Values*, ed. L. Magnani and N. Nersessian. New York: Kluwer Academic/Plenum Publishers.

Barad, Karen. 2007. *Meeting the Universe Halfway: Quantum Physics and the Entanglement of Matter and Meaning*. Durham, NC: Duke University Press.

Barrett, Justin. 2004 a. The naturalness of religious concepts: An emerging cognitive science of religion. In *New Approaches to the Study of Religion*, ed. P. Antes, A. Geertz, and A. A. Wayne. Berlin: Walter de Gruyter.

Barrett, Justin. 2004 b. *Why Would Anyone Believe in God?* Walnut Grove, CA: Alta Vista Press.

Barrett, Justin. 2009. Coding and quantifying counterintuitiveness in religious concepts: Theoretical and methodological reflections. *Method and Theory in the Study of Religion* 20: 308–338.

Bartlett, Frederick. 1932. *Remembering: A Study in Experimental and Social Psychology*. Cambridge: Cambridge University Press.

Bell, C. Gordon, and Allen Newell. 1971. *Computer Structures: Readings and Examples. McGraw-Hill Computer Science Series*. New York: McGraw-Hill.

Berglund, B., U. Berglund, T. Engen, and G. Ekman. 1973. Multidimensional analysis of twenty-one odors. *Scandinavian Journal of Psychology* 14: 131–137.

Bering, Jesse. 2002. Intuitive conceptions of dead agents' minds: The natural foundations of afterlife beliefs as phenomenal boundary. *Journal of Cognition and Culture* 2: 263–308.

Bering, Jesse. 2006. The folk psychology of souls. *Behavioral and Brain Sciences* 20: 1–46.

Bering, Jesse, and D. F. Bjorklund. 2004. The natural emergence of reasoning about the afterlife as a developmental regularity. *Developmental Psychology* 40: 217–233.

Bless, H., G. L. Clore, N. Schwarz, V. Golisano, C. Rabe, and M. Wolk. 1996. Mood and the use of scripts: Does a happy mood really lead to mindlessness? *Journal of Personality and Social Psychology* 71 (4): 665–679.

Block, Ned. 1986. Advertisement for a semantics for psychology. *Midwest Studies in Philosophy* 10: 615–678.

Block, Ned. 1998. Holism, mental and semantic. In *The Routledge Encyclopedia of Philosophy*, ed. E. Craig. London: Routledge.

Bloom, Paul. 2004. *Descartes' Baby: How the Science of Child Development Explains What Makes Us Human*. New York: Basic Books.

Bloom, Paul. 2007. Religion is natural. *Developmental Science* 10: 147–151.

Bohr, Niels. 1949. Discussion with Einstein on epistemological problems in atomic physics. In *Albert Einstein: Philosopher-Scientist*, ed. P. Schilpp. Peru, IL: Open Court.

Boyer, Pascal. 2001. *Religion Explained*. New York: Basic Books.

Brandom, Robert B. 1998. *Making It Explicit: Reasoning, Representing, and Discursive Commitment*. Cambridge, MA: Harvard University Press.

Brandom, Robert B. 2000. *Articulating Reasons: An Introduction to Inferentialism*. Cambridge, MA: Harvard University Press.

Brentano, Franz. 1874. *Psychologie vom empirischen Standpunkt*. Berlin: Duncker & Humblot.

Byrne, Ruth, and Philip N. Johnson-Laird. 1989. Spatial Reasoning. *Journal of Memory and Language* 28 (5): 564–575.

Carey, Susan. 2011. *The Origin of Concepts*. New York: Oxford University Press.

Carruthers, Peter. 2006 a. *The Architecture of the Mind*. Oxford: Clarendon.

Carruthers, Peter. 2006 b. The case for massively modular models of mind. In *Contemporary Debates in Cognitive Science*, ed. R. J. Standton. Malden, MA: Wiley-Blackwell.

Cartwright, Nancy. 1999. *The Dappled World: A Study in the Boundaries of Science*. New York: Cambridge University Press.

Cat, Jordi, Nancy Cartwright, and Hasok Chang. 1996. Otto Neurath: Politics and the unity of science. In *The Disunity of Science: Boundaries, Contexts, and Power*, ed. P. Galison and D. Stump. Stanford: Stanford University Press.

Chaiken, S., and Y. Trope. 1999. *Dual-Process Theories in Social Psychology*. New York: Guilford Press.

Chalmers, David. 1996. *The Conscious Mind: In Search of a Fundamental Theory*. Oxford: Oxford University Press.

Chemero, Anthony. 2009. *Radical Embodied Cognitive Science*. Cambridge, MA: MIT Press.

Chomsky, Noam. 1965. *Aspects of the Theory of Syntax*. Cambridge, MA: MIT Press.

Chomsky, Noam. 1966. *Cartesian Linguistics*. New York: Harper & Row.

Churchland, Patricia S. 1986. *Neurophilosophy*. Cambridge, MA: MIT Press.

Churchland, Patricia S., and Terrence J. Sejnowski. 1989. Neural representation and neural computation. In *From Reading to Neurons*, ed. A. M. Galaburda. Cambridge, MA: MIT Press.

Churchland, Paul M. 1981. Eliminative materialism and the propositional attitudes. *Journal of Philosophy* 78 (2): 67–90.

Clark, Andy. 1997. *Being There: Putting Mind, Body, and World Together Again*. Cambridge, MA: MIT Press.

Clark, Andy. 2008. *Supersizing the Mind: Embodiment, Action, and Cognitive Extension*. New York: Oxford University Press.

Clark, Andy, and David J. Chalmers. 1998. The extended mind. *Analysis* 58: 7–19.

Cohen, Paul R., and Edward A. Feigenbaum. 1982. *The Handbook of Artificial Intelligence*, vol. 3. Los Altos, CA: William Kaufmann.

Collins, Allan M., and Dedre Gentner. 1983. Multiple models of evaporation processes. Paper presented at the Fifth Annual Conference of the Cognitive Science Society, Rochester, New York.

Collins, Allan M., and M. Ross Quillian. 1969. Retrieval time from semantic memory. *Journal of Verbal Learning and Verbal Behavior* 8 (2): 240–247.

Craik, Kenneth. 1943. *The Nature of Exploration*. Cambridge: Cambridge University Press.

Craik, Kenneth. 1947. Theory of the human operator in control systems. I: The operator as an engineering system. *British Journal of Psychology: General Section* 38 (2): 56–61.

Craik, Kenneth. 1948. Theory of the human operator in control systems. II: Man as an element in a control system. *British Journal of Psychology: General Section* 38 (3): 142–148.

Crick, Francis, and Christof Koch. 1993. A framework for consciousness. *Nature Neuroscience* 6 (2): 119–126.

Cummins, Robert. 1996. *Representations, Targets, and Attitudes*. Cambridge, MA: MIT Press.

DaCosta, Newton. 2003. *Science and Partial Truth: A Unitary Approach to Models and Scientific Reasoning*. Oxford: Oxford University Press.

Damasio, Antonio. 2010. *The Self Comes to Mind: Constructing the Conscious Brain*. New York: Pantheon (Random House).

Danks, David. 2014. *Unifying the Mind: Cognitive Representations as Graphical Models*. Cambridge,

MA: MIT Press.

Davidson, Donald. 1967. Truth and meaning. *Synthese* 17: 304–323.

Dennett, Daniel C. 1971. Intentional systems. *Journal of Philosophy* 67(4): 87–106.

Dennett, Daniel C. 1977. Critical notice. *Mind* 86(342): 265–280.

Dennett, Daniel C. 1981/1997. True Believers: The Intentional Strategy and Why It Works. In *Mind Design II*, ed. J. Haugeland. Cambridge, MA: MIT Press.

Dennett, Daniel C. 1987. *The Intentional Stance*. Cambridge, MA: MIT Press.

Dennett, Daniel C. 1991 a. *Consciousness Explained*. Boston: Little, Brown.

Dennett, Daniel C. 1991 b. Real patterns. *Journal of Philosophy* 88 (1): 27–51.

Descartes, René. 1988. *The Philosophical Writings of Descartes*. 3 vols. Trans. J. Cottingham, R. Stoothoff, D. Murdoch, and A. Kenny. Cambridge: Cambridge University Press.

DeWitt, B. 1970. Quantum mechanics and reality. *Physics Today* 23 (9): 155–165.

Dobzhansky, Theodosius. 1937. *Genetics and the Origin of Species*. New York: Columbia University Press.

Donald, Merlin. 1991. *Origins of the Modern Mind: Three Stages in the Evolution of Culture and Cognition*. Cambridge, MA: Harvard University Press.

Dretske, Fred. 1981. *Knowledge and the Flow of Information*. Cambridge, MA: MIT Press.

Dretske, Fred. 1986. Misrepresentation. In *Belief*, ed. R. Bogdan. Oxford: Oxford University Press.

Dretske, Fred. 1988. *Explaining Behavior*. Cambridge, MA: MIT Press.

Dreyfus, Hubert. 1979. *What Computers Can't Do: A Critique of Artificial Reason*. New York: Harper & Row.

Dreyfus, Hubert L., and Stuart E. Dreyfus. 1992. What is moral maturity? Towards a phenomenology of ethical expertise. In *Revisioning Philosophy*, ed. J. Ogilvy. Albany, NY: SUNY Press.

Dupré, John. 1993. *The Disorder of Things: Metaphysical Foundations of the Disunity of Science*. Cambridge, MA: Harvard University Press.

Dupré, John. 2001. *Human Nature and the Limits of Science*. Oxford: Oxford University Press.

Elgin, Catherine. 1996. *Considered Judgment*. Princeton: Princeton University Press.

Engler, Steven. 2011. Grounded theory. In *The Routledge Handbook of the Research Methods in the Study of Religion*, ed. M. Stausberg and S. Engler. New York: Routledge.

Field, Hartry. 1977. Logic, meaning, and conceptual role. *Journal of Philosophy* 74: 379–409.

Finucane, M. L., A. Alhakami, P. Slovic, and S. M. Johnson. 2000. The affect heuristic in judgments of risks and benefits. *Journal of Behavioral Decision Making* 13: 1–17.

Fodor, Jerry. 1975. *The Language of Thought*. New York: Thomas Crowell.

Fodor, Jerry. 1978. Propositional attitudes. *Monist* 61(4): 501–523.

Fodor, Jerry A. 1983. *Modularity of Mind: An Essay on Faculty Psychology*. Cambridge, MA: MIT Press.

Fodor, Jerry. 1987. *Psychosemantics*. Cambridge, MA: MIT Press.

Fodor, Jerry. 1990. *A Theory of Content and Other Essays*. Cambridge, MA: MIT Press.

Fodor, Jerry. 1998. *Concepts: Where Cognitive Science Went Wrong*. New York: Oxford University Press.

Fodor, Jerry A. 2001. *The Mind Doesn't Work That Way: The Scope and Limits of Computational Psychology*. Cambridge, MA: MIT Press.

Forbus, Kenneth D., and Dedre Gentner. 1997. Qualitative mental models: Simulations of memories? Paper presented at the Eleventh International Workshop on Qualitative Reasoning, Cortona, Italy.

Gallagher, Shaun. 2005. *How the Body Shapes the Mind*. Oxford: Oxford University Press.

Gallagher, Shaun, and Dan Zahavi. 2008. *The Phenomenological Mind: An Introduction to Philosophy of Mind and Cognitive Science*. New York: Routledge.

Gelman, Susan. 2004. Psychological essentialism in children. *Trends in Cognitive Sciences* 8(9): 404–409.

Gelman, S., J. Coley, and G. Gottfried. 1994. Essentialist beliefs in children: The acquisition of concepts and theories. In *Mapping the Mind*, ed. L. Hirschfield and S. Gelman. Cambridge: Cambridge University Press.

Gentner, Dedre, and Donald R. Gentner. 1983. Flowing water or teeming crowds: Mental models of electricity. In *Mental Models*, ed. D. Gentner and A. L. Stevens. Hillsdale, NJ: Erlbaum.

Gentner, Dedre, and Albert L. Stevens, eds. 1983. *Mental Models*. Hillsdale, NJ: Erlbaum.

Gibson, James J. 1966. *The Senses Considered as Perceptual Systems*. Boston: Houghton Mifflin.

Gibson, James J. 1977. The theory of affordances. In *Perceiving, Acting, and Knowing: Toward an Ecological Psychology*, ed. R. Shaw and J. Bransford. Hillsdale, NJ: Erlbaum.

Gibson, James J. 1979. *The Ecological Approach to Visual Perception*. Boston: Houghton Mifflin.

Giere, Ronald. 1988. *Explaining Science: A Cognitive Approach*. Chicago: University of Chicago Press.

Giere, Ronald. 1992. *Cognitive Models of Science*. Minnesota Studies in the Philosophy of Science, vol. 15. Minneapolis: University of Minnesota Press.

Giere, Ronald. 2004. How models are used to represent reality. *Philosophy of Science* 71(5): 742–752.

Gigerenzer, Gerd. 1991. How to make cognitive illusions disappear: Beyond "heuristics and biases." *European Review of Social Psychology* 2: 83–115.

Gigerenzer, Gerd, Ulrich Hoffrage, and Heinz Kleinbölting. 1999b. Probabilistic mental models: A Brunswikian theory of confidence. *Psychological Review* 4: 506–528.

Gigerenzer, Gerd, P. M. Todd, and the ABC Research Group. 1999a. *Simple Heuristics That Make Us Smart*. New York: Oxford University Press.

Gilbert, D. 1999. What the mind's not. In *Dual-Process Theories in Social Psychology*, ed. S. Chaiken and Y. Trope. New York: Guilford Press.

Gilovich, Thomas, Dale Griffin, and Daniel Kahneman. 2002. *Heuristics and Biases: The Psychology of Intuitive Judgment*. New York: Cambridge University Press.

Goldman, Alvin. 1979. What is justified belief? In *Justification and Knowledge*, ed. G. Pappas. Dordrecht: D. Reidel.

Gopnik, Alison. 1996. The child as scientist. *Philosophy of Science* 63 (4): 485–514.

Gopnik, A., and A. N. Meltzoff. 1997. *Words, Thoughts, and Theories*. Cambridge, MA: MIT Press.

Gopnik, A., and H. Wellman. 1994. The theory theory. In *Mapping the Mind: Domain Specificity in*

Cognition and Culture, ed. L. Hirschfield and S. Gelman. New York: Cambridge University Press.

Gould, Stephen Jay. 1997. Nonoverlapping magisteria. *Natural History* 106: 16–22.

Grimm, Stephen. 2010. Understanding. In *The Routledge Companion to Epistemology*, ed. S. Bernecker and D. Pritchard. New York: Routledge.

Guthrie, Stewart. 2002. Animal animism: Evolutionary roots of religious cognition. In *Current Approaches in the Cognitive Science of Religion*, ed. I. Pyysiänen and V. Anttonen. London: Continuum.

Hacking, Ian. 1996. The disunities of the sciences. In *The Disunity of Science: Boundaries*, Contexts, and Power, ed. P. Galison and D. Stump. Stanford: Stanford University Press.

Hacking, Ian. 2007. Putnam's theory of natural kinds and their names is not the same as Kripke's. *Principia* 11 (1): 1–24.

Hawking, Stephen. 2002. *Gödel and the End of Physics*. http://www.hawking.org.uk/godel-and-the-end-of-physics.html (accessed September 20, 2014).

Hawking, Stephen, and Leonard Mlodinow. 2010. *The Grand Design*. New York: Bantam.

Heidegger, Martin. 1927/1996. *Being and Time*. Trans. J. Macquarrie and E. Robinson. New York: Harper & Row.

Hellman, D. H., ed. 1988. *Analogical Reasoning*. Dordrecht: Kluwer.

Hesse, Mary. 1963. *Models and Analogies in Science*. Notre Dame, IN: University of Notre Dame Press.

Hesse, Mary. 1974. *The Structure of Scientific Inference*. London: Macmillan.

Hintikka, Jakko. 1999. The emperor's new intuitions. *Journal of Philosophy* 96 (3): 127–147.

Hodge, K. Mitch. 2011. On imagining the afterlife. *Journal of Cognition and Culture* 11: 367–389.

Holyoak, Keith, and Paul Thagard. 1995. *Mental Leaps: Analogy in Creative Thought*. Cambridge, MA: MIT Press.

Hooker, Clifford. 1972. The nature of quantum mechanical reality. In *Paradigms and Paradoxes*, ed. R. G. Colodny. Pittsburgh: University of Pittsburgh Press.

Horst, Steven. 1995. Eliminativism and the ambiguity of "belief." *Synthese* 104: 123–145.

Horst, Steven. 1996. *Symbols, Computation, and Intentionality: A Critique of the Computational Theory of Mind*. Berkeley: University of California Press.

Horst, Steven. 1999. Symbols and computation. *Minds and Machines* 9 (3): 347–381.

Horst, Steven. 2007. *Beyond Reduction: Philosophy of Mind and Post-reductionist Philosophy of Science*. New York: Oxford University Press.

Horst, Steven. 2011. *Laws, Mind, and Free Will*. Cambridge, MA: MIT Press.

Horst, Steven. 2014. Beyond reduction: From naturalism to cognitive pluralism. *Mind and Matter* 12 (2): 197–244.

Hume, David. 1738. *A Treatise of Human Nature*. London: John Noon.

Husserl, Edmund. 1900/1973. *Logical Investigations*. Trans. J. N. Findlay. London: Routledge.

Husserl, Edmund. 1913/1989. *Ideas Pertaining to a Pure Phenomenology and to a Phenomenological Philosophy—First Book: General Introduction to Pure Phenomenology*. Trans. F. Kersten. The

Hague: Nijhoff.

Isen, A. M., T. E. Nygren, and F. G. Ashby. 1988. Influence of positive affect on the subjective utility of gains and losses—it is just not worth the risk. *Journal of Personality and Social Psychology* 55 (5): 710–717.

Jackson, Frank. 1982. Epiphenomenal qualia. *Philosophical Quarterly* 32: 127–166.

James, William. 1890. *The Principles of Psychology*. Boston: Henry Holt.

Johnson-Laird, Philip N. 1983. *Mental Models*. Cambridge: Harvard University Press.

Jordan, Michael. 2004. Graphical models. *Statistical Science* 19 (1): 140–155.

Kahneman, Daniel, and Shane Frederick. 2002. Representativeness revisited: Attribute substitution in intuitive judgment. In *Heuristics of Intuitive Judgment: Extensions and Applications*, ed. T. Gilovich, D. Griffin, and D. Kahneman. New York: Cambridge University Press.

Kahneman, Daniel, and Amos Tversky. 1973. On the psychology of prediction. *Psychological Review* 80: 237–251.

Kahneman, Daniel, and Amos Tversky. 1982. On the study of statistical intuitions. *Cognition* 11: 123–141.

Kandel, Eric R., James H. Schwartz, and Eric R. Jessell. 2000. *Principles of Neural Science*, 4th ed. New York: McGraw-Hill.

Keil, Frank C. 1992. The origins of an autonomous biology. In *Modularity and Constraints in Language and Cognition: Minnesota Symposium on Child Psychology*, ed. M. R. Gunnar and M. Maratsos. Hillsdale, NJ: Erlbaum.

Kelemen, Deborah. 1999. Function, goals, and intention: Children's teleological reasoning about objects. *Trends in Cognitive Sciences* 3 (12): 461–468.

Kitcher, Philip. 1984. 1953 and all that: A tale of two sciences. *Philosophical Review* 93: 335–373.

Kitcher, Philip. 1985. *Vaulting Ambition: Sociobiology and the Quest for Human Nature*. Cambridge, MA: MIT Press.

Kripke, Saul. 1980. *Naming and Necessity*. Cambridge, MA: Harvard University Press.

Kroes, Peter. 1989. Structural analogies between physical systems. *British Journal for the Philosophy of Science* 40: 145–154.

Kuhn, Thomas S. 1962. *The Structure of Scientific Revolutions*. Chicago: University of Chicago Press.

Kuhn, Thomas S. 1983/2000. Rationality and theory choice. *Journal of Philosophy* 80 (10): 563–570.

Kuhn, Thomas S. 1989/2000. Possible worlds in the history of science. In *The Road since Structure*, ed. J. Conant and J. Haugeland. Chicago: University of Chicago Press.

Kuhn, Thomas S. 1993/2000. Afterwords. In *The Road since Structure*, ed. J. Conant and J. Haugeland. Chicago: University of Chicago Press.

Kvanvig, Jonathan. 2003. *The Value of Knowledge and the Pursuit of Understanding*. Cambridge: Cambridge University Press.

Lakoff, George, and Mark Johnson. 1999. *Philosophy in the Flesh: The Embodied Mind and Its Challenge to Western Thought*. New York: Basic Books.

Lakoff, George, and Mark Johnson. 2003. *Metaphors We Live By*. Chicago: University of Chicago Press.

Lepore, Ernest. 1999. Semantic holism. In *The Cambridge Dictionary of Philosophy*, ed. R. Audi. Cambridge: Cambridge University Press.

Leslie, Sarah-Jane. 2013. Essence and natural kinds: When science meets preschooler intuition. *Oxford Studies in Epistemology* 4: 108–166.

Levine, Joseph. 1983. Materialism and qualia: The explanatory gap. *Pacific Philosophical Quarterly* 64: 354–361.

Lewontin, Richard. 1983. Biological determinism. *Tanner Lectures on Human Values*, vol. 4, ed. Sterling M. McMurrin, 147–183. Cambridge: Cambridge University Press.

Locke, John. 1690/1995. *An Essay concerning Human Understanding*. New York: Prometheus Books.

Lycan, William. 1996. *Consciousness and Experience*. Cambridge, MA: MIT Press.

Machery, Edouard. 2009. *Doing without Concepts*. New York: Oxford University Press.

Mackie, Penelope. 2006. *How Things Might Have Been: Individuals, Kinds, and Essential Properties*. New York: Oxford University Press.

Magnani, Lorenzo, and Nancy J. Nersessian, eds. 2002. *Model-Based Reasoning: Scientific Discovery, Technological Innovation, Values*. New York: Kluwer Academic/Plenum.

Magnani, Lorenzo, Nancy Nersessian, and Paul Thagard, eds. 1999. *Model-Based Reasoning in Scientific Discovery*. Dordrecht: Kluwer.

Marr, David. 1982. *Vision: A Computational Investigation into the Human Representation and Processing of Visual Information*. New York: Freeman.

Mayden, Richard L. 1997. A hierarchy of species concepts: The denouement in the saga of the species problem. In *Species: The Units of Biodiversity*, ed. M. F. Claridge, H. A. Dawah and M. R. Wilson. London: Chapman & Hall.

Mayr, Ernst. 1942. *Systematics and the Origin of Species, from the Viewpoint of a Zoologist*. Cambridge, MA: Harvard University Press.

McCarthy, John, and P. J. Hayes. 1969. Some philosophical problems from the standpoint of artificial intelligence. In *Machine Intelligence* 4, ed. D. Michie and B. Meltzer. Edinburgh: Edinburgh University Press.

McGinn, Colin. 1991. *The Problem of Consciousness: Essays towards a Resolution*. Oxford: Blackwell.

Medin, Douglas L., and A. Ortony. 1989. Psychological essentialism. In *Similarity and Analogical Reasoning*, ed. S. Vosniadou and A. Ortony. Cambridge: Cambridge University Press.

Mellor, D. H. 1977. Natural kinds. *British Journal for the Philosophy of Science* 28 (4): 299–312.

Merleau-Ponty, Maurice. 1945/1962. *Phenomenology of Perception*. Trans. C. Smith. London: Routledge & Kegan Paul.

Meyer, M., Sarah-Jane Leslie, S. Gelman, and S. M. Stilwell. 2013. Essentialist beliefs about bodily transplants in the United States and India. *Cognitive Science* 37 (1): 668–710.

Millikan, Ruth. 2000. *On Clear and Confused Ideas*. Cambridge: Cambridge University Press.

Minsky, Marvin. 1974. A framework for representing knowledge. http://web.media.mit.edu/%7Eminsky/papers/Frames/frames. html.

Minsky, Marvin. 1985. *The Society of Mind*. New York: Simon & Schuster.

Minsky, Marvin, and Simon Papert. 1972. Progress report on artificial intelligence. AI Memo. MIT, Cambridge, Massachusetts.

Moreau, D., A. Mansy-Dannay, J. Clerc, and A. Juerrién. 2011. Spatial ability and motor performance: Assessing mental rotation processes in elite and novice athletes. *International Journal of Sport Psychology* 42(6): 525–547.

Morgan, Mary S., and Margaret Morrison, eds. 1999. *Models as Mediators*. Cambridge: Cambridge University Press.

Nagel, Thomas. 1974. What is it like to be a bat? *Philosophical Review* 4: 435–450.

Nagel, Thomas. 1979. The limits of objectivity. In *Tanner Lectures on Human Values*, vol. 1, ed. Sterling M. McMurrin, 75–139. Salt Lake City: University of Utah Press; Cambridge: Cambridge University Press.

Nersessian, Nancy J. 1999. Model-based reasoning in conceptual change. In *Model-Based Reasoning in Scientific Discovery*, ed. L. Magnani, N. J. Nersessian, and P. Thagard. New York: Kluwer Academic/Plenum.

Newell, Allen. 1990. *Unified Theories of Cognition*. Cambridge, MA: Harvard University Press.

Newell, Allen, and Herbert A. Simon. 1956. The logic theory machine: A complex information processing system. *IRE Transactions on Information Theory* IT-2(3): 61–79.

Newell, Allen, and Herbert Simon. 1972. *Human Problem Solving*. Englewood Cliffs, NJ: Prentice Hall.

Newell, Allen, John C. Shaw, and Herbert Simon. 1959. Report on a general problem-solving program. Paper presented at International Conference on Information Processing.

Nisbett, R. E., D. H. Krantz, C. Jepson, and Z. Kunda. 1983. The use of statistical heuristics in everyday inductive reasoning. *Psychological Review* 90(4): 339–363.

Nisbett, Richard, and Lee Ross. 1980. *Human Inference: Strategies and Shortcomings of Social Judgment*. Englewood Cliffs, NJ: Prentice Hall.

Noë, Alva. 2004. *Action in Perception*. Cambridge, MA: MIT Press.

Norman, Donald. 1988. *The Design of Everyday Things*. New York: Basic Books.

O'Hear, A. 1997. *Beyond Evolution*. Oxford: Oxford University Press.

Oppenheim, Paul, and Hilary Putnam. 1958. Unity of science as a working hypothesis. In *Concepts, Theories, and the Mind-Body Problem*, ed. H. Feigl, M. Scriven and G. Maxwell. Minneapolis: University of Minnesota Press.

Papineau, David. 2002. *Thinking about Consciousness*. Oxford: Oxford University Press.

Pearl, Judea. 2000. *Causality: Models, Reasoning, and Inference*. New York: Cambridge University Press.

Pietsch, S., and P. Jansen. 2012. Different mental rotation performance in students of music, sport, and education. *Learning and Individual Differences* 22(1): 159–163.

Pinker, Steven. 1997. *How the Mind Works*. New York: W. W. Norton.

Plantinga, Alvin. 1993. *Warrant and Proper Function*. New York: Oxford University Press.

Poston, Ted. 2015. Foundationalism. In *Internet Encyclopedia of Philosophy*, http://www.iep.utm.edu/found-ep/#SSH4aii.

Prinz, Jesse J. 2006. Is the mind really modular? In *Contemporary Debates in Cognitive Science*, ed. R. J. Standton. Malden, MA: Blackwell.

Psillos, Stathis. 1995. The cognitive interplay between theories and models: The case of 19th century optics. In *Theories and Models in Scientific Process*, ed. W. Herfel, W. Krajewski, I. Niiniluoto, and R. Wojcicki. Amsterdam: Rodopi.

Putnam, Hilary. 1975. The meaning of "meaning". *Minnesota Studies in the Philosophy of Science* 7: 131–193.

Pylyshyn, Zenon W. 1991. The role of cognitive architecture in theories of cognition. In *Architectures for Intelligence*, ed. K. VanLehn. Hillsdale, NJ: Erlbaum.

Quine, W. O. 1951. Two dogmas of empiricism. *Philosophical Review* 60: 20–43.

Ramsey, William, Stephen Stich, and David Rumelhart. 1991. *Philosophy and Connectionist Theory*. Hillsdale, NJ: Erlbaum.

Redhead, Michael. 1980. Models in physics. *British Journal for the Philosophy of Science* 31: 145–163.

Rosch, Eleanor. 1978/1999. Principles of categorization. In *Concepts: Core Readings*, ed. E. Margolis and S. Laurence. Cambridge, MA: MIT Press. Original edition, Cognition and Categorization, ed. E. Rosch and B. Lloyd (Erlbaum, 1978).

Rosen, Gideon. 1994. Objectivity and modern idealism: What is the question? In *Philosophy in Mind*, ed. M. Michael and J. O'Leary-Hawthorne. Dordrecht: Kluwer.

Rosenthal, David. 1986. Two concepts of consciousness. *Philosophical Studies* 49: 329–359.

Rosenthal, David. 1993. Thinking that one thinks. In *Consciousness: Psychological and Philosophical Essays*, ed. M. Davies and G. Humphreys. Oxford: Blackwell.

Rosenthal, David. 2005. *Consciousness and Mind*. Oxford: Oxford University Press.

Rumelhart, David, and James McClelland. 1986. *Parallel Distributed Processing*, vol. 1. Cambridge, MA: MIT Press.

Russell, Bertrand. 1912/1997. *The Problems of Philosophy*. New York: Oxford University Press.

Sachs, Joe. Aristotle: Metaphysics. In *Internet Encyclopedia of Philosophy*, ed. J. Fieser and B. Dowden. http://www.iep.utm.edu/aris-met/.

Salmon, Nathan. 1979. How not to derive essentialism from the theory of reference. *Journal of Philosophy* 76(12): 703–725.

Sayre, Kenneth. 1997. *Belief and Knowledge: Mapping the Cognitive Landscape*. New York: Rowman & Littlefield.

Schank, Roger C., and R. Abelson. 1977. *Scripts, Plans, Goals, and Understanding*. Hillsdale, NJ: Erlbaum.

Schlick, Moritz. 1934/1979. The foundations of knowledge. In *Philosophical Papers*, ed. H. L. Mulder and B. F. B. van de Velde-Schlick. Dordrecht: D. Reidel.

Selfridge, Oliver G. 1959. Pandemonium: A paradigm for learning. Paper presented at the Symposium on Mechanisation of Thought Processes, London.

Sellars, Wilfrid. 1956. Empiricism and the philosophy of mind. In *Minnesota Studies in the Philosophy of Science*, ed. I. H. Feigl and M. Scriven. Minneapolis: University of Minnesota Press.

Shapiro, Lawrence A. 2004. *The Mind Incarnate*. Cambridge, MA: MIT Press.

Shepard, R. N., and J. Meltzer. 1971. Mental rotation of three-dimensional objects. *Science* 171: 701–703.

Shepard, R. N., and L. A. Cooper. 1982. *Mental Images and Their Transformations*. Cambridge, MA: MIT Press.

Silberstein, Michael. 2002. Reduction, emergence, and explanation. In *The Blackwell Guide to the Philosophy of Science*, ed. P. Machamer and M. Silberstein. Malden, MA: Blackwell.

Silberstein, Michael, and Anthony Chemero. 2011. Complexity and extended phenomenological-cognitive systems. *Topics in Cognitive Science* 2011: 1–16.

Simon, Herbert. 1977. *Models of Discovery, and Other Topics in the Methods of Science*. Dordrecht: Reidel.

Sloman, Aaron. 1971. Interactions between philosophy and artificial intelligence: The role of intuition and non-logical reasoning in intelligence. *Artificial Intelligence* 2: 209–225.

Smith, Edward E., and Douglas L. Medin. 1981. *Categories and Concepts*. Cambridge, MA: Harvard University Press.

Spelke, Elizabeth S. 2000. Core knowledge. *American Psychologist* 55(11): 1233–1243.

Spelke, Elizabeth S., and Katherine D. Kinzler. 2007. Core knowledge. *Developmental Science* 10(1): 89–96.

Springer, Elise. 2013. *Communicating Moral Concern: An Ethics of Critical Responsiveness*. Cambridge, MA: MIT Press.

Stanovich, K. E., and R. West. 2002. Individual differences in reasoning: Implications for the rationality debate. In *Heuristics and Biases: The Psychology of Judgment*, ed. T. Gilovich, D. Griffin, and D. Kahneman. New York: Cambridge University Press.

Stich, Stephen. 1983. *From Folk Psychology to Cognitive Science*. Cambridge, MA: MIT Press.

Strevens, Michael. 2000. The essentialist aspect of naive theories. *Cognition* 74: 149–175.

Suppe, Frederick. 1960. A comparison of the meaning and uses of models in mathematics and the empirical sciences. *Synthese* 12: 287–301.

Suppe, Frederick. 1989. *The Semantic Conception of Theories and Scientific Realism*. Urbana: University of Illinois Press.

Suppes, Patrick. 1974. The structure of theories and the analysis of data. In *The Structure of Scientific Theories*, ed. F. Suppe. Urbana: University of Illinois Press.

Suppes, Patrick. 2002. *Representation and the Invariance of Scientific Structures*. Stanford, CA: CSLI Publications.

Thompson, Evan. 2007. *Mind and Life*. Cambridge, MA: Harvard University Press.

Thompson, Evan, and Mog Stapleton. 2008. Making sense of sense-making: Reflections on enactive and extended mind theories. *Topoi* 28 (1): 23–30.

Tooby, John, and Leda Cosmides. 2005. Conceptual foundations of evolutionary psychology. In *The Handbook of Evolutionary Psychology*, ed. D. M. Buss. Hoboken, NJ: Wiley.

Toulmin, Stephen. 1974. The structure of scientific theories. In *The Structure of Scientific Theories*, ed. F. Suppe. Urbana: University of Illinois Press.

van Fraassen, Bas. 1980. *The Scientific Image*. Oxford: Oxford University Press.
van Fraassen, Bas. 1989. *Laws and Symmetry*. Oxford: Oxford University Press.
Varela, Francesco, Evan Thompson, and Eleanor Rosch. 1991. *The Embodied Mind: Cognitive Science and Human Experience*. Cambridge, MA: MIT Press.
Waskan, Jonathan A. 2003. Intrinsic cognitive models. *Cognitive Science* 27: 259–283.
Waskan, Jonathan A. 2006. *Models and Cognition*. Cambridge, MA: MIT Press.
Weiskopf, Daniel A. 2009. Atomism, pluralism, and conceptual content. *Philosophy and Phenomenological Research* 79(1): 131–163.
Wilson, Mark. 2006. *Wandering Significance*. Oxford: Oxford University Press.
Wittgenstein, Ludwig. 1922. *Tractatus Logico-Philosophicus*. Trans. C. K. Ogden. London: Kegan Paul, Trench, Trubner.
Zahavi, Dan. 2005. *Subjectivity and Selfhood: Investigating the First-Person Perspective*. Cambridge, MA: MIT Press.

索　　引（数字为原书页码）

罗伯特·阿贝尔森（Abelson, Robert），73–75, 133–134
抽象度（Abstractness），143–146
可供性（Affordances），25, 85, 89, 91, 106, 121, 126, 139–140, 145, 155–156, 186–188, 196, 318, 321, 335n
威廉·阿尔斯通（Alston, William），300
迈克尔·安德森（Anderson, Michael），335n
适当性（Aptness），86, 92–95, 101–102, 117, 135, 156, 160, 188, 242, 251, 256, 264, 267, 268, 272, 276, 282, 288, 290, 292, 295–296
与真理（and truth），93–95[①]
亚里士多德（Aristotle），231, 233, 298, 324
原子主义。见：语义学，原子主义[②]
J. L. 奥斯汀（Austin, J. L.），3–4
贾斯汀·巴雷特（Barrett, Justin），249
弗雷德里克·巴特利特（Bartlett, Frederick），82
信念（Belief），11–14, 284–289
倾向性和偶发性（dispositional and occurrent），16, 258–260, 285[③]
和判断（and judgment），16–17[④]
和心理模型（and mental models），286–289
绑定问题（Binding problem），150–152, 154[⑤]
内德·布洛克（Block, Ned），308, 333

---

① 原书作者标注的索引为 93–95 页，实际存在于 94 页——译者注。
② 原子主义在原著第十六章"认知多元主义与语义学"部分的页码为 307–333 页——译者注。
③ 原著的第 16 页、第 258–260 页有 dispositional beliefs 一词；原著的第 285 页有 dispositionalism 一词；但是，原著中无 dispositional and occurrent 这一词组——译者注。
④ 原著中此处缺少页码。原著中该词出现在第 262、第 278、第 302–316、第 368 页——译者注。
⑤ 原书作者标注的索引为 150–152、第 154 页，实际存在于第 150–154 页——译者注。

索　引（数字为原书页码）　·281·

保罗·布鲁姆（Bloom, Paul），55–56, 249
蓝图（Blueprints），111–114①
尼尔斯·玻尔（Bohr, Niels），230–231
帕斯卡·博伊尔（Boyer, Pascal），57, 249, 253–254
罗伯特·布兰登（Brandom, Robert），307–308
弗朗兹·布伦塔诺（Brentano, Franz），33
苏珊·凯里（Carey, Susan），49
彼得·卡拉瑟斯（Carruthers, Peter），42, 44–45
中枢认知（Central cognition），30, 34, 38–40, 78–79②
大卫·查莫斯（Chalmers, David），237, 246
安东尼·切莫罗（Chemero, Anthony），25, 154–156, 335n
诺姆·乔姆斯基（Chomsky, Noam），34
保罗·丘奇兰德（Churchland, Paul），24
安迪·克拉克（Clark, Andy），335n
认知架构（Cognitive architecture），xi, 5–8, 11–15, 18–19, 22–27, 29, 41, 44, 48, 81–84, 91, 99, 161, 173–177, 190–193, 215, 221–225, 228, 239, 269, 276, 278, 282–283, 308, 318, 329
认知错觉（Cognitive illusions），260–282
知识的和真理相关的（epistemic and alethic），261③
不恰当应用的（of inapt application），262–268
康德的（in Kant），261–262, 274, 277–288
投射的（projective），278–282
统一的（of unification），274–278
无限制主张的（of unrestricted assertion），268–274
认知多元主义（Cognitive pluralism），81–84
作为设计策略（as a design strategy），180–184
与认识论（and epistemology），283–304
与进化论（and evolution），180–184
合理性（plausibility of），179–191
与语义学（and semantics），307–316

---

① 原书作者标注的索引为第 111–114 页，实际存在于第 99、第 111–118、第 128–130 页——译者注。
② 原书作者标注的索引为第 30、第 34、第 38–40、第 78–79 页，实际存在于第 30、第 34–79、第 159、第 199、第 205 页——译者注。
③ 原书作者标注的索引为第 261 页，实际存在于第 269 页——译者注。

与知识理论（and theories of knowledge），296–304
艾伦·柯林斯（Collins, Allan），65, 166
互补性（Complementarity），194–198
　模型与语言的（of models and language），198–211
计算主义（Computationalism），40, 77, 82, 86–87, 152–153, 165, 201–203, 258
计算机程序（Computer programs），114–117
概念（Concepts），4–16, 24–41, 45, 47–48, 78, 82, 84, 91, 136, 139–140, 145–148, 177, 184, 187, 198, 204, 205, 208–209, 216, 236–239, 243, 269, 283, 293, 300, 306–308, 316–334
　原子主义（atomism），310–314
　种类（categories），317–319
　对……的限制（constraints on an account of），326
　在核心系统中（in core systems），52–56
　在大众理论中（in folk theories），56–57, 231, 253–254
　整体主义（holism），314–316
　直觉和反直觉（intuitive and counterintuitive），249, 253–254
　词汇和基于模型的（lexical and model-based），326–333
　与模型（and models），309–310
　多因素……说明（multifactor account of），326–333
　与多重模型（and multiple models），319–323, 326
　类名称（name-like），158, 324
　住宅……观点（residential view of），316
　科学理论中（in scientific theories），57–61, 170, 228, 231–235
　语义的和心理的分型（semantic and psychological typing of），325–326
　和语义直觉（and semantic intuitions），61–64
联结主义（Connectionism），24–25
林恩·库珀（Cooper, Lynn），73
尼古拉·哥白尼（Copernicus, Nikolai），60
核心知识体系（Core knowledge systems），8, 49–56, 61–62, 78, 81, 141, 143, 208, 250, 295
　代理机构（agency），51–53, 237, 288
　几何学（geometry），53–54, 119
　数量（number），51
　对象（objects），49–51, 190
莱达·科斯米德（Cosmides, Leda），42, 44

索　引（数字为原书页码） ·283·

肯尼思·克雷克（Craik, Kenneth），77–78, 164–165
创造性（Creativity），209
弗朗西斯·克里克（Crick, Francis），152–154
罗伯特·康明斯（Cummins, Robert），337n
牛顿·达科斯塔（DaCosta, Newton），173
大卫·丹克斯（Danks, David），173–174
查尔斯·达尔文（Darwin, Charles），232
唐纳德·戴维森（Davidson, Donald），14, 314
科尼利厄斯·德莱尼（Delaney, Cornelius），300
丹尼尔·丹尼特（Dennett, Daniel），17–20, 53, 184, 287, 335n
勒内·笛卡儿（Descartes, René），243, 277
决定论（Determinism），217, 219, 336n
理解的不统一性（Disunity of understanding），9, 215–244
　完备性（comprehensiveness），218, 239–243
　相互冲突的承诺（conflicting commitments），217, 226, 228–231
　不一致性（inconsistency），217, 239–243
　不可还原性（irreducibility），217, 235–239
　和心理模型（and mental models），222–226
　在科学中（in science），217–218, 227–235
特奥多修斯·多勃赞斯基（Dobzhansky, Theodosius），232
梅林·唐纳德（Donald, Merlin），210
弗雷德·德雷斯克（Dretske, Fred），204, 312–313
休伯特·德雷福斯（Dreyfus, Hubert），152–153, 257–258
双重过程理论（Dual process theory），247–249
约翰·杜普雷（Dupré, John），44, 222, 234–235
凯瑟琳·埃尔金（Elgin, Catherine），28
取消主义（Eliminativism），24, 217
具身的、嵌入的、生成的观点（Embodied, embedded, enactive view），25–26, 154–156
史蒂文·安吉尔（Engler, Steven），307
认识论（Epistemology），4, 9. 另见保证和认知多元主义（See also Warrant and cognitive pluralism），283–305
　融贯主义（coherentism），8, 13, 304–305
　基础主义（foundationalism），8, 12–13, 298–304
　可靠主义（reliablism），9, 13, 297–298

本质主义（Essentialism），269–271
进化心理学（Evolutionary psychology），27, 42–45, 181–184
古斯塔夫·费希纳（Fechner, Gustav），85
保罗·费耶阿本德（Feyerabend, Paul），59
哈特里·菲尔德（Field, Hartry），333
让-皮埃尔·弗罗伦（Flourens, Jean Pierre），40
流程图（Flowcharts），114–116
杰瑞·福多（Fodor, Jerrold[①]），15, 17, 24, 35–41, 58, 62, 159, 204, 312, 313, 335n
大众理论（Folk theories），44, 56–58, 61–62, 79, 81, 92, 140–141, 143–144, 190, 204, 207, 208, 231, 250, 253–255, 263, 288
肯尼思·福布斯（Forbus, Kenneth），166, 168
强迫的错误（Forced error），94–95, 189–191, 267
框架问题（Frame problem），40, 150, 152–153
框架（Frames），67–76
谢恩·弗雷德里克（Frederick, Shane），248–249
自由意志（Free will），219, 242
弗兰茨·约瑟夫·加尔（Gall, Franz Joseph），40
肖恩·加拉赫（Gallagher, Shaun），335n
卡尔·弗里德里希·高斯（Gauss, Carl Friedrich），191
苏珊·杰尔曼（Gelman, Susan），269–270
德雷·金特纳（Gentner, Dedre），78, 165–168
J. J. 吉布森（Gibson, J. J.），25, 184, 187, 335n
罗纳德·吉尔（Giere, Ronald），169–170, 172
格德·吉格伦泽（Gigerenzer, Gerd），266–267
阿尔文·古德曼（Goldman, Alvin），301
艾莉森·戈普尼克（Gopnik, Alison），57, 58, 138
大统一理论（Grand unified theory），7, 218, 227–229
斯蒂芬·格林（Grimm, Stephen），283
斯蒂芬·霍金（Hawking, Stephen），218, 228–229, 241
帕特里克·海耶斯（Hayes, Patrick），336n
马丁·海德格尔（Heidegger, Martin），25, 335n
亚历山大的海伦（Heron of Alexandria），158–159
高阶认知（Higher-order cognition），209–210

[①] 原书中 Jerrold 应为 Jerry，应为原作者笔误——译者注。

索　引（数字为原书页码）　·285·

托马斯·霍布斯（Hobbes, Thomas），277
整体主义（Holism）. 见语义学，整体主义，史蒂文·霍斯特（See Semantics, holism Horst, Steven），16, 24, 86–88, 92–93, 217, 237, 277, 336n
大卫·休谟（Hume, David），150–151, 218, 278–281
休谟问题（Hume's problem），150–152, 156
埃德蒙·胡塞尔（Husserl, Edmund），33, 150–151, 324, 330, 333
克里斯蒂安·惠更斯（Huygens, Christiaan），230
理想化（Idealization），92–93, 101–102, 115–118, 136, 138, 141, 148, 166, 171, 184, 188–189, 209, 221–222, 226–233, 238, 240, 243, 262, 264, 268–269, 272–273, 275–276, 288, 290, 300–302, 304–306, 325, 334, 337n
不可通约性（Incommensurability），7, 9, 59–61, 102, 110–111, 118, 140, 143, 160–162, 220, 222–224, 305
推理（Inference），9, 11–17, 24–28, 34, 41, 45, 47–49, 55, 57, 61–63, 66, 81–84, 99, 141, 148, 159, 161, 168–169, 175, 177, 189, 194, 199–201, 204–210, 215, 220, 223–224, 226, 229, 233, 236, 240, 250, 253, 266, 270, 279, 283, 285–287, 291, 293, 297, 300–304, 308–312, 315–316, 321–322, 326–327, 333–334
意向解释（Intentional explanation），17, 22–23
意向实在论（Intentional realism），15, 17, 284–285
意向立场（Intentional stance），17–20, 53, 236–237, 285
意向状态（Intentional states），5, 11–12, 15–29, 33–34, 41, 45, 47, 83, 152, 203, 217, 237, 284–289, 307
解释主义（Interpretivism），17–20
直觉（Intuition），62–64, 225, 242, 245–260, 264–266, 284, 299, 336n
弗兰克·杰克逊（Jackson, Frank），237
马克·约翰逊（Johnson, Mark），147–149, 207, 335n
菲利普·约翰逊-莱尔德（Johnson-Laird, Philip），5, 77–78, 82, 168–169, 176–178
迈克尔·乔丹（Jordan, Michael），177
确证（正当理由），见保证（Justification. See Warrant）
丹尼尔·卡内曼（Kahneman, Daniel），248–249, 265–266
伊曼努尔·康德（Kant, Immanuel），53, 191, 220, 260–262, 274–275, 277–278, 280–282
弗兰克·基尔（Keil, Frank），265
黛博拉·凯勒曼（Kelemen, Deborah），264–265
凯瑟琳·金兹勒（Kinzler, Katherine），49–54
菲利普·基彻（Kitcher, Philip），44

·286· 认知多元主义

知识（Knowledge），5, 8–9, 12–15, 33, 37–44, 83–84, 95–96, 162, 168–169, 216–222, 239, 245, 260–262, 266, 269, 271, 274–275, 278, 281–284, 290, 292, 296–306.
另见：理解的不统一性，认知论（See also Disunity of understanding, Epistemology[①]）
知识表征（Knowledge representation），61–76, 133, 145, 163, 167
克里斯托夫·科赫（Koch, Christof），152–154
索尔·克里普克（Kripke, Saul），203–205, 271, 312–313
托马斯·库恩（Kuhn, Thomas），59–61, 146
乔纳森·克万维格（Kvanvig, Jonathan），283
伊姆雷·拉卡托斯（Lakatos, Imre），59
乔治·莱考夫（Lakoff, George），147–149, 207, 335n
语言（Language），4–8, 15, 17, 20–23, 34, 36, 38, 40–42, 49, 66, 79, 147–148, 179, 268–273
和类语言思维（and language-like thinking），15, 19–23, 47, 82–84, 86–88, 96, 153–154, 159–160
和心理模型（and mental models），169–170, 174, 176, 193–212, 240, 287–289, 326, 332–334
欧内斯特·勒波尔（Lepore, Ernest），312
约瑟夫·莱文（Levine, Joseph），237
大卫·刘易斯（Lewis, David），59
卡尔·林奈（Linnaeus, Carl），231–233
约翰·洛克（Locke, John），245, 247
爱德华·马切里（Machery, Edouard），24, 337n
洛伦佐·马格纳尼（Magnani, Lorenzo），172
地图（Maps），103–111, 116, 118, 140, 228
大卫·马尔（Marr, David），24, 173–176
理查德·梅登（Mayden, Richard），232–234
恩斯特·迈尔（Mayr, Ernst），232
约翰·麦卡锡（McCarthy, John），336n
詹姆斯·麦克莱兰（McClelland, James），24
科林·麦金恩（McGinn, Colin），222
安德鲁·梅尔佐夫（Meltzoff, Andrew），57
莫里斯·梅洛-庞蒂（Merleau-Ponty, Maurice），335n
隐喻（Metaphor），91, 143, 147–149, 171, 207

[①] 原书无 Disunity of understanding, Epistemology，应为 Epistemology, Semantics, Disunity——译者注。

杰奎琳·梅茨勒（Metzler, Jacqueline），70, 73
露丝·米利根（Millikan, Ruth），313
马文·明斯基（Minsky, Marvin），5, 64, 67–73, 75–76, 80–82, 173
莱昂纳德·姆洛迪诺（Mlodinow, Leonard），228–229, 241
建模引擎（Modeling engine），8, 169, 193–197, 239
模型（Models）
　和适当性（and aptness）.见：适当性（See aptness）
　作为认知工具（as cognitive tools），118–119
　计算机（computer），116
　不同概念（different notions of），163–178
　与认知评价（and epistemic evaluation），292–296
　外在的（external），8, 100–120
　特征（features of），85–86, 110–111, 114–118
　图形（graphical），176–178
　理想化（idealization of），6, 92–93, 101
　作为完整的单元（as integral units），296
　与语言（and language），159–160, 198–211
　（另见：语言和心理模型）（see also Language, and mental models）
　心理的（mental），5, 8, 67, 77–78, 121–142
　和建模系统（and modeling systems），124, 142
　与模块（and modules），78–79, 84–85
　道德（moral），135–136
　心理学（in psychology），164–169
　关系（relations between），143–162
　作为表征系统（as representational systems），103–111
　比例（scale），100–102, 175–176
　科学的（scientific），136–140, 169–173
　与语义学（and semantics），308–310
　作为保证的来源（as source of warrant），289–292
　在理论认知科学（in theoretical cognitive science），173–178
模块化（Modularity），30, 34, 54–55, 78–79
　与认知多元主义（and cognitive pluralism），78–79, 84–85
　批评（criticisms of），41–45
　福多对…的说明（Fodor's account of），35–40
　大量的（massive），42–45

玛丽·摩根（Morgan, Mary），172

玛格丽特·莫里森（Morrison, Margaret），172

托马斯·内格尔（Nagel, Thomas），237

先天主义（Nativism），6, 37–38, 54, 81, 83–85, 181, 193, 195

南希·奈瑟西安（Nersessian, Nancy），169–170, 172

艾伦·纽威尔（Newell, Allen），62, 173

艾萨克·牛顿（Newton, Isaac），230, 262–263, 276–277

阿尔瓦·诺亚（Noë, Alva），335n

唐纳德·诺曼（Norman, Donald），335n

面向对象的认知（Object-oriented cognition），156–158, 279, 282

客观性（Objectivity），6, 91, 139–140, 186–189

安东尼·奥赫德（O'Hear, Anthony），44

保罗·奥本海姆（Oppenheim, Paul），217

西蒙·派珀特（Papert, Simon），173

马克·帕斯廷（Pastin, Mark），300

查尔斯·桑德斯·皮尔斯（Peirce, Charles Sanders），77

阿尔文·普兰丁格（Plantinga, Alvin），297

泰德·波斯顿（Poston, Ted），300

杰西·普林茨（Prinz, Jesse），41–42

程序（Programs），114–116

亚历山大的托勒密（Ptolemy of Alexandria），60

希拉里·普特南（Putnam, Hilary），203–205, 217, 271, 313

泽农·派利夏恩（Pylyshyn, Zenon），24, 335n

量子力学（Quantum mechanics），39, 59, 76, 91, 94, 140, 161, 185–186, 190, 217–218, 226–227, 230–231, 240, 276, 305

罗斯·奎利安（Quillian, Ross），65

威拉德·范·奥曼·奎因（Quine, Willard Van Orman），14, 299, 314

威廉·拉姆齐（Ramsey, William），24

迈克尔·若汉德（Redhead, Michael），172

还原（Reduction），7, 217, 219, 221, 235–239, 276–277

相对论（Relativity），60, 85–86, 91–193, 139, 140, 161, 185, 217–218, 226–227, 277, 296, 310, 315–316, 321–322, 336n

表征（Representation），85–92, 208–209

表征系统（Representational systems），9, 88–92

伯恩哈德·黎曼（Riemann, Bernhard），146, 191, 223

埃莉诺·罗斯克（Rosch, Eleanor），317–318, 335n
大卫·鲁梅尔哈特（Rumelhart, David），24
肯尼思·赛尔（Sayre, Kenneth），283
罗杰·尚克（Schank, Roger），73–74, 133–134
莫里茨·石里克（Schlick, Moritz），298
科学理论（Scientific theories），8, 28, 38, 48, 58–62, 78–81, 93, 117, 137–139, 146, 169–173, 211, 216–218, 234, 258, 271, 292–296, 300, 309
脚本（Scripts），73–74
特伦斯·瑟诺夫斯基（Sejnowski, Terrence），24
威尔弗里德·塞拉斯（Sellars, Wilfrid），20, 286–287, 299
语义网（Semantic networks），64–66
语义推理（Semantic reasoning），62–66
语义学（Semantics），4, 9, 11, 13–14, 121–122, 307–308
原子主义（atomism），14–15, 307–308, 310–314
因果关系的（causal），203–205, 312
与认知多元主义（and cognitive pluralism），307–333
组成性（compositionality），4, 7, 15, 203, 311
整体主义（holism），14, 307–308, 314–316
推理（inferential），14, 307–308
局部主义者（localist），308（另见语义学，分子主义者）（see also Semantics, molecularist）
与模型（and models），308–310
分子主义者（molecularist），9, 308, 312, 316, 321
劳伦斯·夏皮罗（Shapiro, Lawrence），335n
约翰·肖（Shaw, John），62
罗杰·谢泼德（Shepard, Roger），70, 73
迈克尔·西尔伯斯坦（Silberstein, Michael），25, 154–156, 335n
赫伯特·西蒙（Simon, Herbert），62, 173, 184
伊丽莎白·斯皮克（Spelke, Elizabeth），49–54
标准（Standards），306
标准观点（Standard view），4–5, 7, 14–15, 26–30, 34, 47, 283, 298
莫格·斯台普顿（Stapleton, Mog），335n
阿尔伯特·史蒂文斯（Stevens, Albert），78, 165
斯坦利·史蒂文斯（Stevens, Stanley），82
斯蒂芬·斯蒂克（Stich, Stephen），24

弗雷德里克·苏佩（Suppe, Frederick），172–173

帕特里克·苏佩斯（Suppes, Patrick），172

保罗·萨加德（Thagard, Paul），172

科学理论（Theories, scientific），8, 58–61, 136–141, 227–236

埃文·汤普森（Thompson, Evan），25, 335n

三层图（Three-tiered picture），5, 7, 14–16, 23–24, 29, 34, 47, 283

约翰·图比（Tooby, John），42, 44

三角测量（Triangulation），149–160, 189, 211, 333

真理（Truth），12, 93–95

艾伦·图灵（Turing, Alan），62

阿莫斯·特沃斯基（Tversky, Amos），265–266

理解（Understanding），4–8, 24, 27–28, 42, 48, 61–79, 81–84, 92, 95–96, 99, 117–120, 131–140, 144–149, 153, 158, 161–178, 184–185, 189, 193–194, 199–211, 216, 219, 221–229, 239–243, 265, 268, 269, 273–276, 283–287, 291–296, 314–315, 334.

另见：理解的不统一性（See also Disunity of understanding）

巴斯·范·弗拉森（van Fraassen, Bas），172–173

弗朗西斯科·瓦雷拉（Varelo[①], Francesco），335n

保证（Warrant），5–8, 12–14, 19, 27–29, 33, 96, 258, 268, 283–284, 289–306

乔纳森·瓦斯康（Waskan, Jonathan），173, 175–176

波粒二象性（Wave-particle duality），140, 161, 226, 230–231, 256, 263

丹尼尔·韦斯科夫（Weiskopf, Daniel），308

马克·威尔逊（Wilson, Mark），263–264

路德维希·维特根斯坦（Wittgenstein, Ludwig），77

托马斯·杨（Young, Thomas），263

丹·扎哈维（Zahavi, Dan），335n

---

① Varelo 应为 Varela，原书此处有误——译者注。